森林未来会議

◉森を活かす仕組みをつくる◉

熊崎実・速水亨・石崎涼子［編著］

築地書館

森林未来会議　目次

序章　豊かな森林経営を未来に引き継ぐ——林業家からの発信（速水 亨）

第1章　オーストリアとの比較から見た日本林業の可能性（久保山裕史）

第5章　政策と現場を繋ぐ自治体フォレスターの可能性（中村幹広）

第6章　市町村フォレスターの挑戦（鈴木春彦）

終章　新しい「木の時代」がやってくる（熊崎　実）

序章

豊かな森林経営を未来に引き継ぐ――林業家からの発信

速水　亨

林業は楽しいが、森林の経営は……

林業は楽しい。山に入ると、すくすくと育ち、天を突くように気持ちよく真っすぐに立つヒノキの林がある。そこで働いてきた者たち一人一人が未来の森林を頭で描き工夫をして、それを実現するためにきちんと手入れして、その結果として多様性が確保された森の姿を見ることができる。そこを歩くと雑念が消えてゆく。まるで木々が自ら高みを目指しているようであり、自然と木々に関わる者が協力した証のような気がしてくる。針葉樹の人工林は時に悪く言われることもあるが、そこで働く者たちが木々と対話しながら手入れをすれば、それぞれに個性を持った木々が生き生きと育つものだと理解できるのだ。

十九世紀末から二十世紀初頭に活躍したドイツの林学者、アルフレート・メーラーは、その著書『恒

図1　74年生ヒノキ林間伐直後（速水林業大田賀山林）

続林思想』を通じて次のようなメッセージを残している。

諸君、机上で伐る木を決めるなかれ
斧をもって森に入りたまえ
木々と対話して選びなさい

ドイツ林業の全てを単純に支持するつもりはないが、メーラーのこの考え方は森林と相対する者が常に心に留めておきたい言葉である。

私が家業の林業に従事するようになって間もない昭和五十年代に「日本の林業を良くする会」という林業好きが集まった組織があった。当時の林業は活況を呈していた。密植、枝打ち、育種など手間を惜しまない育林を行い、枝のない高品質な木を育てれば林業の未来は明るいと思われていた時代だった。その方々が育てている森林を訪ねると「足跡が小判」と言われる林業の姿を見ることができた。単に手間をかけるのではなく、考えてやってみて、結果を待ち、また考えるという繰り返しが、森の姿かたちに表れていた。昨今、「自伐型」と呼ばれる林業が注目されている。小規模な林業を行い、一定の収入確保を目指すスタイルであり、林業の魅力に惹かれた若者たちが一人二人と森での新たな挑戦を始めている。四十年前の「日本の林業を良くする会」に集った人々は、彼らと同じ気持ちを持った方々であったと思う。残念ながら今は、当時のように撫でて育てるような育林を行える時代ではない。手間暇かけて生産された高級材の価値は木材市場において大きく下落している。しかし、その育林に対する精神は、実は今の林業の現場に最も求められていることではないかと思う。

だが、現在の森林の経営は苦境に立たされている。山を育てても、その報酬がないのだ。もはや経営とは言えなくなってきている。それとともに余裕も失われている。自然相手の産業である林業は、いつ天災に見舞われるかわからない。特に台風の強風で木が倒れると、一本二本どころではなく、見渡す限り全てが倒れるという事態も発生する。あるいは山火事で広大な面積が灰燼に帰すこともある。それは百年に一度かもしれないが、その時は、資源回復までの当面の間、それまでの蓄えを伐採することで回復の費用を捻出する必要がある。ところが今はそういった余裕はない。林業自体はとても楽しいのだが、森林の経営をしていてもあまり面白くないのである。

とりわけ厳しいのは大規模層である。統計資料から林業の収支を見ると（表1）、一〇〇ha（三〇万坪・一〇〇万㎡）以上の森林を所有する者の林業所得は赤字である。五〇〇ha以上層の場合、赤字額は四五〇〇万円に及ぶ。近年の林業政策は、経営規模の拡大を強く志向しているが、現実には規模が大きい

表１　森林所有面積の規模別に見た林業所得
100ha 以上の大規模所有は赤字となっている。

所有面積別林業経営実態（抜粋）			
区分	林業粗収益	林業経営費	林業所得
全国	2,484	2,371	113
20〜50ha	2,773	2,013	760
50〜100ha	1,742	1,652	90
100〜500ha	3,198	3,309	△　111
500ha 以上	9,346	13,851	△　4,505

総務省統計局　林業経営統計調査　平成 25 年度林業経営統計調査報告 2013 年度
（単位千円）

経営では大規模な赤字が発生しているのだから、この政策の向こうに一体何が見えるのか、不安を感じずにはいられない。

「国産材時代」における森林所有者の現実

林業の担い手とは、一体誰のことなのか。農業では、担い手と言えば農地を所有する農家を思い浮かべる。漁業の場合も、養殖も含めて魚介類を収穫する人が担い手だ。だが、林業の場合、そうはいかない。森林を所有する者、実際に現場で木を植える者、その木を育てる者、伐採搬出を行う業者、森林の管理に携わる人々など実に様々だ。本来、林業ではそれぞれの段階での担い手がしっかりと活動しないと、一時的にどこかが栄えることがあっても、長期的に見て林業が活性化することはない。持続可能な森林管理（Sustainable Forest Management）を標榜するには、これらの階層構造が機能しないといけない。

例えば、私は速水亭として森林所有者である。同時に、その森林の管理経営をはじめとする林業全般および関連事業を行う林業事業体、速水林業の代表でもある。速水の所有林では、森林所有者と管理者、作業者といった林業に関わる各段階の担い手が密接に連携を取りやすい構造にある。だが実際には、森林所有者と現場での作業を担当する者は切り離されており、管理者など実質不在というケースの方がむしろ一般的であろう。二〇〇〇年代以降、林野庁肝いりの「緑の雇用事業」が効果を上げて、若い人々が林業の世界に入り始めた。マスコミも「林業の若き担い手」として注目している。世の中が、森林だけでなく、その担い手に注目してくれることはありがたい。だが、どの段階の担い手を見ているのかにも注意する必要がある。さもなければ、底流にある大きな問題を見落としてしまう危険があるだろう。

国産材の自給率は、近年急速に回復している。一九五〇年代から長期にわたって低下し続けてきた自給率は、二〇〇〇年代前半に二割を切ったのを底として上昇に転じ、二〇一七年のデータでは三六％となった。これは一九八〇年代前半の割合に近い。一九八〇年代に日本の林業界で頻繁に使われた言葉に「国産材時代」というものがある。戦後、大規模に植え育ててきた人工林が収穫期を迎え、国産材が利用される時代が来ることを期待しての言葉だった。当時の林業界は、国産材の優位性を強調し、「来たるべき国産材時代」に期待を寄せ浮き立っていた。林業を専業で営んでいた私の父、速水勉は、そんな最中の一九八一年、「来たるべき国産材時代はバラ色の時代ではなくて、多くの難関と対応しなければならない時代である」と警告を発している。将来、国産材価格の値上がりはあまり期待できない。それどころか、今後、伐採跡地の再造林の不実行、あるいは無為無策、伐らずに手入れもせずに放置する等、林業からの逃避現象が出てくる可能性もある、と指摘したのである。まさに現在の森林経営の苦境を予言するかのようだ。

二〇一〇年以降、角材などの製品価格は上昇しているが、その恵みが山には届いていない。スギの場合、角材の製品価格に注目すれば、一時期は下落したものの、今では高価格だった一九八〇年と同様の六万円／㎥近い水準になっている（図2）。だが、立木の価格は全く異なる。一九八〇年代当時、立木価格は製品価格の約三割を占めており、一万二〇〇〇～二万一〇〇〇円／㎥は森林所有者に戻っていた。ところが今は、四～五％にあたる二四〇〇～三〇〇〇円／㎥程度だ。例えば、植えてから六十年くらいのスギ林を一ha所有していたとする。その森林に三五〇㎥の立木があるとして、その立木を全て販売すれば八〇万～一〇〇万円程度が入ってくる。農林水産省の統計によると、五十年生までの育林費用（平成二十年度林業経営統計調査報告）は一ha当たり二三一万円であるから、伐採跡地に苗木を植えた一年目で一二六万円かかっているので、その時に立木販売収入は全て消えてしまう。六十年の歳月と二〇〇万円以上を費やして育てた林が苗木に変わるだけだ。これでは再造林する気にはならないのも当然だ。

では、そんな状況なのに、森林所有者はなぜ立木を売るか。今伐れるほどに育った林というのは、現在の森林所有者ではなく、その親や祖父母が植えたもの、子や孫へ向けて投資したものである。「木一代、人三代」とも言う。木にとっては短い期間でも、人は変わり、社会も変わり、木を植えた人々の想いも次第に薄れていく。現在の所有者にしてみれば、自分の財布から出した投資はわずかであるから、伐って売れれば少々安かろうとわずかでもお金が残ればそれで良しと考えても不思議ではない。しかし

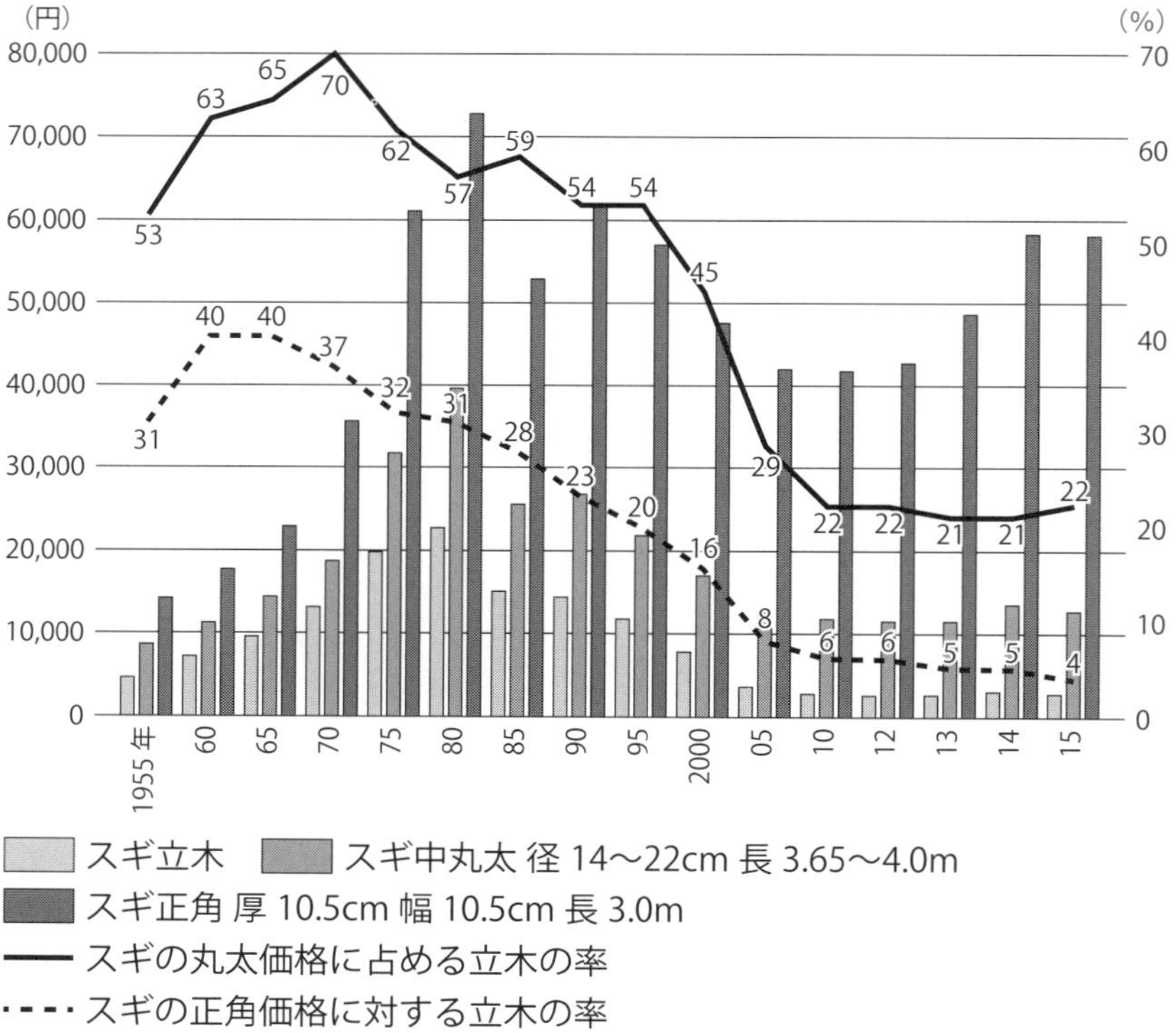

注 1：山元立木価格は、利用材積 1 ㎥当たり平均価格（各年 3 月末現在）。
2：丸太価格は、各工場における工場着購入価格。
3：製材品価格は、小売業者への店頭渡し販売価格。
4：製材品価格のうちベイツガ正角については、平成19（2007）年に、統計の調査品目から削除された。

資料：一般財団法人日本不動産研究所「山林素地及び山元立木価格調」、農林水産省「木材需給累年報告書（平成 7（2005）年 9 月）」（昭和 30（1955）～平成 2（1990）年）「木材需給報告書」（平成 7（1995）～26（2014）年）、「木材価格」（平成 27（2015）年）

図２　スギの立木、丸太、製品価格の推移

近年、角材（スギ正角）の価格は上昇しているが、丸太価格（スギ中丸太）の上昇はわずかであり、森に立つ樹木（スギ立木）の価格の上昇はほとんど見られない。

立木を伐採して得られる金額は、再度植林して育てるのに必要な金額には届かない。数十年かけて手入れした林の立木の売値が立方メートル当たり一万円どころか五〇〇〇円にも届かない現実を知ってしまえば、そこにお金をかけて再び植える気にならない。そんなわけで、伐っても植えられない林地が増えている。簡単に言えば、森林所有者が森林から資本を引き揚げているのである。

日本国内では、一九九〇年頃には年間一億㎥を超える木材需要があったが、現在は七〇〇〇～八〇〇〇㎥ほどだ。この間、国民一人当たりの一年間の木材消費量は約四割減少した。そんな中で国産材は、二〇〇五年当時の一七一八万㎥から二〇一五年の二一八〇万㎥へ増えている。木材需要が縮小する中での増産と木材価格の低下。これがわれわれ林業関係者が長年求めてきた国産材時代の現実である。何ともちぐはぐではないか。

導入した機械を活かすための新たなシステムづくり

最近、政府は林業の成長産業化に力を入れているが、その主なターゲットは手っ取り早く効果が出やすい素材生産以降の部門である。素材生産者は立木を仕入れ、伐採、搬出、造材、運材等の費用をかけて原木市場や製材工場に販売する。販売価格から仕入れ価格と経費を引いて利益を出す。同じ林業と言っても、果実を得るまでに長期間を要する森林の経営とは大きく性格が異なる。

素材生産段階では、高性能林業機械と呼ばれる機械の導入台数が大幅に増えているが、導入台数に比べて機械化による生産性の向上は伸び悩んでいる。速水林業では一九七〇年に自家製のタワーヤーダを製作・導入しているが、高性能林業機械が全国的に導入され出したのは一九九〇年代以降だ。日本林業経営者協会では、一九九〇年前後に経団連と国内林業の機械化を目指したプロジェクトを実施した。その際、私が機械を選考する立場となり、一月の雪の中、オーストリアの現場を訪ね歩いた。結局、住友林業が当時中型のマイヤーメルホフ社のツルムファルケ、私がコラー社のコラー300を選んだ。この頃が日本林業の機械化の幕開けだった。

日本の高性能林業機械の導入台数は、一九八九年は七六台だったが、二〇一六年には八二〇二台と一〇〇倍になった（図3）。ところが、機械の稼働率はと言うと、種類にもよるがあまり芳しくない。これらの生産性向上も二倍程度であろうか。その一因には、高性能林業機械を活かす仕組みの不在がある。「機械の性能を十分に発揮させるためには、そのための環境づくりが必要であり、さらにその機械に適合するための作業手順が必要である。そのいずれが欠けても期待する生産性の向上は望めない」。機械化の幕開けとなる一九九一年に私の父はこのように記し、二十年にわたる速水林業の経験を紹介している。だが、そのメッセージは十分には届かなかったようである。例えば、林野庁の二〇一六年度林業機械化推進事例の紹介では全国一三の事例中、簡易作業路以外のシステムが三件しかない。小規模な作業路での生産が中心の現状では、高性能林業機械を購入しても、生産性の向上には限界がある。せっかく補助金で機械が導入されても、その機械が活躍できるような路網整備が置き去りにされていては、十分な成果が上がらないのである。

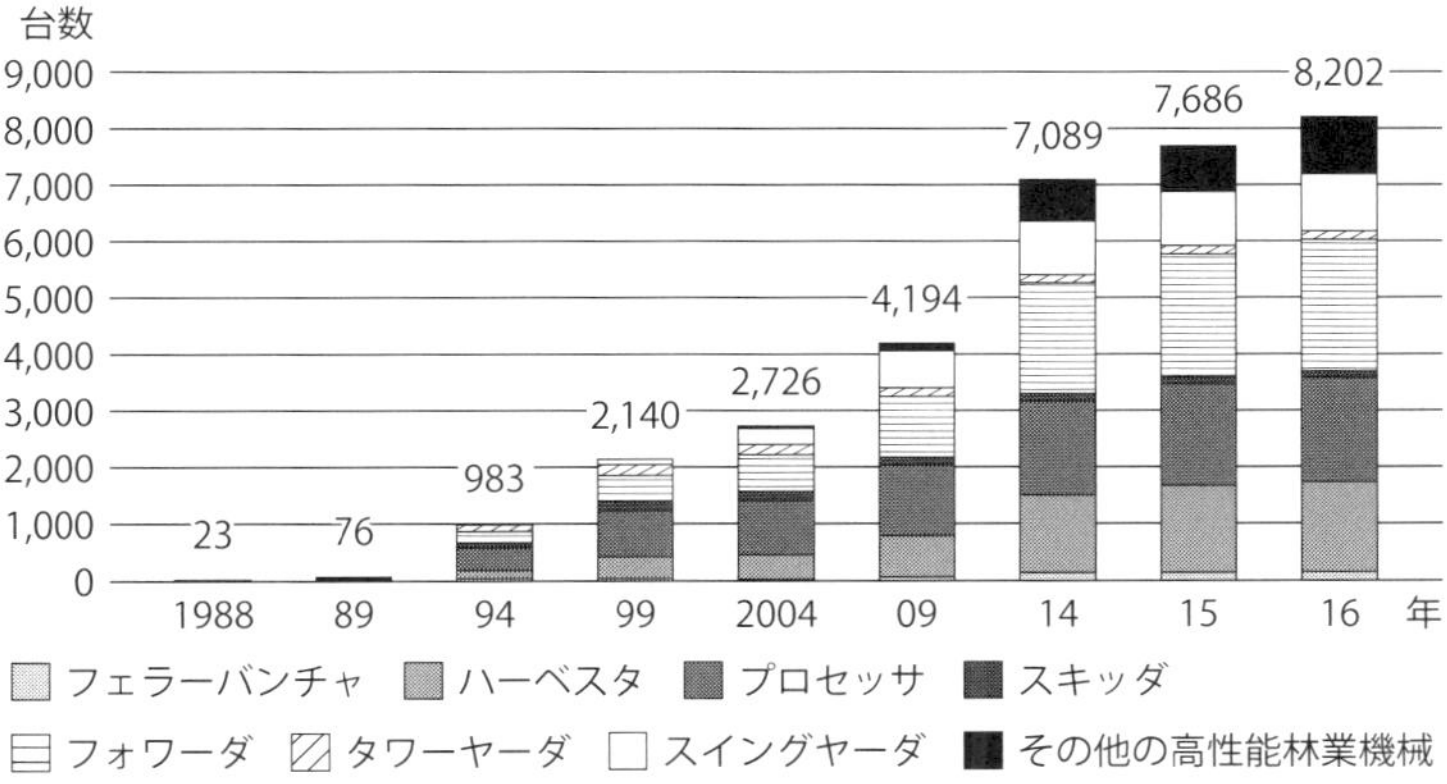

平成 29 年白書参考

注1：林業事業体が自己で使用するために、当該年度中に保有した機械の台数を集計したものであり、保有の形態（所有、他からの借入、リース、レンタル等）、保有期間の長短は問わない。

2：1998 年度以前はタワーヤーダの台数にスイングヤーダの台数を含む。

3：2000 年度から「その他の高性能林業機械」の台数調査を開始した。

4：国有林野事業で所有する林業機械を除く。

資料：林野庁「森林・林業統計要覧」、林野庁ホームページ「高性能林業機械の保有状況」

図３　高性能林業機械の保有台数の推移

高性能林業機械の導入台数は大幅に伸びている。

もちろんリスクを負って高価な機械を購入した個々の経営者の努力には敬意を表したい。だが、小規模な簡易作業路とグラップル、小型のキャタピラー式のフォワーダが主力であり、時にはそれにハーベスタが加わるという現状では、大径木化が進む今の時代の生産性向上には限界があるのだ。

私は現在、トヨタ自動車が二〇〇七年に取得した三重県大台町宮川にある一七〇〇haの森林を管理している。トヨタが購入する前の所有者は、かつて「日本一の山林王」とも言われた諸戸家で、諸戸林産という会社が管理していた。なお、諸戸家には諸戸林産と諸戸林業の二つの系統があり、諸戸林業の方は今でも林業を続けている。

諸戸林産には、林業界では著名な森林の管理者、牛山六郎氏がおられた。木曾の国有林の管理を確立された現場知識と理論を併せ持った方だった。当時のオーナー、諸戸民和氏は、まだ珍しかった欧州の森林視察を行い、彼の地で著名な学者や経営者と交流を重ねていた。一九六一年にはオーストリアからウィーン農科大学のハフナー教授を日本へ招き、周辺の林業家を招いて道のつけ方などの講習会を行った。それまでの日本の林道開設とは異なり、あくまでも使いやすく簡易に、重機さえあれば自分でつけられる道であった。早速この考え方で道をつけ始めたのは、諸戸民和氏本人と私の父速水勉であった。この時期から開設し整備してきた路網を活かす術として辿り着いたのが先述の速水林業における機械化だった。一方、諸戸民和氏は、一m当たりの開設費用が三六〇円の今で言う作業路を熱心に開設した。一ドル三六〇円の時代だったから「一ドル林道」と呼んでいた。その後、立木が育つのに合わせて、牛山氏はさらに、中部ヨーロッパ型の四～一〇tトラックが走れる立派な林道網を整備していった。結局、

図4　コラー社のタワーヤーダとイタリア MELRO 社のグラップルローダー
タワーヤーダは黄色いウニモグ（多目的作業車）で林道上を運搬していた。2013 年撮影。

この林道網を使った本格的な機械化がうまく図られないままに、この森はトヨタへ売却されたが、トラックが材木を積んで安全に走行できる林道網が一ha当たり四〇m、この森には残されている。この道がなければ、トヨタによる森林購入は難しかったかもしれない。路網整備への挑戦から半世紀を経た今、この道があるからこそ、それを活かした管理ができるのである。

政府による木材生産推進策の功罪

四十年近くにわたって価格が下がり続けている資源を私は他に知らない。

立木価格の低下には、政府による木材生産を推進する政策も加担しているように思う。間伐支援は長く森林政策の重要施策の一つだったが、二〇〇〇年代に入り森林が二酸化炭素吸収源として位置づけられたことで、政府による間伐推進はさらに加速した。林野庁は、「間伐＝環境保全」、「間伐材を使えば森林が救われる」というロジックで、間伐が如何に大事かを繰り返し訴えた。そのかいあって、国民の間には「間伐」という言葉が見事に浸透した。おそらく戦後の林野庁によるイメージ戦略で、これほど成功した例はないのではないか。

当時の林野庁は、「国民が森林に期待する機能」についての世論調査の結果（図5）に敏感になっていたのではないかと思う。二〇〇〇年前後の調査結果では、国民が森林に期待する役割として温暖化防止機能が上位となり、木材生産機能への期待は低位にあった。財務省との予算交渉では、「国民の期待が高まる温暖化防止機能のための間伐推進が重要だ」との理屈が有効だったのだろう。二〇〇一年には、林業基本法が森林・林業基本法に改正され、森林管理の目的は森林の持つ多面的機能の発揮にあると定められた。この頃から作業する組織がとても有利に使える間伐予算が増えていった。

その後、その間伐も単なる切り捨ては良しとせず、木材搬出を前提とするようになり、必要な労働は、概ね補助金で賄える形になった。この制度では、各県で認められた間伐量の上限まで、伐採量を増やせば増やすだけ補助が出る。結果、ともかくどんどん間伐するという現場が増え、作業する組織から丸太をなるべく高く販売する努力を惜しまないという雰囲気が消えた。そのうえ定額で丸太を引き取ってくれる需要者がいれば収支計算も簡単だ。市場では丸太の供給過多が続く状態となり、価格決定権は買い手側に握られた。丸太価格は安値安定し、素材生産の生産性の向上へのインセンティブも働かず、立木価格は大きく低下しているのだ。

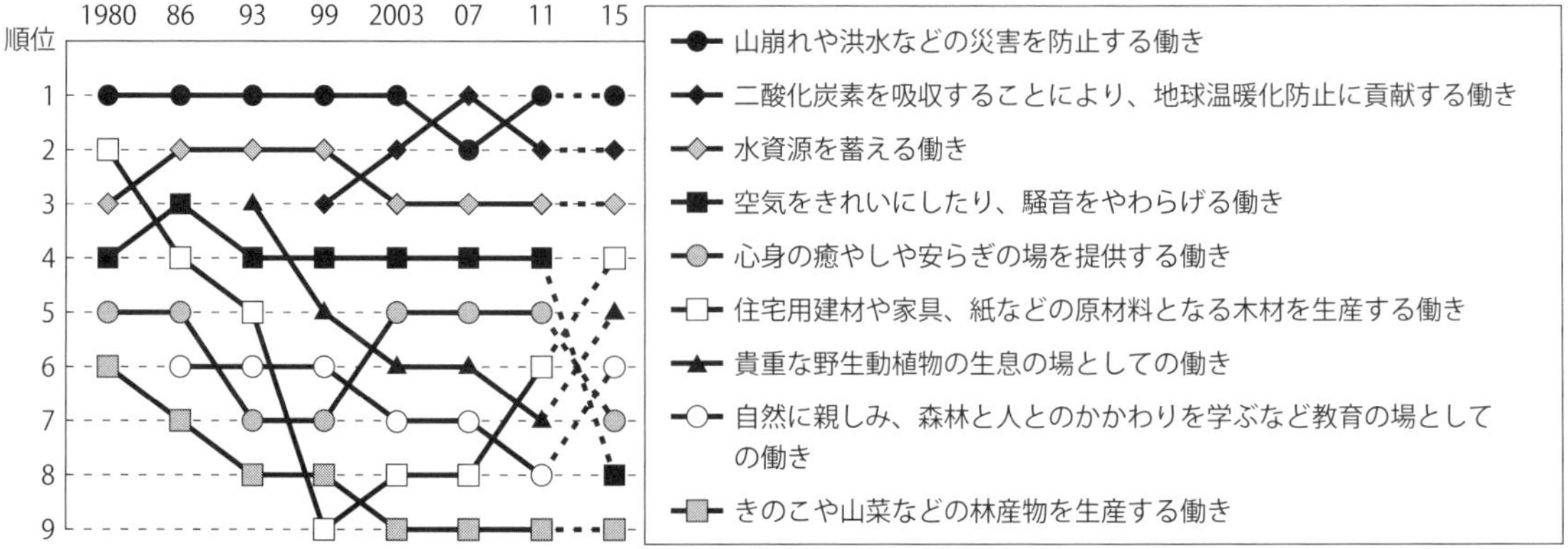

注1：回答は、選択肢の中から3つを選ぶ複数回答である。
　2：選択肢は、特にない、わからない、その他を除き記載している。
資料：総理府「森林・林業に関する世論調査」（昭和55(1980)年）、「みどりと木に関する世論調査」(昭和61(1986年)「森林とみどりに関する世論調査」(平成5(1993)年)、「森林と生活に関する世論調査」(平成11(1999)年)、内閣府「森林と生活に関する世論調査」(平成15(2003)年、平成19(2007)年、平成23(2011)年)、農林水産省「森林資源の循環利用に関する意識・意向調査」(平成27(2015)年10月)を基に林野庁で作成。

図5　国民が森林に期待する役割の変遷

国民が森林に期待する役割の変遷。地球温暖化防止、災害防止、水資源の保全が常に上位にある。木材生産への期待は変動が激しい。2015年のデータは調査対象が異なる参考値である。(出典：森林・林業白書)

さらに昨今、林野庁は森林を若返らせるために皆伐が必要だと言い出している。かつて林野庁は、スギやヒノキの場合は（地域にもよるが）四十年から六十年生くらいまでを標準伐期と定めて、皆伐を推奨していた。その後一時期は、間伐推進と並行して、伐期の延長を推奨した。皆伐しても再造林は困難だと考えたからだ。だが、二〇〇〇年代も後半になると今一度生産量を増加する方針へと転換した。二〇〇九年末には、当時二〇％台にあった木材自給率を五〇％にするとの目標を掲げた「森林・林業再生プラン」が政府から発表され、林業の成長産業化を標榜するようになった。今まさに間伐から皆伐へと方針がシフトしているのだ。まるで猫の目のような林政だ。

確かにこの間、国民の関心も変化している。先述の世論調査の結果（図5）では、一九九九年に一度は最下位まで落ち込んだ木材生産機能への期待が二〇〇〇年代に入ると若干持ち直し、二〇一一年には六位まで順位を上げている。なお、その先に点線で繋げられている二〇一五年のデータは、無作為に選ばれた人から得られた「世論」ではなく、農林水産行政に関心を持つモニターから得られたデータである。「世論」調査結果の続きとして捉えるのは誤りであり、注意が必要である。いずれにせよ、木材生産に関心が高まること自体は喜ばしい。だが問題は、そうした木材生産の推進政策が市場に与える影響だ。政府による搬出間伐の推進は、木材市場に需要以上の木材供給をもたらし、木材価格は低下した。それだけが価格低下の原因とは言わないが、一定の影響を与えたのは事実であろう。さらに今度は皆伐を推奨しようとしている。間違いなく増産は加速し、一層供給過多になるのではないか。林業家が森づくりを自立的にできない価格まで、補助金林政が立木価格を押し下げている面がある。

政府が市場経済下で需要以上の増産政策を取った場合、価格維持政策も同時に行わなければ価格は下落する。国産材の需要を喚起する対策は取られてきた。二〇〇〇年代後半以降は、大型製材工場への単独補助を始めた新生産システム、木材利用ポイント事業、バイオマス発電の固定買取価格制度などが打ち出され、需要拡大に一定の効果をもたらした。だが、そうした需要拡大の効果が表れるスピードよりも速く、木材はちょっとした補助金の刺激で市場にどっと出てくる。その時間的なギャップの間に木材価格は下がってしまうのである。今後も現在のような木材増産政策が続けられる限り、立木価格の上昇は期待できないのではないか。市場に影響を与える補助金は、できる限り避けなければいけない。

知恵と努力で丸太を高く売る

一般の市場において丸太価格と立木価格の低迷が続く現在、これまでと同じように柱材の生産だけを目指して、全ての木を決まった長さにブツブツ切って、それを市場に持って行き競りにかけてもらうというやり方では、森林所有者が次の森林を再生しながら経営を続けるのは困難である。需要者が何を求めているのか。ニーズを十分に把握し、市場に敏感に反応して、売りやすい長さに切り、少しでも高く販売していく努力が必要だ。問題は誰がそれをやるかだ。

育てた立木を単に素材生産者に任せて販売する場合を考えよう。現在は素材生産者の間の競争がほとんどなされていないのが一般的だ。地元で素材生産を任せられる事業体は少ない。小規模な面積だと避ける業者もいる。補助金の申請手続きが必要となる間伐などは、その手続きをやってくれる業者が限られる。結果、森林組合の作業班が素材生産を担うことになるケースが多い。森林組合は、森林所有者を組合員として組織される組合であり、本来は森林所有者の利益を大事にしなければならない。だが、組織としての利益確保も必要であり、赤字も出したくない。一方、間伐は労働に対する補助金が手厚いので、木材の販売価格が安くても素材生産者側にはさほど問題とならない。定額で大量の材を受け入れてくれる販売先に売るのが手っ取り早い。結局、森林所有者から立木を高くは購入できないといったケースが多発する。それでも森林所有者には他の選択肢がないため、森林組合に頼むことになる。このままで良いのだろうか。

ともかく大量に生産される並材は、流通のあらゆる部分でのコストダウンを求められる。その中にもしっかりとした選別や、その結果を造材にフィードバックする仕組みが必要で、そこをスキップしてしまった補助金がらみの単なる大量生産では、今まで育てた森林側の努力が消えてしまう。もちろん大型製材工場などへ定額で大量に並材を販売するルートは、今後主流となるべきだろう。そうでなければ林業が一つの産業にはなり難い。しかしその場合には、極めて効率の良い生産方法を構築する必要がある。流通の段階でのきちんとした精度の高い仕分けも必要であるし、もし皆伐が増大するなら必ずその木材価格で再造林と保育が可能となる工夫が大前提となるだろう。

これまでの大量生産一本鎗から一歩離れて、実際の需要を丁寧に掘り起こすことも重要だ。枝打ちした材を例に挙げよう。枝打ちは一時期全国各地で行われていたが、その効果を木材価格に反映できてい

図6　アテが少なく年輪の揃った丸太

るところは少ない。特に、枝打ちをした高さが三m以下で、柱をとるには短い場合、その丸太の市場での扱いは枝打ちを行わなかった丸太と同じになる。シカに元を剝がされた場合も同様だ。柱材だけを見ているとそうである。だが、これを板に製材するとなれば話は変わる。板をとる場合、丸太の長さは二m少々あれば十分だ。その長さに造材すれば、過去の枝打ち作業を丸太価格に反映させることも可能である。もちろん板を求める業者にその情報を伝える必要もある。

近年は木造住宅といっても柱を見せる真壁工法が少なくなり、柱の多くは壁の中に隠される建築様式となった。そのため、節があっても細めの材が求められ、四寸（一二㎝）角で節が少ない高級な柱材の需要は激減している。速水林業では以前から、柱材から板材への需要のシフトを想定し、それに備えてアテ（傾斜地などで重心が偏って成長した部分で、材にした時に反りや狂いの原因となる）ができないような間伐作業を続けてきた（図6）。今はその板材の売り先として、床板や神棚、まな板の他、国産の針葉樹を使おうとする家具のメーカーなど、ヒノキの板を必要とする需要者や販売ルートを探したり、地元の製材業にその販売先を紹介したりして、柱材の販売不振の影響から少しでも逃れるように努力している。

では、そこまで自らではできない森林所有者は、どうしたら良いのだろうか。私は、森林組合の出番だと思う。森林所有者を組合員とする組織たる森林組合が第一にすべき活動こそ、森林所有者にとって有利な木材販売を斡旋し、少しでも丸太が高く売れるようにすることではないかと考える。本来、森林組合は作業班を持つべきではない。作業班は積極的に独立させて、素材生産者の間で競争できるように変えていく必要があるのではないだろうか。そして販売の集約化と工夫をすることを大事にすべきである。

細い丸太が牡蠣や真珠を育てる

私が林業を始めた四十年ほど前は、今とは比べ物にならないほど様々な木材需要があった。当時からすれば木材需要は大きく減っているが、まだまだそれぞれの地域には独特の木材需要や限られた業種の需要などがある。その量は決して多くなくニッチな需要ではあるが、それぞれが適切な木材を求めて、時には隠れた大きな需要となることも事実だ。

かつて建築現場で使われる足場は、木材で組まれていた。その当時建築足場用の細い丸太は、ヒノキを密植で育てる尾鷲《おわせ》林業の重要な生産品の一つだった。一時は東京都内の足場丸太の八割が尾鷲で間伐された丸太だったとも言われている。二十年ほど前までは地元に「足場屋」と呼ばれる専門業者がいて、速水林業も彼らに山で樹皮を剝いだ丸太を販売していた。その業者が丸太を需要先に応じた長さに切り、枝払いの残枝も綺麗にして、それぞれの得意先へ販売していた。しかし、足場に鋼管が使われるようになってからは足場丸太の需要が激減し、「足場屋」も次々と廃業、速水林業も足場丸太の生産をやめた。

ところが今、速水林業では、その細い丸太が柱材以上に高く売れている。三重県の伊勢志摩で牡蠣や真珠の養殖筏に使われるのである。ヒノキ丸太は、波が荒いところでも木のしなりで壊れないといって、とりわけ牡蠣の養殖業者に圧倒的な人気がある。

時代が変わりニーズを失ったかに見えた丸太を実は地元の牡蠣養殖業者が探していると聞き、速水林業ではまずそのニーズを丹念に調べた。地域ごとの筏のサイズや加工方法、どんな販売単位であればユーザーにとって便利なのか。かつては「足場屋」に任せきりだったが、今度は自ら研究を重ねた。湾の奥の人には細め、外洋に近いところに筏を浮かべる人には太めといった具合に買い手に応じた細やかな対応をし、トラックから降ろすとすぐに組み立てられるように筏用セットをつくり販売した。すると、リピート率は一〇〇%。速水林業のトラックが筏用丸太を積んで伊勢志摩へ向かう交差点で止まっていると、ドアを叩かれ自分にも売ってくれと手書きの注文書を突き付けられるまでになった。岡山県や広島県、さらには九州北部からも注文が舞い込む。その単価たるや柱材の二倍である。牡蠣養殖は利益の出る漁業らしい。以前と違い、牡蠣の滅菌消毒が進み、誰でも冬になれば気安く生牡蠣を食べるようになった。都会にはオイスターバーが次々とできている。牡蠣の養殖が続く限り、筏用の丸太需要も続くことに気づかされた。

ところで、なぜ岡山や広島、九州では筏用の丸太が生産できないのか。その理由を調べてみると、以下の問題が見えてきた。

①皆伐再造林が行われなくなってから二十~三十年経ち、ちょうど良いサイズの木がない

②樹齢的に適切でも林野庁による伐り捨て間伐推進の効果もあり、既に適当な木が林にない

③履帯式の小中木材運搬車を簡易作業路で走行させて木材を搬出することが中心となり、長い材のまま搬出することができない

④細い丸太で採算が合うなどと誰も考えない

速水林業がこの需要に対応できた理由は、その裏返しである。林野庁の時々の方針に過度に流されることなく、状況が厳しくとも伐採と再造林を続け、強度の伐り捨て間伐は行わなかった。小型のタワーヤーダで長材のまま搬出できるシステムも独自で持ち、そして何より常に市場に目を凝らし多様な販売ルートの開拓に挑戦し続けているからである。

今は小まめな市場開拓を森林所有者の側が行うことで生き延びるしかない。ニッチな市場ではあるが、それは実は隠された大きな市場であるかもしれないのだ。

連携から生まれるコストダウン

私が林業を営む尾鷲地域は長い歴史を持った林業地で、地元には小さいながらも製材業がしっかりと存在している。小さな産地なので、地域で協力して新しい販売先を見つけることで立木価格に影響を与えることができるかもしれない。速水林業は丸太の生産まで行っているので、生産システムをトータルに見て合理化によるコストダウンを図ることも可能だ。だが、このような環境にはない純粋な森林所有者の場合、立木価格は相手任せとせざるを得ず、再造林を可能にするには育林経費を削減するしかない。前述のように、二〇〇八年の調査結果によると、一haのスギ林を五十年生まで育てるのに二三一万円がかかっている。海外の事例と比べると極端に高い。平野らによる二〇一一年の調査結果では、アメリカ南部の人工林における育林コストが一四・五万円（一ドル一〇〇円として計算）と報告されている。その六割が施肥に費やされ、その他は初年に行われる地拵えと植林、除草剤散布に充てられる。また、ニュージーランドの例として、筑波大学の立花は人工林一ha当たりの育林コストが二〇〇五年のデータで一六・八万～二〇・五万円（一ニュージーランドドル九〇円として計算）と報告している。日本に比べると一六分の一から一一分の一である。差は非常に大きい。だが、私は日本の育林コストを現状より下げることは可能だと思う。

現在、林野庁が育林の合理化手法として推奨しているのは、伐採から植林までの一貫作業である。これまで伐採と植林は、それぞれ別の事業体がバラバラに行うのが実情だった。機械化の進む伐採作業と手仕事の多い地拵え、シカの防護柵の設置、植林といった造林作業は、作業の性格も異なり担い手も違っていた。その二つの過程が連携することで、例えば、伐採用の道や機械を利用して苗木やシカ柵用の杭や網など造林に必要な資材を林地内へ運搬すれば造林作業の負担軽減になる。素材生産者が枝葉を付けたままで材を林道まで集め、そこで枝払いを行えば、植林時に邪魔になるものが林内に残らない。枝葉も林道端にまとまれば、バイオマス発電用の燃料として販売することも可能になる。こうした伐採作業と造林作業の連携によるコストダウンの鍵を握るのは素材生産者だ。彼らがどれだけ仕組みを理解して協力するかである。一つの現場を短期間でこなしては次の現場へ向かうという企業体質の中に、如何にして他の作業を考慮する視点を組み込めるかに一貫作業の普及と定着がかかっているのである。

実は速水林業では、かなり以前から一貫作業を実施している。速水林業の一つの特徴は、全ての作業員が伐採搬出作業と造林作業を両方できる多能工として育てられており、伐採から造林までを極めてスムーズに一貫作業として行える体制にある。

伐採と造林だけではない。速水林業では苗木の改良や生産も行っている。一般に苗木は苗木業者が生産しているが、苗木業者と林業家では苗木を見る視点が違う。以前、苗木の需給調整を行う委員会に参加した時につくづく感じたものだ。私たち林業家にとって苗木はあくまでもスタートである。植えやすく、将来しっかりと成長し、安いものがベストだ。一方、苗木生産者からすれば苗木は最終商品である。規格ごとの価格を見ながら、売れ筋の苗木をつくる。三重県は山行苗木の生産県であり優秀な苗木業者が多いのだが、それでも林業家が求める苗木をつくってもらうのは簡単でない。

ならばと自ら挑戦するのが速水林業である。速水林業の管理責任者であり、作業法人の海山林友株式会社の社長でもある川端康樹氏は、五〇cmほどある挿し穂を使ったヒノキの苗木生産に成功した。今では一五万〜二〇万本の生産体制ができている。試行錯誤を経て二種類のポット苗を開発した。一つは農業用の潅水チューブをカットしてステープラーで留めたポットを使った苗。植栽時に剝がす必要はあるが、潅水チューブは一六cmのポットにして一本分で五円程度と安いのが特徴である。もう一つはバイオポット苗（図7）。バクテリアが分解するためポットのままで植えることができる。

安さだけでなく、取り扱いやすさも魅力である。挿し木をした当日にしっかりと潅水をすれば、あとは寒冷紗をかけて放っておくだけ（図8）。草取りをする必要もなく、水も最初にやるだけで後は雨任せである。現在林野庁が推奨するコンテナ苗は一本一五〇〜二〇〇円程度と聞くが、われわれの苗木は

図7　出荷前のヒノキのバイオポット苗
1年生。

図８　苗畑
黒い寒冷紗があるところは最近挿し木されたところで、寒冷紗がないところは出荷前。

手間がかからないので半額程度でできる。一貫作業として前もって苗木を植林現場へ運んでおいても全く問題ない。その状態であれば一人一日に四〇〇本は植えられる。従業員の中には六〇〇本ほども植える猛者もいる。動作や苗木袋、植栽道具なども改良していけば、将来的には一人一日に一〇〇〇本を植えられるようにするのも不可能ではないと期待している。

将来に禍根を残さない合理化を

特に育林の場合、一つ一つの作業の合理化を検討する際に、将来的な目標をきちんと持ち、五十年、百年先の姿まで想像しながら行うことが大事である。今の育林作業の結果は、数十年後、百年後の木材の品質となって現れてくることを忘れてはいけない。

合理化の一つの手法として、これまで一般的には一ha当たり三〇〇〇本程度だった植栽本数を一五〇〇本程度まで減らす試みが各地で行われている。本数を減らせば確かに苗木や植林のコストは下がるだろう。だが、ここであわせて考えなければいけないのは、これまで三〇〇〇本を植えてきた理由である。植えられた三〇〇〇本は、除間伐で本数を減らしていき、五十年後にはha当たり七〇〇～一〇〇〇本程度となる。これは単純に本数を減らしているのではない。形質が不良な木を中心に選抜して除間伐するので、残される木の形質は良く、販売時の歩留まりが良くなるというわけである。残念ながら最近の間伐は、列状間伐や優勢木間伐など、間伐した結果や回復期間などを考慮に入れずに行われることが多い。間伐は原則として形質を見て行うべきで、特に実生苗の場合は立木それぞれが多様な性格を持つため、間伐する木の慎重な選択が必要となる。そうした植栽本数が持つ意味を考えるならば、本数を減らす疎植をする場合には、普通の苗木ではなく、厳しい選抜を経て育種された間違いのない精英樹の苗木を用いなくてはいけない。つまり間伐の選抜の代わりに苗木にする前に遺伝子の選択をしておかなければならない。単にコストダウンのためだけに安易に疎植を取り入れるならば、将来に禍根を残すことになるだろう。

育林コストの概ね四割を占める下刈りの合理化も重要なポイントだ。その際にも下刈りは何のために行うのかをしっかりと考えることが必要だ。草を刈るのが目的か、苗木を枯らさないためか。そんなことを速水林業では常に従業員と議論する。目的と手段を整理することが大事だ。下刈りの合理化にも幾つかの方法がある。先に紹介したアメリカの事例では初年に除草剤を散布して終えている。だが、後述するように環境配慮型の森林経営としてＦＳＣ認証を受けている速水林業には、できるだけ除草剤に頼らないやり方を求められる。そこで、育種した初期成長の早い苗木を使うことで下刈り回数を大きく減らすこととした。また、時にはこれまでの常識を疑うことも必要である。とにかく枯れなければ良いという方針で極力刈るのを我慢すると効果的なコストダウンが図れる可能性も見えてきた。辛抱が肝心である。よく見て回ることも大事だ。減るのはコストだけではない。夏場の炎天下で厳しい労働環境に晒される作業者の負担を減らすことにも繋がっている。

ここで一度、速水林業における育林の合理化を整理してみたい。私の父が林業に就いたのは終戦後、職を失った人々が溢れていた時代で、林業家は林業で如何に多くの人に働く場を提供できるかと真剣に議論していた。その結果生まれたのが労働多投型の林業だ。私が林業に就いた四十年ほど前は、木材価格がまだ上昇していた。ヒノキの立木価格は一㎥で三万四五〇〇円、スギで一万八六〇〇円、速水林業が得意とする高品質の柱用のヒノキ材は立木が何と一〇万円以上で売れた時代である。舐めるように下刈りして、摩るように枝打ちをする手間暇かけた林業が可能であり、一九八〇年代当時は三十年生にするまでに一ha当たり四一三人日の労働を投入していた。現在は、それを九四人日まで減らしている。

合理化を進めるにあたって、最終目標は変更していない。今までと変わらず、高樹齢で高品質な林を育てるのが目標だ。例えば、枝打ちの合理化として、以前は対象となる林のほとんどの木の枝を打っていたところを選び抜いた一二〇〇本だけにすることにした。五十年生で一ha当たりの立木本数が一〇〇〇本になるとの予想に安全率を考えた本数である。やってみるとなかなか難しい。何度も現場を見ては議論をして、ようやく枝打ち本数を減らすことができるようになった。選ばれた木だけを枝打ちすると、除間伐の際の選木も枝打ちの有無を目印に伐れば良いので楽になる。だが、何のために枝打ちをしているかという意識は徹底しないといけない。枝を打たない木は、他の木の枝打ちの結果で下枝の葉まで光があたり葉の量も多いため、枝を打った木より旺盛に成長する。除間伐の時には、ついつい成長の良い木を残したくなるものだ。だがここでは枝を打った木を残すという方針を徹底しないと元の木阿弥になってしまう。

もし枝を打つ必要がなければ、植栽本数も一五〇〇本まで減らせるので、二六人日／haまで労働投入を減らすことも可能であり（表2の下表）、現在同様の補助金が入るならば自己負担は二〇万円前後になると考えている。

現在、林業の作業の多くは様々な補助金で支えられている。作業のやり方は、補助金の作業メニューに入っているやり方、あるいは終了検査に楽に耐え得るやり方しか選択されず、自ら考え工夫してコストダウンを図る事業体は非常に少ない。だが、どんな作業を行うかの選択は、最終的に生産する商品となる立木や丸太の品質管理にも繋がる。だからこそ常に研究を怠らず、自分自身で見て、試して、考えて、数百年の歴史の中で行われてきた作業を客観的な眼で見直すことで、私たちが求める知識が見えてくる。そうした科学的な視点ときちんとした目標林型を持ち、そして全ての作業が時間を超えて関連しあうという込み入った繋がりをきちんと整理した上で合理化を進めていかなければいけない。一つのことだけで合理化を進めると、数十年から百年、二百年といった時間を必要とする林業には大きなリスクとなりかねないからだ。全体を俯瞰する視点が極めて大切だ。

表2　速水林業における育林作業の合理化

現在の労働投入量は 1980 年代の 4 分の 1 以下である。

速水林業の労働投資の変遷（人／日）

林齢	作業区分	1980 年代	2012 年度	現状
1	地拵え	30	5	0
	植栽本数	8,000	4,000	2,500
	植え付け	46	13	5
	獣害防護柵設営	0	12	12
1〜7	下刈り	100（9 回）	24（3 回）	15（2 回）
5〜28	切捨間伐・枝打	237	62	62
計		413	116	94

予想される最低保育経費の試算（枝打ちなし）

林齢	作業区分	人数	単価	経費		割合
1	地拵え	0	0	0	240,000	36.9%
	苗木代	1,500 本	100	150,000		
	植え付け	5	18,000	90,000		
2	下刈り 1 回	8	20,000	160,000	320,000	49.2%
3	下刈り 1 回	8	20,000	160,000		
21	除伐	5	18,000	90,000	90,000	13.8%
計		26		650,000	650,000	四捨五入で合計 100%にならず

◆シカの食害がない場合。

◆苗木は精英樹の挿し木苗。

◆単価は福利厚生費等の間接経費を含む。

補助金を入れて考えると自己負担 18 万〜26 万円程度

現場に技術力と知識、経験を備えた技術者を

林業は、自然と人々との関わりで営まれていく生業だ。かつて木材がまだ商品化されておらず自らが使用する分だけの木を伐って利用していた時代には、生産性という発想はなかったかもしれないが、既にその頃から木の伐り方には上手い下手の違いがあり、知恵が求められていたことは想像に難くない。これは技術力の違いといえよう。

昨今、都道府県のほか民間企業までが林業技術を学ぶ場を積極的につくっている。その詳細は、本書の第7章で横井が論じているので御覧いただきたい。この現象の根底には林業の労働力不足があるが、現場の技術力の低下を防ぐための学びの場づくりでもある。大学の林学教育は、現場の技術者や管理者を育てる教育よりも専門性の強い領域へ移っている。かつては都道府県の普及担当職員が現場や林家に対する技術指導を行っていたが、林務職員の人員削減に伴って次第にそうした普及活動も見られなくなってしまった。現在は、新たに森林総合監理士（フォレスター）制度が設けられているが、残念ながらこの制度のレベルも欧米のフォレスターと呼ばれる人々ほど高くはない。この森林総合監理士制度のスタート段階に、私はちょうど農林水産省の政策評価第三者委員会の委員をやっていたが、当時の都道府県職員を中心に日本型フォレスター（当時はそう呼ばれていた）を養成するという構想には強く反対していた。理由は大きく二つある。一つは、日本型フォレスター制度の創設は、新しいビジネスチャンスを生むものだと捉えたからだ。制度設計をしっかりやれば、林学を学んだ学生が就く仕事の一つとして

マーケットが育つが、県職員が行政サービスとして無料で提供してしまうと個人がコンサルタントとして担うフォレスタービジネスが育つ土壌が失われてしまう。アクターの変わらない劇は変わらないとも言われるように、現在の県職員が担うことになる日本型フォレスター制度ができたとしても、林業には何の変化も起こらないだろうと考えたのである。結果的に現在は民間の森林総合監理士（フォレスター）も生まれているが、個人の取得できる資格が増えただけで、有料のコンサルができる状態にはなっていない。二つ目は、技術力と知識と現場経験の三つが揃って初めて信頼できるフォレスターとなるのであり、公務員が少々学んだからといって彼らが適切な技術を現場に指導することはできないだろうと考えたからだ。

林業の現場には、技術力と知識を持った強力な森林管理者が育つ必要がある。補助金や融資、財務の問題や税制の理解はもちろんのこと、森林法など様々な関連法令の知識、育種や育苗、育林の合理化や獣害対策、間伐技術、素材生産の機械化に必要な幅広い機械の知識やメンテナンス技術、林内道の計画・設計・開設技術、道路交通法を含めた運搬に関する知識、安全対策、環境管理の具体策、森林認証の知識、違法伐採対策として求められる手続きや評価についての理解も必要となる。そして、何といっても森林生態学の知識は、生き物を扱う林業の基本となる。一応これらの知識をそれなりに網羅して、自らの技術として指導できるフォレスターは、果たしているのだろうか、どうすれば育つのだろうか。森林組合がそれを担える存在になれるのだろうか。それとも今までにない組織が登場することも考えられるだろう。

日本の林業にイノベーションを起こすには、林業のそれぞれの段階が知識と経験、そして技術力を備えることが必須になるだろう。そのための教育が大事であり、新しい制度設計もゼロベースで考えていく必要がある。

環境配慮を前提とした林業をつくる

二〇〇〇年二月、速水林業は、日本で初めてＦＳＣ（Forest Stewardship Council）森林認証を取得した。この時、世界で概ね一〇〇件目、人工林中心での取得は六件目だったと記憶している。認証取得をきっかけに様々な森林環境保護の立場の方々との交流が増えたが、そこで気になるのは、先進国の林業がこぞって環境配慮を重視する中で、日本には森林管理の環境ガイドラインすら用意されていない現状である。残念でならない。

収益が上がらない森林の経営者にそんな余裕はないのかもしれない。だが、林業が扱う森林はそれ自体が巨大な環境要素である。その森林を林業は様々な形で変化させていることを考えるならば、否が応でも環境配慮が不可欠となる。政府は間伐すれば環境要素が高まるかのような主張を続けるが、現実には環境配慮を前提とした間伐を行って初めて効果が出る。順序が逆だ。

機械を使って素材生産をする場合も、日本のように土壌が脆く雨量の多い環境下で重量のある機械を林内に入れることには慎重になるべきだ。機械化推進とともに盛んに開設される路網にも治山の点での十分な配慮が必要である。安易に山腹を掘削してはならないことは当然だ。林内から材を運び出すために架線を利用する際にも工夫がいる。渓流を横断する時は、搬出する丸太で河畔を傷めないようにする。あるいは山腹を引きずる時に、その跡が溝になり水が集まり掘削されたり土壌が流れたりしないように横木をあてる、もしくは両端を吊って山腹地面を傷めないようにするといった工夫も必要である。

下刈り回数の削減や伐採時に林内の広葉樹を残すといった配慮は、生物多様性に貢献しながらも、実はコストダウンにも直結する。林内の道は、水系からできるだけ離そうとすると中腹や尾根に近いところにつけることになる。そうした道では集水面積が狭くなるため、水流による林道の荒れが軽減されることにもなる。環境配慮は決して合理性と激しく対立するものではないのだ。

森林管理は環境と関係が深いことは理解されているが、実は社会性も森林認証の極めて重要な要素だ。例えばアイヌの人々の森林に関わる文化や歴史的、宗教的な権利、全国各地にある山岳信仰や地域に残る山の神の信仰、地域住民の森林利用に対する権利など、そのいずれに対しても森林管理は影響を与えるため、社会性としてしっかりと認識する必要がある。特に発展途上国の森林管理では、森林に強く依存する先住民や森林の周辺に住む人々に対する配慮が強く求められている。

日本は何かと海外の事例を国内に持ち込むことが好きな御国柄だが、森林認証だけは時間がかかっている。政府の環境に対する取り組みの熱意に問題があるのかもしれない。政府が民間の動きをうまく使い切れていないところにも原因があるように思える。

例えば、イギリスの林野庁に相当する機関、フォレストリー・コミッションは、イギリス独自の認証制度である英国林地保証制度ＵＫＷＡＳ（UK Woodland Assurance Standard）を取り入れている。認証基準はＦＳＣを基本としてつくられており、審査機関がＦＳＣの認定を受けていれば、ＵＫＷＡＳの認証を受けてもＦＳＣ認証を受けられることになっている。政府機関がＦＳＣの制度をうまく使うことで、行政コストを下げながら、全体の森林管理のレベルを向上させているのである。

ここで、もし日本であればと考えてみよう。現在、間伐作業にかかるコストの大半が補助金で支援されている。具体的な作業は、補助事業が目指す方針に沿って進められている。自らの創意工夫など、ほとんど行われないのが現状である。もし政府が森林認証制度を

図９　道の周りにヒノキと広葉樹が茂る多様性の高い林分
（速水林業大田賀山林）

うまく活用すれば、自ら審査費用を負担して認証団体から評価を受けることになる森林所有者は、森林管理レベルの向上にもっと努力をするのではないか。補助制度如何で作業方法や方向性が決められるのとは異なり、自らが選択し、自らが努力し、自らが取得するという自主的な行為を通じて森林管理のレベルを上げることとなる。これは行政にとってメリットが大きいだろう。現在の森林行政に関わる問題の一つとして、森林管理に専門的な知識を持つ人材が少ない市町村に森林管理に関わる行政権限の多くがあることが指摘されている。そうした人材問題の解決の道の一つとして認証制度を活用するのも一案だろう。もちろんどんな認証制度でも良いわけではない。認証制度自体を常に監視する組織の活動も同時に重要である。

適切な管理を行う事業者を選別して、そこから生産される木材を流通させ使用する制度が森林認証制度である。現在、木質バイオマスの利用においては、間伐材や未利用材、計画制度に則った伐採木などが電力の固定買取価格上で有利となっている。これらの木材利用では、違法伐採木材の排除が最低基準となる。だが、伐採自体は違法ではないとしても、例えば保安林では原則二年以内の植栽義務が課されているがその植栽がされていないといった場合でも、伐採時点では合法なので特に問題なくその木材は流通してしまう。海外でも同じようなことがある。しかし、森林認証制度の場合、認証を受けた事業者には、認証林全てにおいて合法的で適切な管理を通年実施することが求められるため、伐採は合法だが他の局面で非合法な行為があるといった事業者を避けることができるのである。

なお、国内制度ではクリーンウッド法というものがあるが、これは自主的な活動を前提としており、罰則規定のない法だ。単に国際社会へ向けて「日本には違法伐採の木材流通を規制する法律がありま す」と言うためだけにできたような法律ではないかと勘繰りたくなる。

ともかく林業は人の生業であり、その対象の森林が環境要素としては極めて重要な場所であるのだから、その生業には環境的な配慮が必要である。その配慮を具体的に支える仕組みが求められるのである。

環境に配慮した林業を支えるのは消費者

FSC認証の取得が認証材の需要と結びつけば、環境配慮は経営面での強みにもなる。FSCのような森林認証制度は、今や先進国のみならず発展途上国でも森林管理に影響力を持ち始めている。だが、残念なことに日本は大きく後れを取っている。アフリカ在住の知人が言うには、FSC認証材を求める欧米企業のための伐採と、認証を求めない日本や中国の企業のための伐採とでは、そのやり方が全く異なるそうだ。FSC認証森林においては、伐採後の森林の維持と現地の人々の継続的な雇用が配慮されており、民間の森林管理コンサルタントなども入り、適切で持続性を持った管理が行われるが、認証を求められない伐採では、森林を傷める大規模な伐採が行われるというのだ。日本でアフリカの木材は家具用材として人気があるが、それがどのような森林からどう伐られて家具になっているのかまでは誰も気にしない。消費者はもっと自身の行動が及ぼす影響に関心を持つべきだし、家具業界や木材業界も認証材を使う意味を消費者に伝えるべきである。それが十分にできていないのが現在の日本ということに

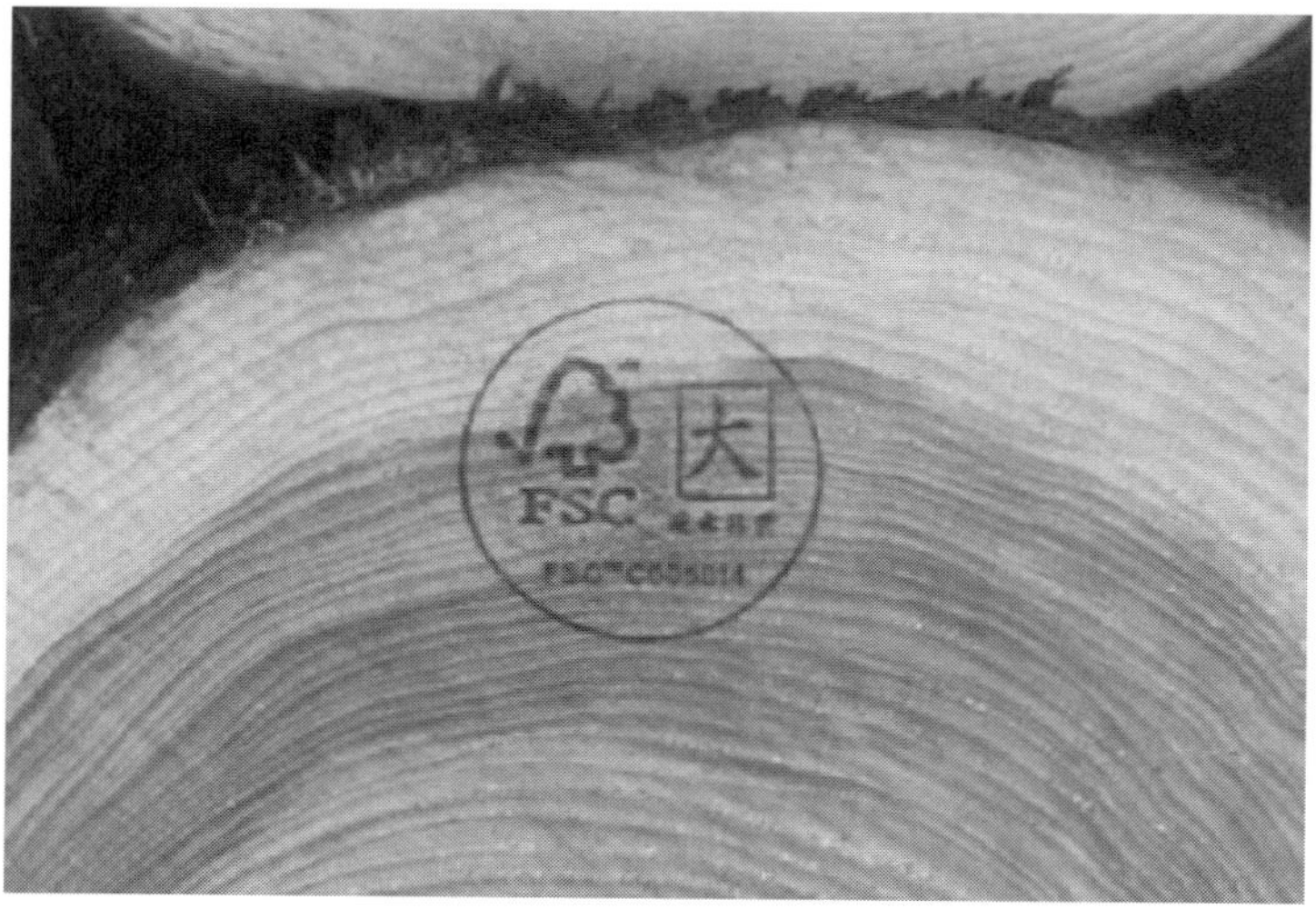

図10　チェックに木のマークが繋がったFSCのマークを刻印した速水林業の丸太

なる。

森林認証制度は環境保全一辺倒と捉えている方もいるが、むしろ木材生産を大事にしている。経済性がなければ森林管理自体が続かないからである。森林認証では、認証機関が設定する基準に基づいた管理が行われている森林を認証し、その森林から生産された木材などの産物を適切に管理しながら加工流通し、ラベルを付けて販売する。それを消費者が選択的に購入することで、結果的に適切な森林管理がサポートされる仕組みとなっている。まず違法に伐採された木材や不適切な管理で生産される木材が市場から減ることを目的として、最終的には貴重な原生林などが守られるという考えが基本にある。木材といった森林からの生産物は、森林認証の仕組みの中で非常に重要な位置を占めている。

森林認証制度を通じて環境に配慮した林業が実

現できるかは、消費者の行動にかかっている。消費者が適切に管理された森林から生産された木材を選択的に購入するかが極めて重要だ。そのためには、認証団体が消費者に向けてアピールするだけでなく、木材や紙を扱う企業がマーケティングとして、または企業倫理として認証材を選択して、その存在を消費者に宣伝することも大事である。実は日本でも紙関連の業界では、ＦＳＣ認証紙の加工流通体制が完全とは言わないまでもかなり出来上がりつつある。ところが、木材の方がほとんど動いていない。木材消費の面で最も影響力のある住宅メーカーや地域の工務店、建築家なども、国産材の使用や地元材の利用を訴えることはあるが、使用する木材が生産される森林やそこに住む人々のことまで考え、その木材価格が森林の持続性に値する価格なのかといった配慮を行う必要性を知らない。だから消費者も意識しない。どうも紙業界と比べて木材業界では、商社の活動も含めて、マーケティングと社会倫理的な判断とをクロスさせる行動に重きを置かないという体質があるように見える。

そんな日本の木材業界でも、オリンピック開催などを機に認証木材への関心が少しずつではあるが広がり始めている。私は、ＦＳＣ認証を理解する人を少しでも増やし、国内で普及させ、日本の木材消費が国内はもちろん海外の森林に対しても責任を持てる状態をつくっていきたい。森林認証制度を通じて消費者一人一人の意識が森林に及び、環境配慮を前提とした林業が当たり前となることを願っている。

面白さを実感できる豊かな森林経営へ

今、世界的には林業は儲かる産業とされている。欧米先進国の林業も確実に利益を出している。以前は日本の森林資源が未成熟だと言われていたが、昨今では資源が次第に充実してきている。資源が充実すれば、日本の森林経営の条件が諸外国と比べて特別異なっているとも言えないだろう。後の章で見るように、世界各地で森林投資が広がっている。日本でも投資ファンドが森林に関心を持つことがある。だが、その際に問題となることが二つある。一つは山に蓄積されていく生物学的な成長、すなわち「未実現の利益」をどう実現するのかを説明しきれないことだ。例えば、十年間各種データを取り、それを分析した結果に基づいて評価するといったことが難しい。そうしたデータがほとんどないのだ。もう一つは、森林をアセット（資産）と捉え、その価値を適切に評価し、アセットとしての森林全体の価値を高めるようにマネジメントできる人材がいないことだ。

ファンドと聞くと何か森が荒らされるのではないかと警戒する方がいるかもしれない。しかし、ファンドの場合、情報公開が必須となる。公衆の眼に晒されていることで抑制が利いている。これからの森林経営においては、もっと民間が持つ力や市場の機能を活用した方が良いのではないだろうか。

民間の力をうまく活用すれば、国有林の経営をダイナミックに改革することも可能だろう。日本の国有林は、平成十（一九九八）年段階で累積債務が三兆八〇〇〇億円となり、このうち二兆八〇〇〇億円は同年から一般会計、すなわち国民負担で処理することとなった。国が所有して管理を行う国有林は、そこへ多くの技術者を結集させて国民が求める森林管理を行い、民有林の模範となって日本の森林管理全体のレベルを引き上げる役割を担うべきである。林野庁の組織は、林業や森林管理の専門性という面では最も優れた人たちが集まるところであり、本来であれば国有林の職員は、その専門性を活かして国有林の持続的な森林管理の確立に全精力を注ぎ込む必要がある。ところがどうも、様々な細かい事務などがあり、なかなか現場の情報を集めながら技術を磨いていく余裕はなく、持てる力を発揮する機会が少ないのが実情ではないかと思われる。そうであれば、民間の力を使えるところには民間を使うように体制を変えて、国有林職員の力は国有林の持続性の確保や民間へ任せた部分の管理、適正さのチェックに集中させることで、国有林の新しい方向が見えてくるのではないかと考えている。五十〜百年といった長期間、数万haという広大な林地の伐採管理権を民間に販売することによって、民間の側は大型の林業機械の導入やそれを活かすシステムの構築も可能となる。投資対象となり外部資金を入れることが可能になる。また、それだけの規模になれば、バリューチェーンを自らで創り出していくことも可能で、そうすれば林業は活性化していくのではないか。変化を生み出す触媒として、もっと民間が活躍する場が増えると良いと思う。

情報通信技術（ＩＣＴ）や人工知能（ＡＩ）の活用も海外と比べて日本の林業界が後れを取っている分野である。私は、林業の現場では、実は人工知能を活用できる可能性が高いと思っている。林業の現場は、それぞれ多様な条件を持つ。その多様な現場で作業や経営の判断をする際、今は、幾つかにパターン化された技術から選択するか、あるいはパターン化されずに単純化されたマニュアルに従うか、もしくは逆に経験と勘だけを頼りにするかといったケースが多いのではないだろうか。こんな現場こそ、大量の実例やデータを学習した人工知能が、それぞれの条件に適応した判断をサポートできると思う。航空レーザーを使った森林測定なども森林の管理に活かせるだろう。また、私が代表取締役を務める㈱森林再生システムでは、森林を三次元で計測するシステム、ＯＷＬ（アウル）の活用を提案している。ＯＷＬは、３Ｄレーザープロファイラーを使った林内型の計測器で、林内に入って瞬時に周囲一〇ｍほどにある木の位置と直径、曲がり具合の他、レーザー光が届く範囲の樹高まで計測でき、それを瞬く間に３Ｄ画像へ変換してしまう。森林計測が極めて簡略に誰でも高精度にできるようになるのである。本来であれば、豊富な経験を持つ人の判断が必要だが、そうした人材を確保する余裕がなくなり単純化されてしまったところを、今ならば、情報通信技術や人工知能で救えるかもしれない。

環境配慮と経済性を兼ね備えた林業や外部資本によりダイナミックに投資される林業といった世界的な潮流の中で、充実しつつある森林資源を活かした「豊かな森林経営」を実現するには、政策の思い切ったイノベーションも必要になるだろう。自らの創意工夫を妨げ、木材の市場価格にネガティブな影響を及ぼすような補助金を改め、民間の力を引き出す森林政策へと転換しなければならない。今の林業に対する補助金は、産業としての林業の規模からすれば膨大な額である。それはあくまでも森林が経済的な機能だけではなく、公益的機能も含めた多面的な機能を発揮しているからである。だからこそ、生物多様性の確保や野生生物との共存といった環境配慮を行い、しっかりと管理された森林の所有者に対して、その持続可能な森林管理が発揮されているが故に国が支援する仕組みをつくる必要がある。

それを木材市場に影響を与えない形、例えば所得補償として行うという選択肢もあるだろう。欧州の林業は中小規模の私有林も含めて活力があるが、農業との兼業で林業を行う小規模な森林所有者の生活は、農業者に対する所得補償で支えられている場合が多いことに目を向けるべきである。ＥＵの予算の約四割は共通農業政策の予算であり、その七五％が農業者への直接支払いに充てられている。農産物の生産や価格、貿易とは切り離した形で農業者の所得補償を行うデカップリング政策である。フランスでは農家所得の八割、ＥＵではないがスイスの山岳地域では全額が所得補償だと言われている。米国でも使われていると聞く。特に複数の国と国境を接する欧州では、地方の安定は国を護るという意味もあると考えられる。日本ではとりわけ都市への人口集中が激しく、地方の疲弊が深刻である。そうした地方の人々の生活の安定は、日本の森林を適切に管理し、活かしていく基盤として極めて重要であるとともに、国を護っていくためにも必要であることも理解できる。

最後に、皆さんにぜひ考えていただきたいのは、未来を担う子供たちへ森林を通して何を伝えていくかである。森林からは様々なことを学ぶことができる。それを実際に見て、触れて、感じることもできる。アクティブラーニングとして森林教育を学校教育の現場でもっと積極的に取り入れてはどうだろうか。そんな学び場として、私たちがどんな森林をつくり、未来の世代へ引き継いでいけるだろうか。自分が植えた木は、自分が生きている間に伐って利用することができない。林業はそんな生業である。誰が管理し、どう利用されるかわからない数十年、数百年先の森の姿を思い浮かべ、数十年、数百年先の

図 11　多様性の高い速水林業の森林
100 年以上の高齢樹のヒノキが上層にあり、中層は広葉樹、下層に羊歯が茂る。

ことをまじめに考えて今できる限りの挑戦をする。それをまじめにやれることこそが林業の持つ魅力である。

冒頭に紹介したドイツの林学者メーラーのメッセージには続きがある。

君の仕事は難しいが、
しかし限りなく貴いのだ
君の仕事の経済的効果は、君がよく考え、
よく注意すればするほど、高められる
最も美しい森林は、
また最も収穫多き森林である

もう一度、林業に携わることに夢と誇りを持てる世にしていきたい。以下の章でこの想いを共にする研究者や行政に携わる人々が紹介される様々な場所でのいろいろな経験を参考に、森林がつくる未来を共に考えてみようではないか。

参考文献
速水　亨　二〇一二　日本林業を立て直す——速水林業の挑戦　日本経済新聞出版社
速水　勉　二〇〇七　美しい森をつくる—速水林業の技術・経営・思想　日本林業調査会
平野悠一郎・久保山裕史・立花　敏　二〇一五　アメリカ南部地域における私有林経営の多面性と効率性　岡　裕泰・石崎涼子編著　森林経営をめぐる組織イノベーション——諸外国の動きと日本　広報ブレイス
メーラー　山畑一善訳　一九八四　恒続林思想　都市文化社
農林水産省大臣官房統計部　二〇一一　林業経営統計調査報告　平成二十年度（二〇〇八年度調査）版　農林統計協会
立花　敏　二〇一五　ニュージーランドにおける育林費用　山林　一五七〇：五二～五三頁

第1章

オーストリアとの比較から見た日本林業の可能性

久保山裕史

日本に大量輸入されている欧州製材品

一九九〇年代以降、製材品が欧州から大量に日本に輸入されるようになった。筆者が初めてオーストリアを訪れたのは、その要因を解明するための調査事業に参加した二〇〇二年のことであった。その当時は、表1のように、オーストリア（AT）の輸出製材品の平均価格は、日本のスギ正角の半分以下であり、輸送コストをかけて欧州から持ってきても高い競争力があった。

競争力の違いは、原料となる丸太の価格が日本の半分以下であったこともあるが、日本の人工林資源が未成熟であったことも影響していた。当時の人工林の蓄積（立木の幹材積合計）は、一九六〇年代の二倍以上の一六億㎥に育っていたが、樹齢三十年前後の若い林が多く、立木の胸高直径は二〇㎝前後であった。それらを伐採して四mの丸太を生産すると、地際から一番目の丸太でも末口直径は一八㎝以下

表１　針葉樹材の競争力の変化（当時の為替レートで円換算）

		1990 年代	現在
日本の人工林	蓄積（億㎥）	16	33
	胸高直径（cm）	20	31
製材用丸太価格（円 /㎥）	欧州トウヒ（AT）	12,070	13,365
	スギ中丸太	22,510	13,100
製材価格（円 /㎥）	輸出平均（AT）	25,276	28,620
	スギ正角	57,970	57,600

出典：オーストリア（AT）は、Eurostat、Lebensministrium(2008) Austrian Forest Report 2008、日本は林野庁の木材需給報告書を用いた。

と細く、二番目の丸太は一四㎝以下のため製材には適さない大きさであった。

これに加えて、丸太価格の約二倍で製品を出荷できるというオーストリアの低コスト加工体制が競争力の源泉であったと指摘できる。丸太価格に対する製品価格の比は、日本でも一九九〇年代は二・六だったが、現在は四・四に上昇している。丸太価格の大きな低下に対して、製品価格は変わっていないことから、加工コストが大幅に上昇したことがわかる。この間、未乾燥材から乾燥材生産に変わるなどして、製品歩留まりの低下や、乾燥コストの上昇などもあったが、生産性の向上がわずかであったことも大きいと考えられる。

製材用スギ中丸太の価格は、オーストリアとほぼ同じ価格に低下した一方で、製品価格は高止まりしたままのため、外材の流入が止まらない状況が続いている。そこで本章では、どうしてオーストリアでは低コスト製材生産が実現できるのかを、製材業界やそれを支える林業の現状について紹介しながら明らかにしたい。

高い競争力を持つ製材生産

オーストリアの面積は北海道とほぼ同じなので、両者の概況について比較してみた（表2）。同国は、北海道よりも北に位置するが、平均気温はやや高く雨は少ない。人口は北海道の一・五倍であるが、GDPは三倍近くあり、豊かな先進国であるということがわかる。森林面積が北海道より少ないにもかかわらず、丸太生産は五倍以上、製材品生産はほぼ一〇倍あり、林業・林産業が非常に活発である。

同国は、欧州の中央部に位置し、八つの国に囲まれている。これは、産業的には周辺国との激しい競争にさらされる一方で、周囲に市場が広がっているということでもある。

オーストリアでは、輸入六〇〇万m³を加えた二三〇〇万m³前後の丸太を消費している。その内訳は、製材一五〇〇万m³、製紙四〇〇万m³（全消費量は製材工場からの背板チップを加えた八〇〇万m³）、ボード一五〇万m³、燃料三〇〇万m³となっており、製材生産が非常に盛んである。

その製材産業は、量産工場による寡占化が進んでいる。具体的には、原木消費量が八〇万m³（年間、以下同じ）以上の巨大工場が八カ所あり、製材用材の五〇%を消費している（例えば、原木消費量一二五万m³のL工場の敷地面積は約四五ha〈万m²〉もある）。また、全国に一九カ所以上ある原木消費量三〇万m³以上の量産工場に、これらとは利用する原木や生産品目が異なる中規模工場を加えた上位四〇工場では、実に製材用材の九〇%を消費している。この他に一〇〇〇カ所弱ある小規模工場が、中規模工場とともにニッチ市場を支えている。

表２　オーストリアと北海道の地勢等の比較

	オーストリア	北海道
年平均気温（℃）	12.7	9.8
年平均降水量（mm）	706	1,126
土地面積（万 ha）	839	834
森林面積（万 ha）	402	554
人口（万人）	851	551
GDP（億ドル）	4,363	1,520
素材生産量（万㎥）	1,739	318
製材品生産量（万㎥）	889	92

出典：STATISTIK AUSTRIA、北海道（2015）北海道データブック 2014

結論から述べると、こうした中大規模工場における大量生産が、同国の低コスト・高品質の製材品生産を実現しており、それが競争力の源泉となっている。量産工場では、原木を大量に集荷する必要があることから、購入丸太の直径は、日本の一六～三四㎝に対して、一六～五〇㎝と幅広い。また、日本では製材工場が使わない合板用の小曲材（矢高四～六㎝）を製材用の直材と同じ値段で買い取り、日本ではパルプ用材となっているような大曲材（矢高六～九㎝）やトビクサレのような変色材も価格を下げて購入している。

こうして入荷される多様な規格の丸太は、選木機を用いて、直径と品質によって二〇～八〇種類に細かく選別される。選別することで、同じ直径・品質の丸太を連続して製材加工ラインに投入することができ、高速加工を実現している。ちなみに、丸太が製材機を通る際のスピードは、日本では一〇～六〇m／分なのに対して、六〇～一四〇m／分と高速である。これは、日本では帯鋸を多用して柱や平角等の角材を生産しているのに対して、欧州では、高速加工の可能なチッパーキャンター（チップを生産しながら丸みを取る機械）や丸鋸を使って板材を中心に生産していることによる。なお、コンピュータ処理によって個々の丸太から取れる製品価値の最大化を行い、粗挽き製材品を最新鋭のスキャナーを用いて選別するなどして、製品の品質確保も行っている。

欧州では、角材も含めて、ほとんどの製品が樹心部を外した芯去り材なので、乾燥しやすい。そのため日本では、芯持ち材を高温・長時間で人工乾燥するのに対して、中温・中時間で済むため、バーク（樹皮）をチップボイラーで燃やせば乾燥用の熱需要は全て満たすことができる。その結果、日本では燃料となっているカンナ屑はペレット原料にすることができている。なお、原木のほとんどは長さ四mで入荷されているが、中大規模建築等で長尺材や断面の大きな材料が必要な場合には、板材をグループ企業等に供給し、集成材を生産することによって対応している。接着剤等を用いない「無垢」利用に必要以上に固執しないことで、幅広い分野への木材利用拡大に繋げている。

一方、中小工場では、量産工場と同じことをしていては競争できないので、図1のように、直径四〇〜九〇㎝の大径材から、内装や窓枠、家具用の節の少ない高付加価値材を生産する、あるいは長さ六〜一三mの丸太から無垢の長尺構造材を生産している。こうした製品は、ニッチ市場向けであるが、価格が高いものや地域の住宅建築に不可欠なものが多く、大径・長尺材の有効活用においてなくてはならないものとなっている。なお、原木消費量が一〇万㎥前後の中規模製材工場も、集成材や木製窓枠生産を行う二次加工工場を持っており、規模に関わらず垂直統合による木材の高次加工化を進めている。

ところで、原木消費量が五〇〇〇㎥の小規模工場でさえも選木機を持ち、丸太の検寸（直径と長さを品質ごとに測定し材積を算出する作業）と選別を同時に行っており、その結果に従って森林所有者に丸太の代金精算を行っている。日本では、同じ丸太を、山土場、原木市場、製材工場それぞれで最大三回検寸する場合もあり、これらのコストは所有者の立木代を減少させることになる。

ここで、製材工場の数と規模の比較を図2に示した。オーストリアにおいても、一九七〇年には三〇〇〇カ所以上の製材工場が存在したが、その数は三分の一に減少している。しかし、製材技術の革新もあって、一工場当たりの平均製材生産量は急拡大し、製材生産量も増加してきた。この流れは二〇〇七年以降頭打ちとなっている。

一方、日本においても、国産材だけを利用する製材工場の数は減少してきたが、一工場当たりの平均製材生産量は二〇〇三年まではほとんど変わらず、工場の数とともに製材生

図１　大径材からの高付加価値材生産（大径材を挽く帯鋸、上）と、無節の側板から生産した楽器用材（下）
出典：E社、S社 HP

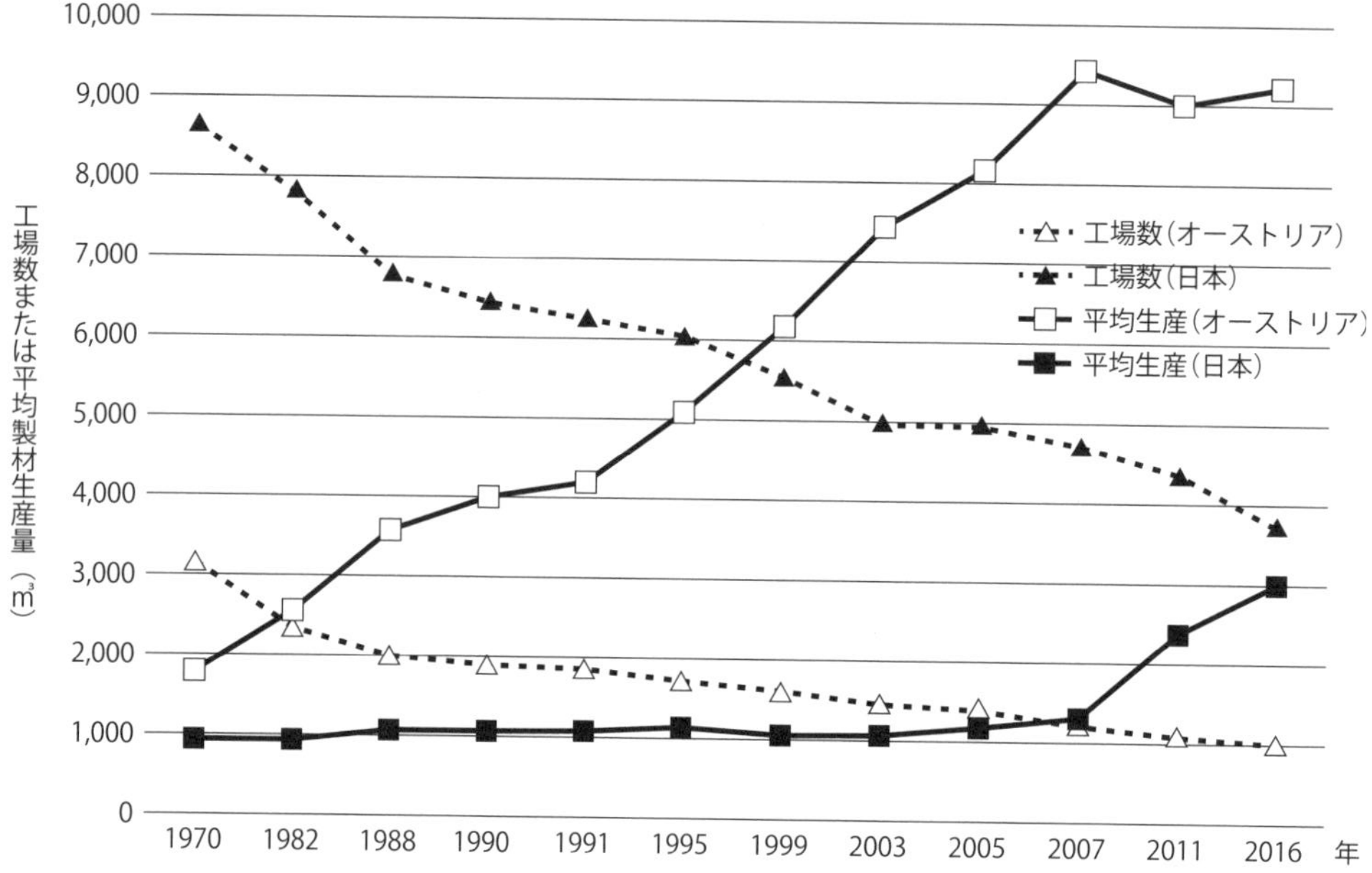

図２　製材工場の数と平均製材生産量

出典：STATISTIK AUSTRIA、木材需給報告書

産量も減少してきた。ところが、二〇〇〇年代初頭に日本最大の工場の原木消費量は一〇万㎥であったが、二〇一〇年には二〇万㎥の工場が出現し、二〇一八年には四〇万㎥を超す工場が現れるなど、わが国においても製材工場の大規模化が急速に進みつつある。一〇万㎥を超す工場も一五カ所以上に増加し、一工場当たりの平均製材生産量は急上昇を始めた（例えば、原木消費量一四万㎥のA工場の敷地面積は約七ha〈万㎡〉）。

この流れは今後も継続すると見られるが、年間の丸太取扱量が三万㎥前後の原木市場や一万㎥前後の素材生産事業体等は、工場の消費量に対して丸太の販売量が相対的に小さくなるので、価格交渉（形成）が不利になる可能性が生じている。これに対して、オーストリアでは、後段で取り上げる丸太の共同販売の取り組みを進めている。

ところで、工場の規模拡大が進んだ一九九〇年代前後のオーストリアでは、本章の冒頭で示したように、製材用丸太価格は日本の半分以下であった。安い丸太価格では、これまでの日本のように、森林所有者の出材意欲は減退するはずである。にもかかわらず、どうして製材工場が規模拡大できるだけの丸太を集荷することができたのであろうか。結論から述べると、森林資源が充実する中で、効率的な丸太生産・流通システムを構築することによって高い立木価格が形成され、それが森林所有者の林業経営・出材意欲を刺激してきたからだと考えられる。そこで、次に、同国の丸太生産について解説する。

表3　日本とオーストリアの林業関連指標

	森林面積（万 ha）	20ha 未満*の私有林面積割合	平均蓄積**（㎥ /ha）	傾斜 30 度未満の森林面積割合	林道密度（m/ha）	素材生産量（万㎥、2015 年）
日本	2,510	36%	296	57%	14	2,180
オーストリア	402	33%	337	78%	45	1,755

*：日本は林家と林業経営体のみ　　**：日本は人工林のみ
出典：STATISTIK AUSTRIA（2015）、BMNT（2018）、林野庁（2010）森林・林業白書、（2015）木材需給表

活発な丸太生産と資源制約

オーストリアの森林面積は、十年間で三万ha増加して四〇二万haとなった（表3）。欧州トウヒ（スプルース）の占有割合が五〇％と多く、次いで欧州ブナ一〇％、欧州アカマツ五％、欧州カラマツ五％と続いており、針葉樹が優占している。近年、気候変動の影響とそれに対処するための樹種転換によって、針葉樹林面積は四％近く減少している。

森林の所有構造は、連邦有林が面積の一六％、公・共有林が一四％に対して、私有林の割合が七〇％と高い（日本は五七％）。私有林のうち、二〇ha未満の小規模所有者の森林面積割合は三三％、二〇〜二〇〇ha未満の中規模層は三六％と多くを占め、二〇〇ha以上は三〇％であるが、日本よりは所有規模が大きい。

森林蓄積は年々増えており、一一億七〇〇〇万㎥となっている（日本は五二億四〇〇〇万㎥）。年間の成長量（連年成長量）二九七〇万㎥の実に八八％を伐採しており、自家利用等を除いた丸太の生産量は二〇一七年には一七六五万㎥であった（日本は連年成長量の三〇％程

度しか伐採していないので増産余地は大きい)。二〇〇〇年代の風雪被害木処理を終えた連邦有林は、成長量の一一一%に達していた伐採量を七六%へと減少させているのに対して、所有規模二〇〇ha未満の森林所有者は七四%から八五%へと伐採量を引き上げ、二〇〇ha以上の所有者はここしばらく一〇〇%の伐採を行っている。小中規模の伐採率が上昇した背景には、七〇ユーロ/㎥台であった製材用丸太価格が九〇ユーロ/㎥前後に値上がりしたことがある。

いずれにしても、オーストリアは持続可能な生産量の限界に近い水準で原木供給を行っており、国内における供給拡大余力は大きくないと言える。先に述べたように、林産企業は製品需要に応じて周辺国から大量の丸太を輸入しているが、図2において製材工場の規模拡大が頭打ちになっているのは、規模拡大による効率向上の取り組みが限界に達しているからかもしれない。

効率的な丸太の生産・流通

このように旺盛な素材生産が行われているのは、オーストリアの平均蓄積が日本の人工林よりも大きく、傾斜の緩やかな森林も多く、もともと林業に適しているからでもある(表3)。それにしても、森林面積が日本の六分の一以下にもかかわらず、素材生産量があまり違わないのはなぜだろうか。その大きな要因として、林道密度の違いを挙げることができる。

同国では、大型トラックが走行できる林道(幅員五m以上)が、四五m/haもの高い密度で整備され

図3　ウィンチを取り付けた農林兼用トラクター
手遅れ林分の間伐のかかり木処理にも威力を発揮。

ている。さらに、そこから同程度の密度で作業道が張り巡らされているため、伐倒した立木、あるいは造材した丸太を、林道や作業道まで容易に集材・搬出することができる。こうした路網の建設は、一九七〇年頃に進められたようであるが、現在も地道に続けられている。

次に、主な伐出方法について紹介しよう。まず、丸太の約四〇%は、トラクター等のウィンチを用いた地引き集材によって出材されている（図3）。①林道に止めてある農林兼用トラクターに取り付けられたウィンチのケーブルを立木の近くまで引っ張っていく（〜一五〇m）、②立木を伐倒した後、採材位置に印を付けながら枝払いを行い、梢端部を切り落とす、③ケーブルを伐倒木にくくりつけ、腰に付けてあるリモコンのスイッチを入れて、ウィンチで全幹材を数本引き寄せながら林道まで戻る、④印を付けた部分を玉伐る、といった順番で一〜二人で行う（図のように全木材や造材した丸太を集材する場合もある）。この一連の作業によって、間伐でも一〇㎥／人日以上の高い生産性

図4　ハーベスタによる間伐
ケーブルアシストによる傾斜地作業の様子。

が実現されており、伐出コストは二七〜三七ユーロ／m³（三五一〇〜四八一〇円／m³）と低い。ちなみに、速水は序章で日本の高性能林業機械の稼働率の低さを指摘しているが、オーストリアでは、農林兼用トラクターは夏場の農業にも使われるといったように、林業機械は年間通じてフル稼働（年間千五百時間近く）している。タワーヤーダやハーベスタといった高額機械は、フル稼働によって年間一・五万〜二・五万m³もの丸太を生産しており、それによって減価償却を行っている。

一方、規模拡大を推奨するEUの農業政策（CAP）の下で、離農や林業に割く時間の減少が進み、この伐採方法による出材割合は二〇〇一年の六四％から大きく減少している。

これに対して、最近三八％に増加しているのが、トラクター・トレーラーやフォワーダを用いた集材である。ハーベスタ（図4）によって伐倒される割合は一八％なので、フォワーダによる出材は同程度行われていると見られ、残りの二〇%はトラクター・トレーラーによる出材であると考えられる。この方法は、一般的に緩傾斜地で用いられており、林内で伐倒・造材した丸太を、集材路や作業道上を移動しながら荷台に積み込み林道端まで搬出している。ハーベスタとフォワーダの生産性は非常に高く、伐出コストは一七~二五ユーロ/㎥(二二一〇~三二五〇円/㎥)と低い。他方、トラクター・トレーラーを使う場合でも、一人で作業ができるため生産性は高く、二三~二八ユーロ/㎥(二九九〇~三六四〇円/㎥)と低い。これまで、ハーベスタ・フォワーダの事業領域は傾斜二五度くらいまでであったが、最近、ウィンチを内蔵する専用機器でハーベスタ等を牽引することによって、図4のように三〇度近い傾斜地にまで車両系林業機械の事業範囲が広がりつつある(ハーベスタ等がウィンチを内蔵する場合もある)。この動きは、伐出コストの削減や、林床への負荷軽減に繋がっている。

オーストリアは、欧州の中では地形が急峻であり、三〇度を超える急傾斜地も多い。そのため、二一%の丸太は、タワーヤーダ(図5)を用いた架線集材によって出材されている。架線の設置に五~六人がかりで一週間くらいを要する日本とは違い、タワーの架設は三人で半日程度と手間がかからない。伐倒はチェーンソーで行い、梢端を切り落とした全木に架線上の搬器から伸びるケーブルを荷掛手がくくりつけ、タワーヤーダのオペレーターと連携しながら林道端まで集材している。写真のようにタワーヤーダにハーベスタが付属するハイブリッドマシンが一般的であり、オペレーターは、ケーブルを外して枝払い・造材を行う。集材能力は、一〇㎥/時間前後と高く、伐出コストは二七~三七ユーロ/㎥(三五一〇~四八一〇円/㎥)に抑えられている。

図5　ハイブリッドタワーヤーダによる間伐

斜面下からの上げ荷集材、枝条の山はその場でチップにして燃料供給される。

一方、日本の一般的な伐採は、図6のように、重機を多用して三～四人で行われている。重機は、高性能林業機械と呼ばれているが、建設機械のベースマシンを流用しているため、林内を走行するのに適さず、作業道（集材路）の開設が前提となる。チェーンソーで伐倒した立木を、建機のグラップルでつかむか、付属のウィンチ（あるいはスィングヤーダ）で作業道まで集材する。これを、ハーベスタかプロセッサを使って枝払い・玉切りし、生産した丸太をフォワーダで林道端の山土場まで搬出する流れとなっている。機械価格は、欧州の高性能林業機械に比べると半分程であるが、数が多いので全体のコストはほとんど変わらず、稼働時間は限られる。また、小型なので生産性は低く、スギ林間伐の全国平均伐出コストは九四四八円／㎥、皆伐でも五五二三円／㎥と高くなっている。

ただし、図7に示したように、日本の伐出コストは近年大きく低下した。この主な要因には、労働生産性が右

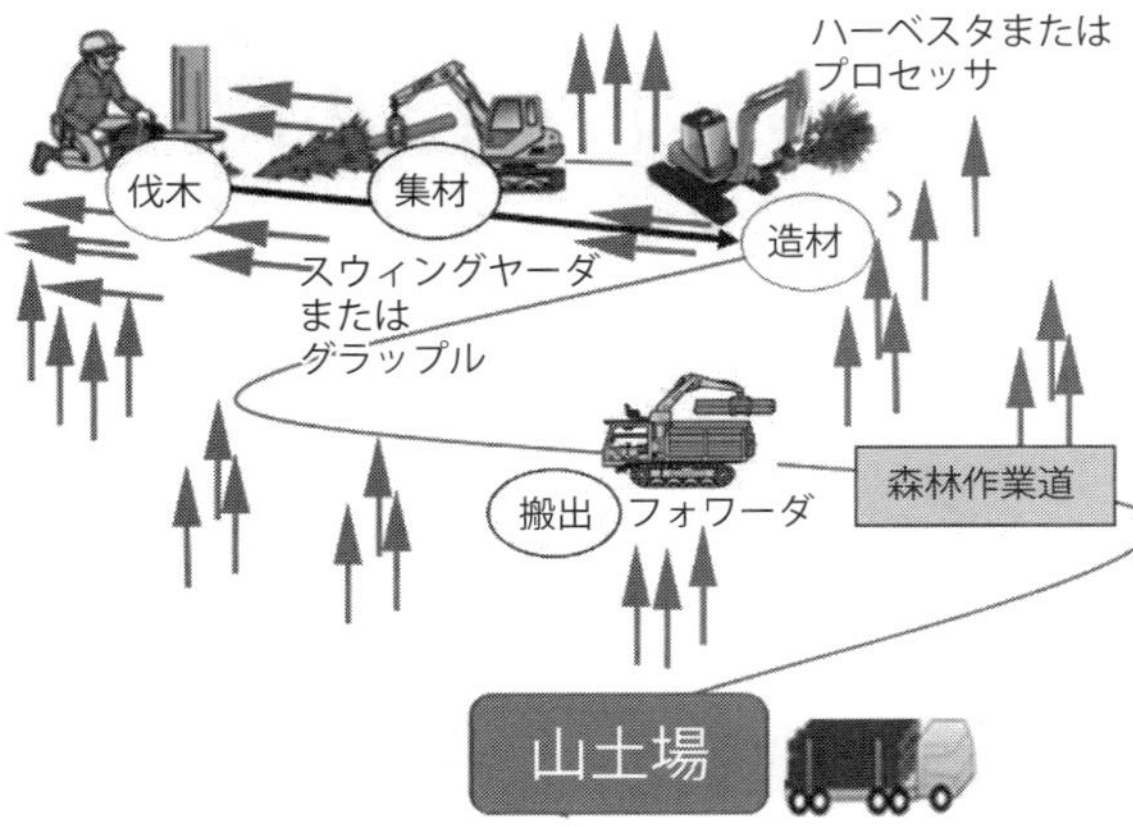

図６　日本で使われている伐出システム

林業機械３～４台使用、10 t トラックで運材。

出典：林野庁森林・林業白書の図等から著者作成

肩上がりに年率五％で向上してきたことが挙げられる。これには、作業道の作設による集材距離の縮減、林業機械の導入、立木の大型化などが影響している。しかし、生産性は一九九〇年からほぼ直線的に上昇してきたのに、伐出コストは二〇〇〇年頃まではほとんど低下していない。それは、生産性の上昇率とほぼ同じ率で賃金が上昇していたためと考えられる。その後、賃金の上昇が止まり、伐出コストは二〇〇五年にかけて大きく低下したが、最近は、国産材需要が増加に転じたこともあって、再び下がりにくくなっている。

後で詳しく述べるが、森林所有者が意欲を持って林業経営を行うためには、高い立木価格が実現される必要があり、そのためには、伐出・流通コストは可能な限り削減されることが望ましい。しかし、人手不足の労働市場において、伐出事業体が労働力を確保するためには、賃金の引き上げが必要になる。このジレンマを解消するためには、機械の高性能化によって生産性

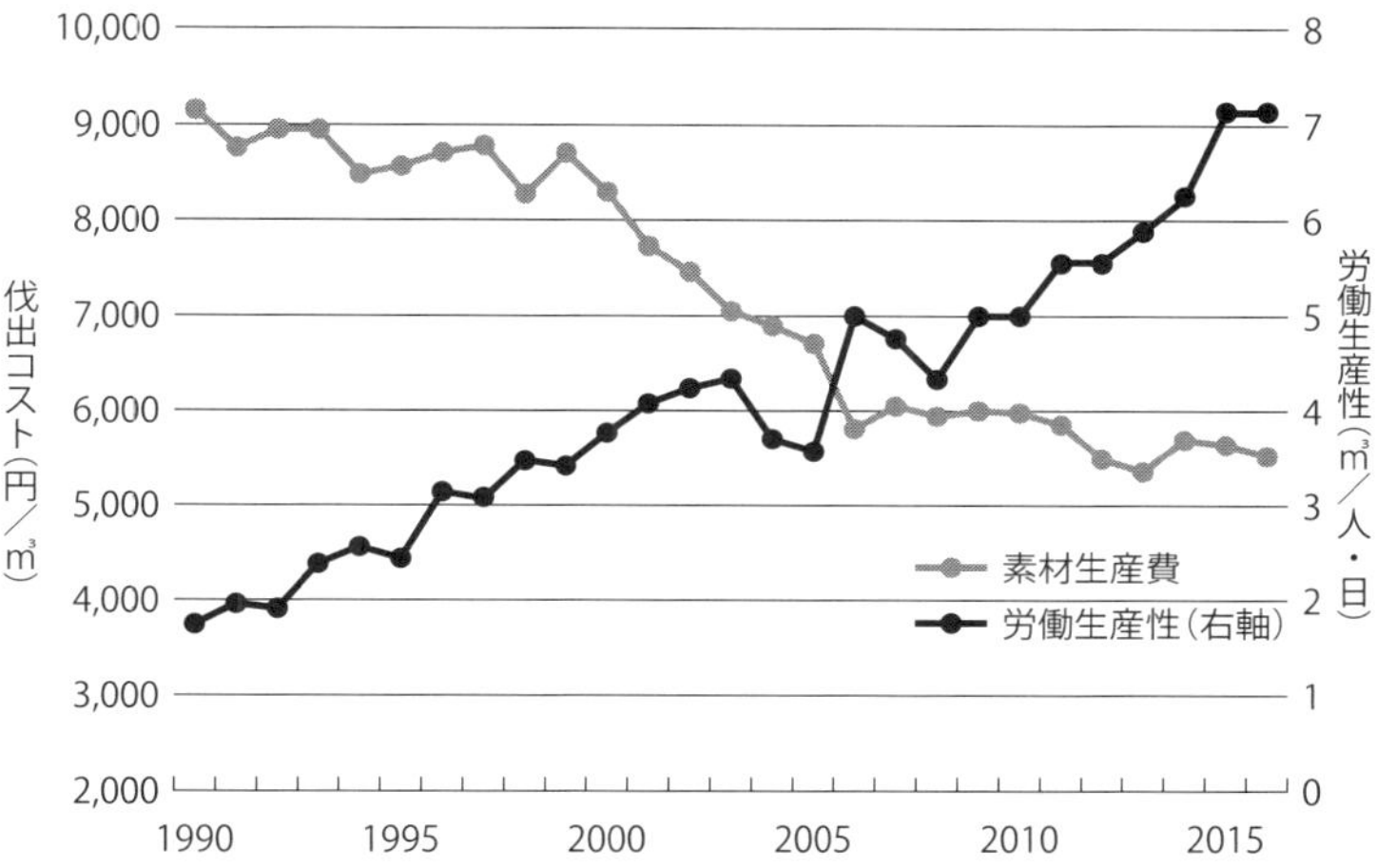

図７　伐出コストと労働生産性（スギ皆伐全国平均）
出典：林野庁業務資料

や安全性を大幅に引き上げ、賃金の向上とコストの削減を両立させる必要があろう。オーストリアの傾斜地における、ハーベスタやフォワーダの活用（図４）のように飛躍的な生産性向上をもたらす機械化が必要であると考える。

話をオーストリアの林業に戻すと、同国では、出材した丸太を林道端で工場に販売している。一般的に、フルトレーラー一台分、すなわち二八㎥前後の丸太を出材し（所有者が複数の場合もあり）、工場側が手配したフルトレーラーがそれらを積み込み、工場へと直送している。図５にあるように、林道を土場代わりに使うことも多く、そうした場所にはトラックがバックで近寄る必要が出てくる。この場合、トレーラーは近くの空き地に切り離しておいて、前部のフルトラクタ（一〇ｔトラックとほぼ同じ）が伐採現場で丸太を積み込み、一旦その丸太をトレーラーに積み替え、もう一度伐採現場に戻って丸太を

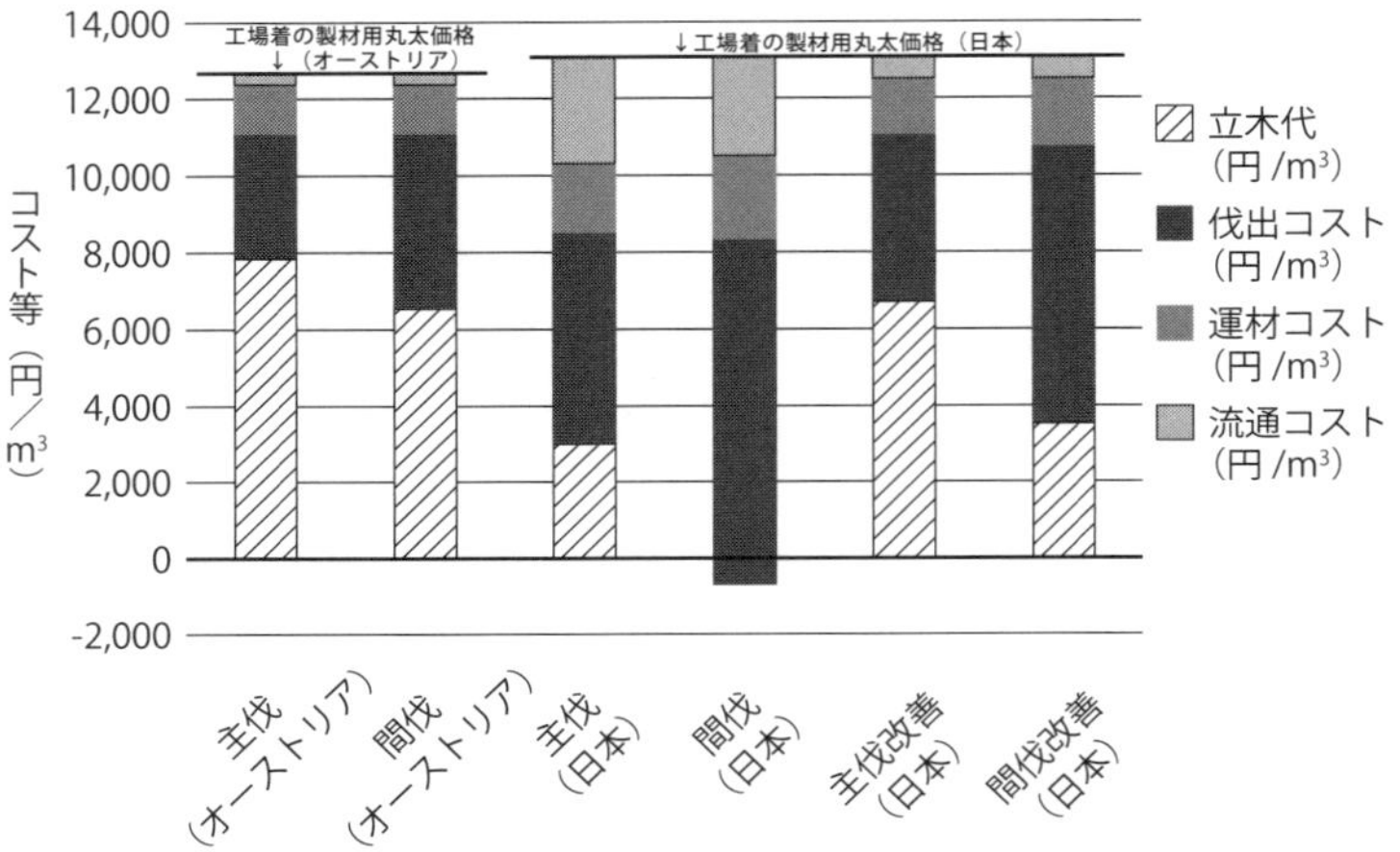

図８　製材用丸太価格に占めるコストの比較

出典：伐出・運材コスト（調査データ、林野庁〈2015〉素材生産費等調査報告書）、流通コスト（調査データ）、丸太価格（Eurostat、農林水産省木材価格）

積んでから、トレーラーを連結して工場に向かうという流れとなっている。このように一度に多くの丸太を輸送することで、日本で二〇〇〇円／㎥前後の運材コストが、一〇〇㎞以内なら一〇ユーロ／㎥（一三〇〇円／㎥）以下に抑えられている。これに加えて、丸太の販売を林業組合連合会（WV）に委託しても、その手数料（二ユーロ／㎥）は丸太を大量に集荷したい工場側が負担しているので、所有者の負担は年会費だけで済んでいる。

以上のような、伐出・流通システムの下で、オーストリアでは高い立木価格が実現されている。図８は、両国の工場着の製材用丸太価格に占める、立木代、林道端までの伐出コスト、工場までの運材コスト、販売委託手数料（日本は原木市場までの運材コスト、原木市場の椪積み料を含む）の構成を示したものである。図からもわかるように、オーストリアの立木代は、丸太価格の半分以上となっており、間伐でも七〇〇〇円／㎥近く手元に残るため、長伐期多間伐が成り立っている。これに対して日本では、主伐で丸太価格の一／三以下しかなく、立木代が赤字になる間伐は補助金がないと実施できない状況にあることがわかる（この推計は、製材用材に関するものであり、実際は合板・集成材用材やパルプ用材も生産されるので、立木代の平均値はこれよりも低下する）。

日本の立木価格が低いのは、伐出コストと流通コストがオーストリアよりも大きいことが原因である。このうち、伐出コストについては、日本における生産性の向上は続いているので、今後の削減は十分可能であると考える。また、流通コストについても、量産製材工場向けの丸太を山土場から直送するように改めれば、二〇〇〇円／㎥前後のコスト削減が実現可能である。さらに、運材コストについても、フルトレーラーを活用することによって一回当たりの輸送量を増やすことによってコストを削減することができよう。このようにして、現状の伐出コストを二〇％引き下げ、直送によって流通コストを委託販売手数料だけに削減できれば、主伐の立木価格は現状の二倍の六〇〇〇円／㎥以上に引き上げることができる。なお、同様の仮定を置くと、間伐でも三〇〇〇円／㎥以上の立木代になると計算されるが、間伐では製材用材の割合が少ないことに注意が必要である。

森林所有者の主伐収入は、製材用丸太が三〇〇㎥／ha生産できて、その立木代が三〇〇〇円／㎥の場合、九〇万円／haにとどまる。一方、再造林には一六五万円／ha前後かかるため、補助金がなければ林業は成立しない。しかし、立木価格が二倍になると収入は一八〇万／haになり、再造林コストを上回るので、林業再生への一歩になるであろう。なぜ、「一歩」に過ぎないのかと言えば、再造林コストを差し引くと手元には一五万円／haしか残らないので、林業経営が魅力的と言える水準からはほど遠いからである。

これに対して、オーストリアにおいて林業経営が堅持されているのは、上述の高い立木価格に加えて造育林コストが安価なため、林業収入が家計に大きく貢献しているためであろう。そこで、次節において同国の林業経営について紹介しよう。

低コストな林業経営

オーストリアでは、丸太の五九％は二〇〇ha未満の小中規模の森林所有者から供給されている。彼らは、農家であることが多く、先述したように、農閑期に農林兼用トラクターで伐出を行っているが、近年、伐採の請負比率が上昇している。他方、二〇〇ha以上の大規模所有者層は、主に請負伐採によって丸太の三二％を供給しており、残り九％は連邦有林株式会社（株式は国が保有）が供給している。ここでは、主に小中規模森林所有者の動向について述べる。

補助金の支給されていた二〇〇〇年頃までは、トウヒの植林が広く行われていた（表4）。苗木は二五〇〇本／ha程度植栽し、下刈りを年一回二年間程度行い、十年以降に除間伐を一～二回行って保育を完了している（欧州アカマツ林では母樹保残による下種更新が今も行われている）。下層植生は日本のように密ではないので、下刈りは軽度の刈り払いで済み、造林コストは七二万円／ha程度で済んでいる。

表４　造育林費用の比較

（万円 /ha）

林齢	作業内容	オーストリア		日本	
		人工植栽	天然更新	現状	削減試算
1	植林、下刈り	45.5	0	89	44.5
2	下刈り	6.5	6.5	9	9
3	下刈り	6.5	6.5	9	9
4	下刈り	0	0	9	0
5	下刈り	0	0	9	0
10～15	除間伐	13	13	20	20
20	保育間伐	0	0	20	0
合計		71.5	26	165	82.5
森林所有者持ちだし		71.5	0	49.5	24.8

注：費用は、オーストリアは聞き取り調査結果、日本については農林水産省統計部（2005）平成 15 年度林業組織経営体経営調査報告書の請負の平均値を用いた。

これに対して、同程度の植栽本数にもかかわらず、日本では下刈り費用や除間伐費用のかかり増しによって一六五万円／haもかかっており、速水林業のように、造林コストの削減に向けた取り組みが必要になるのは国際競争の観点からは当然と言えよう。

オーストリアでは、EU加盟に向けた財政の見直しの際に林業補助金は縮小され、保安林や被災林以外のトウヒ人工林造成への補助金は廃止された。代わって、広葉樹林や針広混交林の造成に対する補助が支給されるようになった。これは、地球温暖化に伴う森林の乾燥化が予想されており、乾燥に弱いトウヒを乾燥に強いナラやブナ等に転換する必要が生じたからである。

さらに、二〇〇〇年代の材価低迷や人件費の上昇もあり、小中規模所有者の間ではコストのかからない天然更新が主流となっている（下層植生の繁茂を避けるために伐開幅を樹高程度に抑えた、許可の不要な〇・五ha未満の小面積皆伐が一般的である）。トウヒが容易に天然更新できる同国の状況は日本とは全く異なるものの、下刈り軽減に繋がる小面積皆伐は参考になるように思われる。なお、天然更新の場合でも、下刈りや除間伐（一八〇〇本／ha程度に幼齢木を整理）は必要であるが、造林コストは二六万円／haと低い。このため、ha当たりの補助金額も、混交林・広葉樹林造成二五万～四八万円を除けば、下刈り二万円、除伐六万円、間伐三万円と少額に抑えられている。

利用間伐は、一回目が三十～四十年頃に行われ、一ha当たり八〇㎥前後の丸太が生産されるが、パルプ用材や燃材が半分程度なので立木販売収入は二二万円程度と少ない。二回目の間伐（五十五年前後）では、一五〇㎥前後の丸太から六九万円の収入が得られ、三回目（七十五年前後）からは八三万円、百

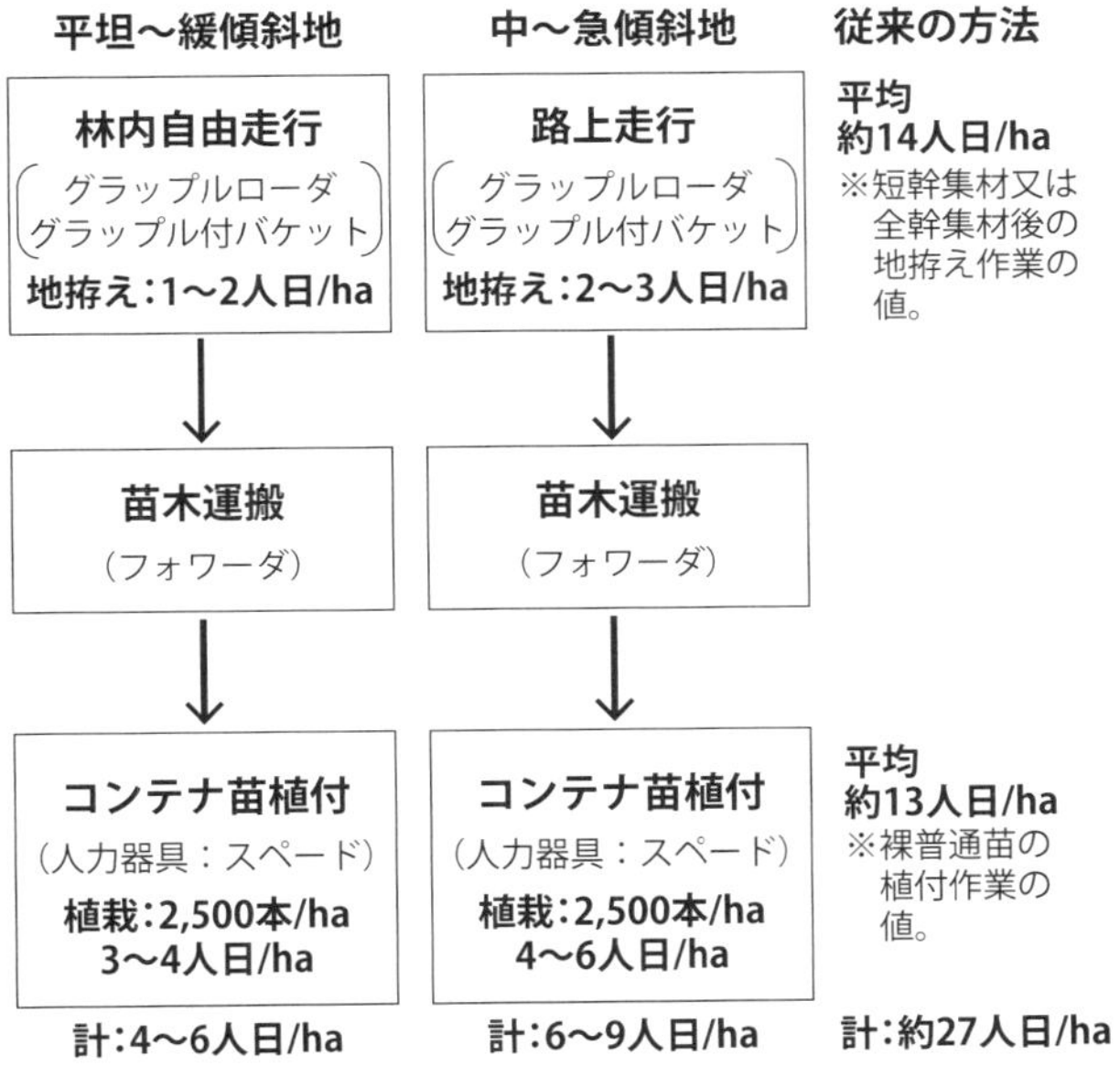

資料：国立研究開発法人森林総合研究所「低コスト再造林の実用化に向けた研究成果集」

図９　「伐採と造林の一貫作業システム」と従来の手法の労働投入量比較
出典：林野庁（2017）森林・林業白書

年前後の主伐では四五〇㎥の丸太から二五〇万円が得られるので、合計四二五万円／haもの立木販売収入がもたらされることになる。これは、造林投資をはるかに上回っており、内部収益率は二・四%（補助金考慮せず）と推計できる（天然更新の場合は四・二%）。

日本の針葉樹材生産は、植林に頼らざるを得ないので、造林コストの削減は必須の課題と言える。これに対する技術開発は、速水林業だけでなく、国有林や森林総合研究所をはじめ全国の林業試験場において進められており、伐出用の機械を地拵えや植林に活用する一貫作業（図9）による労働投入の削減や、下刈り回数の削減等が実用化されつつある。これらによって、従来の半分程度にできるめどが立ちつつあることから、造育林コストを八二・五万円／haとし、皆伐収入は先ほどの一八〇万円と仮定し、天然更新ができないという日本の条件不利を勘案して補助率五〇％として計算すると、人工林経営の内部収益率は三・三％となり、林業が魅力ある産業となりうる可能性が示された。

農業会議所と林業組合連合会

オーストリアにおいては、一ha以上の森林所有者は農業会議所（ＬＫ：Landwirtschaftskammer）に加入することが法律で義務付けられている。農家林家が多いこともあって、森林所有者対策もＬＫによって主導されている。政府に対するロビー活動や産業界との調整は、ウィーンにある連邦ＬＫの森林・木材・エネルギー部門が担当しており、各州のＬＫに置かれている林業部門は、林業経営に関する相談対応や経営計画策定支援、トレーニングコースや見学イベントの開催等の様々な会員サービスを提供している。ちなみに、林業の盛んなシュタイヤーマルク州では、ピヒル林業訓練センターを運営しており、森林所有者だけでなく、林業に関心のある人々（州外も含む）を対象に様々な研修や訓練コースを開催している。コースは熟練度によって分かれており、宿泊を伴わないものから数週間にわたるものまである。定められたコースを受講すれば、国家資格ではないものの、林業マイスターの資格が取れるようになっている。

ＬＫは、製材工場の規模拡大によって小口の丸太販売が不利になる事態に対し、森林所有者の組織化を進めてきた。その支援を通じて、一九九〇年前後に丸太の共同販売を事業の柱とする林業組合連合会（ＷＶ：Waldverband）が各州で設立された。ただし、小中規模森林所有者のＷＶへの面積加入率は五割程度にとどまることや、多くの森林所有者が自ら工場と交渉・契約して丸太の販売を行っているのは、日本と大きく違う点である。

ＷＶの組合員であっても、丸太の販売を全てＷＶに委託しているわけではなく、大径材や長尺材等の量産工場向きでない丸太は、工場と契約して直接販売することも多い。他方、二〇〇haを超す大規模森林所有者であっても、量産工場と対等な交渉を行うために、数〜数十人が集まって独自の林業組合（ＷＷＧ）を設立して共同販売を行う事例も少なくない。

いずれにしても、ＷＶは全国で三〇〇万㎥もの丸太を販売しており、小中規模森林所有者が大規模工場に丸太を販売する上で重要な役割を果たしている。その際、価格交渉力の確保以上に重要なのが、丸太販売代金の確実な回収と言われている。筆者の知る限りでも、オーストリアにおいて過去十年間に中規模三社、量産二社の製材工場が倒産している。これらの丸太販売代金の回収不能額はそれぞれ億単位であったとみられるが、そうした事態に備えて、ＷＶは有限会社化しており、それによって組織の責任を限定するとともに、保険をかけることによって損失を軽減し、森林所有者への代金支払いを確保している。一方、日本の森林組合は無限責任となっており、丸太販売代金が回収できない場合、組合の理事たちが補填しなければならなくなる可能性がある。

なお、ＷＶは素材生産を自ら行っていない。これは、日本の森林組合が作業班を持つことに疑問を呈していた速水の議論と関連するが、作業班の賃金確保のために丸太の販売代金から素材生産費を多く取ると、森林所有者に支払う立木代が減少するという利益相反が生じるためであると考える。その代わり、優良な素材生産事業体のデータベースを構築して、その地域と地形条件に最適な事業体を組合員の依頼に対して紹介できるようにしている。また、丁寧な仕事をした素材生産事業体にはボーナスを支払い、作業の質を確保する取り組みを行っている。

ＷＶでは、森林経営計画の策定を引き受けている（三二五〇円／ha）が、森林所有者の計画的な伐採販売を促進するためのサービス提供であって、森林を集約化するために行っているわけではない（計画書は行政には提出しない）。ちなみに、小中規模の森林所有者の計画策定率は低いようである。他方、ハーベスタやフォワーダ、タワーヤーダは、地域で一〇〇〇㎥以上の出材量がまとまらないと安く頼めないので、組合員の伐出事業を集約することによって、そうした高性能林業機械による作業を依頼している。日本の森林経営計画は、伐出事業の集約化には役立っていると思われるが、多数の森林所有者を束ねる形で策定されているので、個々の森林所有者の意思決定の参考にどれだけ役立っているのかやや疑問である。

オーストリアでは、高い立木価格で丸太を販売したい森林所有者を代表するＬＫやＷＶと、原料となる丸太を多く集めたい林産企業を代表する商工会議所傘下の木材産業協会や製紙産業協会等が、二〇〇五年にお互いの利益のために森林・木材・製紙産業協力機構（ＦＨＰ）を立ち上げた。これは、丸太を購入した工場と、販売した森林所有者がともに三九円／㎥（パルプ材は九円／㎥）ずつ出し合うことによって資金を確保し、林業活性化対策や木材利用の広報・普及、技術開発、人材育成、メンバー間の情報交換等の事業を行っている。これによって、丸太の品質評価基準や輸送伝票の統一、工場の選木機を利用した公正な検寸システムの普及等が実現された。また、ＦＨＰは森林認証の監査費用や木材の販路開拓・宣伝費用等を支出しており、私有林の森林認証（ＰＥＦＣ）取得率は八割近くにのぼっている（ＦＨＰに似た取り組みが大分県で実施されているが、丸太の流通圏は自治体の範囲を超えているため、全国ないしは九州といったレベルでの実施が待たれる）。

日本林業の可能性

わが国における丸太生産量は、二〇〇二年の一七〇〇万㎥から、二〇一七年の三〇〇〇万㎥へと一三〇〇万㎥も増加した。この背景には、多くの人工林の樹齢が五十年を超え、例えばスギ林の場合、一番目の丸太の末口径は二六㎝、三番目の丸太でも一六㎝を超え、利用に適した大きさに育ってきたことがある（立木の大きさは伐出効率の向上にも寄与している）。他方、国産材需要の拡大は、主に燃料利用や合板利用の増加によるものである。前者には再生可能エネルギーの固定価格買取制度（ＦＩＴ）という制度イノベーションが、後者には国産材からの合板製造を可能にした技術イノベーションが大きく影響している。今後は、製材工場の規模拡大やＣＬＴ等の新素材の利用といった技術イノベーションによる製材利用の増加が期待される。

一方、需要拡大に対して、安定的かつ持続的に丸太を供給していくには、立木価格を高めて森林所有者の出材意欲を向上させるとともに、皆伐した後には再造林を行う必要がある。そのためには、伐出コストの削減や丸太の流通簡素化が必須であるが、実行可能な選択肢は多いので、コスト削減は十分可能であると考える。ただし、その成果を立木価格の向上に結びつけるには、オーストリアのように所有者が、適正なコストを把握できるようにする必要があると考える。また、日本の植生はオーストリアとは大きく異なり、針葉樹の天然更新は困難なので、造林コストの削減には限界があるかもしれない。そうだとしても、低密度植栽技術や品種改良苗の開発等によって低コスト化を突き詰める必要があろう。

ところで、日本の間伐は非常にコストがかかるため、補助金がないと収入が得られず、経営意欲の向上に繋がらない。これは多間伐を前提とする長伐期施業の限界を示しているように思われる。また、長伐期施業では立木が大径化するが、オーストリアの量産工場の多くは直径五〇cm以上の丸太を受け入れておらず、専門工場に販売しても大径材は中径材と同じかそれ以下の価格でしか売れないことに注意が必要である。日本でも、大径材価格が中径材価格を下回るという事態が発生しており、大径材の加工や販売体制の再構築を行う必要があろう。

間伐の高コスト問題は、路網によって解決できる部分が大きく、路網の開設は、間伐だけでなく、その後の主伐や再造林にも大きく関わってくる。それ故に、個別の事業地の最適化を考えるのではなく、規格のしっかりした壊れにくい道を多くの所有者が利用できるように開設するべきであろう。

見てきたように、日本の林産業の競争力は高まりつつあり、丸太価格の低下にも歯止めがかかりつつある。一方で、立木は大きく育ち、伐出・流通コストは低下してきたことから、森林所有者の収入を向上させることによって出材意欲を高めることができれば、伐採量を二倍くらいに引き上げることは十分可能であろう。この収入向上は、再造林意欲も高めるものであり、循環型林業の実現に不可欠であると考える。

参考文献

青木健太郎　二〇〇九　オーストリア連邦における林業部門の補助金制度　メルセル・インターナショナル調査レポート　№〇九-〇一　一～七五頁

BMNT（2002-2017）*Holzeinschlag*, BMNT.

BMNT（2018）*DATA, FACTS AND FIGURES 2018*, BMNT, 126pp.

BMNT（2018）*Wie steht es um unseren Wald?*, BMNT, 9pp.

FPP（2006）*Arbeitsgestaltung & Planung im Schleppergelände*, 149

久保山裕史・堀　靖人・石崎涼子　二〇一二　オーストリアにおける丸太の生産・流通構造の変化について――シュタイヤーマルク州の小中規模林家を中心として　林業経済研究　五八（一）：三七～四七頁

久保山裕史　二〇一四　オーストリアの製材工場における大径材利用　木材工業　Vol.六九（一二）：五三九～五四二頁

久保山裕史　二〇一五　オーストリアにおける川下発の林業関連組織イノベーション　岡　裕泰・石崎涼子編著　森林経営をめぐる組織イノベーション——諸外国の動きと日本　広報ブレイス　九九～一一六頁
林野庁　二〇一八　平成二十八年次素材生産事例調、一三〇頁
Weiss, G., Huber, W. and Schwarzbauer, P.（2010）Case study : Austria, "*Case study reports*", 141-221.

第2章

小規模な林業経営と大規模な需要を繋ぐドイツの木材共同販売組織

堀　靖人

明暗が分かれたドイツと日本の林業

ドイツには、日本と同様に、小規模な森林所有者が多数存在しており、そこでの木材の生産は少量、分散的である。一方で、需要側の製材工場などの木材産業は、工場数を減らしながら生産量を維持または拡大し、生産の集中により寡占化が進んでいる。そのため、ドイツでは、木材産業の規模拡大に対応して木材を供給する仕組みにも大きな変化が起きており、林業および木材関連産業が共に成長産業となっている。

日本においては、速水が序章で指摘するように、木材生産量の増加や木材産業による国産材の利用拡大が山側である林業の活性化にまでなかなか波及していない。だが、その原因が山側の少量、分散的な生産にあるとは一概に言い切れない。まさに、ドイツの例がそのことを示しているのではなかろうか。

表１　日本とドイツの森林概況

日本とドイツは、木材生産林の面積はほぼ同等だが、木材伐採量の差が大きい。

	日本	ドイツ
国土面積	3,779 万 ha	3,571 万 ha
人口	1 億 2,700 万人（2016 年）	8,177 万人（2015 年）
農用地面積	456 万 ha	1,672 万 ha
森林面積	2,496万ha（人工林 1,029 万 ha）	1,141 万 ha
森林蓄積量	49 億㎥（人工林 30 億㎥）	37 億㎥
木材伐採量	2,000万㎥前後（2010 年～現在）	5,000万～6,000 万㎥（2010 年～現在）

出典：国土面積、農用地面積、森林面積のデータ（2011 年）は、FAOSTAT（FAO のオンライン統計データベース）による。日本の人工林面積と森林蓄積量は「森林・林業統計要覧 2015」とドイツの森林蓄積量は BWI[3]（第３次連邦森林資源調査）による。木材伐採量は日本については農林水産省「木材需給表」、ドイツについては連邦食料消費者保護省（BML）Holzmarktbericht による。

では、なぜドイツにおいては、木材産業の発展が林業の成長産業化に結びついているのだろうか。本章では、林業経営と大規模化する木材産業を繋ぐ木材共同販売組織に着目して、日本における林業経営を元気にする道を探りたい。

まず、日本とドイツの木材生産の基盤となる森林面積とその所有構造について見よう（表１）。日本の人工林面積は一〇二九万 ha である。木材生産はほぼこの人工林で行われているといってよい。一方、ドイツの森林面積は一一四一万 ha であり、そのほとんどが生産林である。したがって、日本とドイツの木材生産の対象となる森林面積はほぼ同等である。

森林所有の構造も似通っている。所有者別の森林面積割合は、日本の場合、五八％が私有林で三一％が国有林、残り一一％が公有林である。ドイツの場合、四八％が私有林、三三％が国有林（連邦＋州有林）、残り一九％が団体有林、すなわち日本で言うところの市町村有林であ

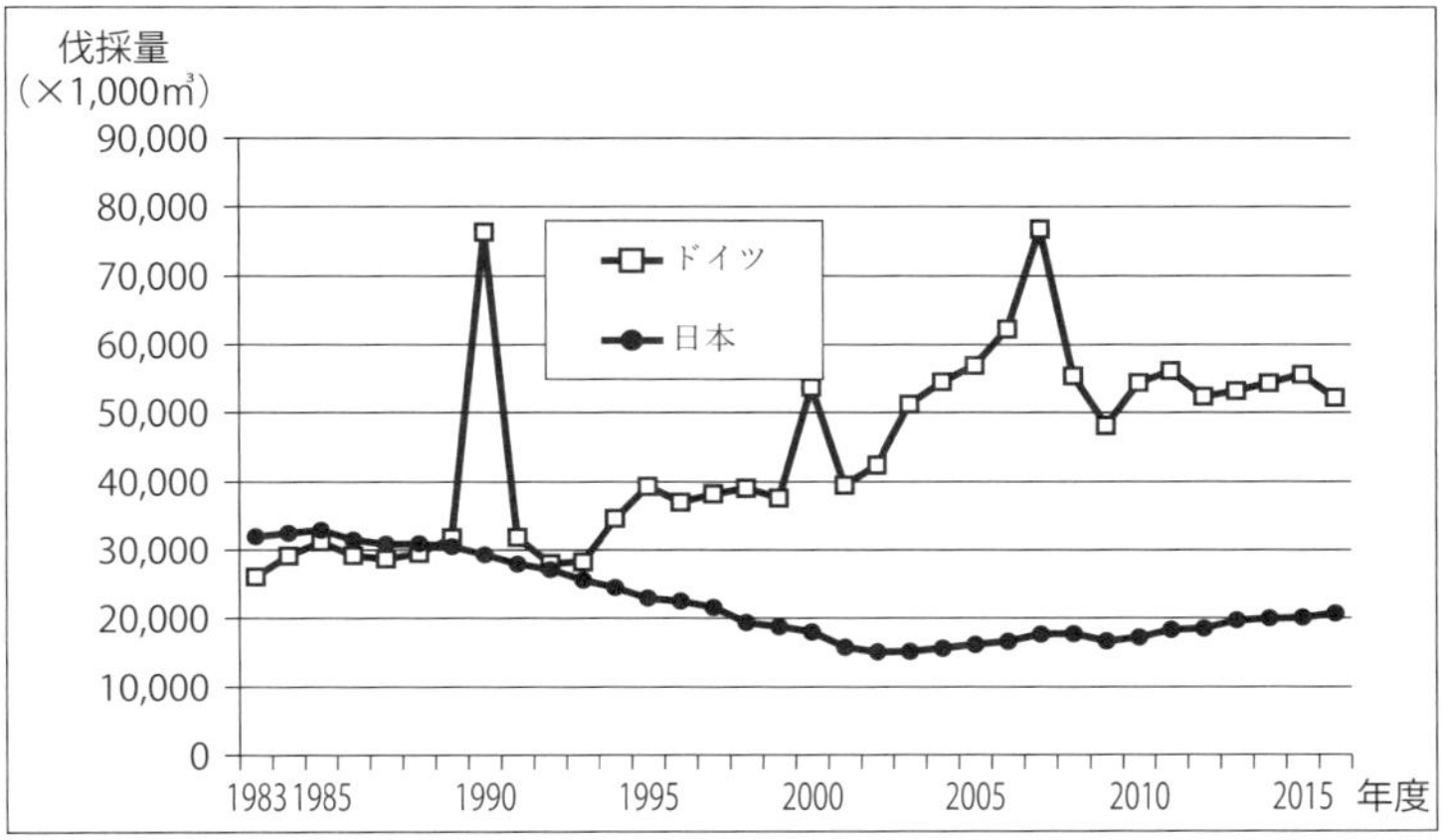

図1　日本とドイツの木材生産量の推移

1990 年代以降、両国の明暗が分かれている。ドイツの飛びぬけた生産量の３つの年度は、暴風害の風倒木処理によるもの。

出典：日本の生産量は農林水産省「木材需給表」、ドイツの生産量（伐採量）は BML Holzmarktbericht 各年度版による。

る。しかも私有林の所有者が小規模であり、所有者一人当たりが所有する森林の箇所数も分散している点も共通している。

一方、ほぼ同等な面積を持つ木材生産林から伐採されている木材の量を比較すると、日本の木材生産量が約二〇〇〇万㎥であるのに対して、ドイツは五〇〇〇万～六〇〇〇万㎥であり三倍近い開きがある。この差は、両国の林業の活力の差とも言えるだろう。だが、図1の木材生産量の推移を御覧いただきたい。一九八〇年代には日本とドイツともに三〇〇〇万㎥とほぼ同じであった。両国の木材生産量が明確に分かれるのは一九九〇年代以降である。その後のドイツの木材生産量は上昇し、逆に日本は減少していった。グローバル化の波にうまく乗ったドイツと、乗り切れなかった日本との明暗が示されている。

ところで、ドイツの木材生産量の推移を見ると、飛びぬけた生産量を示す年度が三つある。これは暴風害の風倒木処理によるものである。風倒被害を受けた木材が大量に市場へ供給されたことは、木材供給の面において製材業に有利に働き、製材業の規模拡大を後押しする誘因となったと考えられる。

なお、大風害はこの他にもドイツ林業に大きな影響を及ぼした。一つは、林業の機械化が進展したことである。風倒木の処理は危険が伴うため、安全な作業のため機械での作業が有効であることが明らかになり、林業機械の普及に繋がった（農林中金総合研究所、二〇〇八）。もう一つは、自然に近い林業の一層の普及である。自然に近い林業の重要な要件は、適地適木、皆伐の回避、天然更新である。広大な風倒木跡地が生じたことにより、天然更新による造林が進む契機となった。これには、天然更新により植林経費を節約しようという意図もあったと推測される（ラートカウ、山縣光晶訳、二〇一三）。

ドイツの森林資源の保続

前述のように一九九〇年代以降、ドイツの木材生産量は、右肩上がりで上昇してきている。果たして、ドイツの林業はこのままさらに生産量を伸ばし続けることができるのであろうか。結論を言うと今後頭打ちになるのではないかと見られる。

ドイツでは、連邦森林資源調査（Bundeswaldinventur：以下、ＢＷＩ）によって、森林資源の把握を行っている。ＢＷＩは連邦政府が、国全体の森林を保続的にコントロール、モニタリングする手段としての森林資源（森林面積・蓄積）センサスである。この結果は、連邦政府の森林、気候変動対策、エネルギーと自然保護政策ための情報源と判断基準となる。林業、木材産業にとっても企業経営方針を立てるための参考となる。第一次ＢＷＩは東西ドイツ統一前の一九八六～一九八八年（基準年一九八七年）に実施された。第二次ＢＷＩは統一後の二〇〇一～二〇〇二年（同二〇〇二年）に実施され、第三次ＢＷＩは二〇一一～二〇一二年（同二〇一二年）に実施された。二〇一〇年の連邦森林法改定によりＢＷＩは十年ごとに実施されることになった（連邦森林法第四一条ａ）。

それでは、第三次ＢＷＩの結果を見てみよう。ドイツの森林の年間成長量はha当たり一一・二㎥と高い水準であった。木材需要も活発で、二〇〇二年から二〇一二年までの間で、毎年約七六〇〇万㎥の原木（樹皮なし）が収穫された。伐採による蓄積の減少は、林地残材二三〇〇万㎥を加えると九八〇〇万㎥の減少となる。このようにかなり高い水準での伐採量にもかかわらず、森林蓄積量は、二〇〇二年の三四・四億㎥から三六・六億㎥と約七％増加した。その結果、森林蓄積はha当たり三三六㎥と過去百年間到達したことのない水準となった。このha当たりの森林蓄積はスイスとオーストリアに次いでヨーロッパ諸国では突出している。

第三次ＢＷＩの結果で特筆すべき点として、さらに次の点が挙げられる。広葉樹の面積が四四〇万haから四七〇万haへと七％増加したこと、平均樹齢は二〇〇二年に比べて四年半増え七十七年生となったこと、複層林、混交林が増加したこと、ha当たり枯死木の蓄積が増加したことである。加えて、林業面で衝撃的であった点としてトウヒ資源の減少が挙げられる。トウヒ資源は、十年間に森林面積で八％、蓄積も三・八％減少した。ドイツの四つの主要樹種（トウヒ・マツ・ブナ・ナラ）のうちで最も大きな蓄積を占め、収益性の高い樹種であることからドイツ林業にとっても、トウヒを主な原料としている木材産業にとっても影響が大きいと考えられる。トウヒ資源の減少の理由として、自然に近い林業の推進による森林の樹種転換の結果であること、トウヒ原木に対する製材業などによる強い需要があること、二〇〇七年の暴風キリーでとりわけトウヒの風倒木が大量に発生したことなどが挙げられる。さらに最近では気候変動により温暖化が進んでいるとの認識から、乾燥に弱いトウヒ林業を悲観する見方も出ているようである。特に、二〇〇〇年代に入ってトウヒが乾燥によって大量に枯れた時には、トウヒ林業を危ぶむ意見が見られ、ダグラスファーなどの乾燥に強い針葉樹に樹種転換したり混交林化を進めたりすべきとの考え方が示されているようである。いずれにしても、需要の強いトウヒ林の伐採が進んでいることは、森林資源の保続の面から警戒すべきであろう（熊崎、二〇一八）。

このようなドイツの森林資源の現況に対して連邦政府は、何世紀にもわたって、ドイツの林業は持続可能性の原則に従ってきたとした上で、第三次ＢＷＩの結果は、この原則が長期間にわたって、今日、未来においてもうまく機能することを明確に示しているとしている。ただし、連邦政府の慎重な姿勢も窺える。原材料とエネルギー源木材の利用が高い水準にあったこと、二〇〇二年から二〇一二年の間に、伐採と自然枯死による目減りは成長量の八七％を占めたことを指摘している。森林の蓄積量の増加は、第二次世界大戦後の大規模な植林による成長の旺盛な森林によること、森林資源の高齢化による成長量の減少を考慮すると森林資源の保続に関して将来的にも注意が必要であるとしている（BMEL 2014）。

以上のことからドイツの森林資源の利用は熊崎（二〇一八）が指摘するように上限に達していると言ってもよいであろう。

ドイツの製材業の構造変化

一九九〇年代以降にドイツの木材生産が伸びていった要因は何であろうか。成熟した森林資源状況、一九七〇年代から着実に進められてきた路網などのインフラ整備、一九九〇年の大風害を契機とした機械作業の進展、長きにわたって機能してきた地域密着型の森林官制度（第4章に詳述）、実践を重視する人材育成など様々な要因が挙げられる。これらに加えて重要な要因として挙げられるのがドイツ製材業の躍進である。木材産業の中でも製材業は、林業側にとっても重要である。製材業は木材の最大の需要者であり、製材用原木は他の用途の原木よりも有利な価格で取引されるからである（堀、二〇一三）。

ドイツ製材業は、一九九〇年代以降に大きく変化した。変化の一つは、製材業の規模拡大と生産集中（寡占化）である。ドイツの製材業の工場数は一九七〇年代、一九八〇年代と減少傾向にあり、特に小規模な工場は大きく数を減らしてきた。一九九〇年代以降、グローバル化の進展により木材産業において企業の統廃合による生産集中、生産拠点および販売先の多国籍化が進んだ（Nilsson 2001）。その結果、巨大な木材産業がヨーロッパにおいて展開した。地域的なニーズやニッチな需要に対応した中小規模の工場も各地に残されてはいるものの、前章で久保山が紹介したような巨大な製材工場がドイツにおいても次々と設立されており、大規模工場への生産集中という構造変化をもたらしてきた。

変化の二つ目として、ドイツ製材業の生産量拡大が挙げられる。ドイツ製材業の製材品生産量は特に二〇〇〇年以降、急激に拡大を見ており、二〇〇一年の一六〇〇万㎥から二〇〇七年の二五〇〇万㎥とわずか数年間で九〇〇万㎥も製材品生産量が増加した。二〇〇八年にはリーマンショックの影響で製材品の生産量は急減したものの、早くも二〇一一年にはリーマンショック前の水準に戻している。とりわけ、針葉樹製材品生産量が激増しており、ドイツの製材品生産の増加はほぼ針葉樹製材品の増加によるものとなっている（堀、二〇一三：堀、二〇一五b）。ドイツの製材業が生産量を増やしてきた直接的な原因は、生産性の高い製材技術を導入し、製材効率を高めたためである（Haberboch・Koike 2000）。最新の技術を導入した結果、自ずと原木消費量が増え、生産規模が拡大した。

変化の三つ目として、ドイツ製材業の輸出産業化が挙げられる。生産効率が高まった結果、一九九〇年代頃から製材品の輸出が拡大し、輸入超過であった製材品は、二〇〇三年頃から輸入量を輸出量が上回るようになった。つまりドイツ製材業は輸出産業となった（堀、二〇一三：堀、二〇一五b）。主な輸出先はEU諸国であり、アジアやアメリカへも輸出している。

以上のように、木材産業とりわけ製材業における生産集中化と針葉樹製材への特化により、ドイツの製材業が国際競争力をつけたことがドイツの木材生産量の拡大の要因と言える。ただし、全ての製材業が「規模の経済」により、工場の規模拡大を目指して大規模化してしまうかというとそうではないであろう。グローバル化する中で多国籍企業としての製材業と地域密着型の製材業に二極化する（Nilsson

2001）と考えられる。

中小の製材工場は特殊な製品や完成度の高い製品の生産、原料調達と製品販売先の差別化、特殊化によって、大規模工場との競争に対抗することが可能である。例えば、バーデン・ヴュルテンベルク（BW）州シュヴァルツヴァルト地域にある中小製材工場では、原木を長いままで工場に集荷して、工場で採材する。その理由として既成製品のみを生産するのではなく、注文に応じた製品を生産するためには、原木を長いままで調達する必要がある。そして、注文生産があることが、この工場の採算性を高めている。

もう一つの例として、BW州アルゴイ地域にある製材工場では、大径材専用の製材ラインを地域の森林所有者による協同組合の協力を得て導入した。その背景として、大径材の需要が少なく、その価格が他の径級の材と比べて相対的に安かったことが挙げられる。地域の森林所有者らは自ら協同組合を通して製材工場に出資して大径材ラインを増設し、大径材の需要を生み出した。製材工場では大径材を利用して窓枠などの品質の高い製品を生産している。このように地域の事情にあった要望を取り入れることで中小の製材工場は存続し得る。しかも、原木の集荷範囲も相対的に狭いため、輸送コストの面でも有利である。

後述するように、かつては少量の原木を森林所有者が地元の製材工場に相対取引で販売してきた。製材工場の規模が大きくなると、森林組合を通じて原木をある程度まとめて森林組合と製材工場が価格を交渉して取引を行ってきた。さらに製材工場の規模拡大が進むと、森林組合の連合会を通して数十万㎥

の原木を集めて、連合会と大規模工場との間で契約による取引に変わってきた。このような方向性の中でも、地元の中小の製材工場に対して、従来通り、森林所有者もしくは森林組合が取引を行うことも可能である。このような柔軟な対応が、製材工場の規模拡大が進む中で中小製材が存続できることに繋がっていると考えられる。

製材工場の大規模化への山側の対応

製材工場が新たな施設に更新すると工場の効率が上がり、より多くの原木を消費し、製材工場の規模は大きくなる。その結果、製材工場はよりまとまった量の原木を必要とし、林業サイドに安定供給を強く求めるようになる。ところが、前述のようにドイツにおける森林所有の構造は、日本と同様に小規模で分散的である。そのため木材の生産・供給も少量で分散的である。個々がバラバラに供給するのでは、大規模な製材業の取引相手にはなり得ない。そのため、ドイツで木材供給側が取った対応は、木材販売窓口を一本化し、供給単位を大口化することであった。かつて見られたような森林所有者が個別に地元の製材工場に木材を販売する形から、森林所有者の協同組合（以下、「森林組合」）を設立し、森林組合を通して販売する形を取るようになったのである。ちなみにドイツでは、日本のような原木市売市場（以下、原木市場）は、例外的にしか存在していなかった。

日本では森林の施業や木材生産を行う箇所をまとめる団地化、共同化が長年試みられてきた。団地化、共同化することで、路網を開設し、作業効率を上げることで生産コストを軽減することが狙いであることは容易に想像できる。とはいえ、団地化、共同化のためには、多くの森林所有者との間での合意形成が必要である。森林組合をはじめとした林業事業体に施業プランナーを配置して、施業プランナーが合意形成を担うことになっている。このような生産過程での共同化は果たして意味があるのであろうか。最も疑問を感じることは、合意形成にかかるコストを賄える以上に団地化、共同化することで生産性が上がるのだろうかという点である。

これに対して、ドイツでは、木材販売過程での共同化に重点がおかれている。これは、既に路網などのインフラが整備されてきたこと、高蓄積の森林が形成されてきたこと、皆伐には制限があり、択伐による木材生産が行われていることなどの理由から、必ずしも生産箇所の団地化が必要ではなかったのではないかと推測される。

ドイツの木材販売の共同化は、具体的には、森林組合が窓口となり、木材の大口需要者と取引量や木材の規格と価格を協議し、協定もしくは契約に基づいて木材取引を行う。同時に組合員が生産する木材の量を森林組合がまとめたり、あるいは森林組合が立木買いして地元業者に請け負わせて木材生産を行ったりすることで、取引単位を大きくする対応を取ってきた。こうした動きは一九八〇年代から見られた（堀、一九九四）。

さらに二〇〇〇年代に入ってからは製材業が一層寡占化する中で、複数の森林組合を構成員とした林業連合が形成されつつあり、より大規模に共同化された木材販売組織を通した取引が行われている

(Lutze 2010)。その一例がイン・シルバ協同組合（以下、シルバ）である。シルバは二〇〇四年に設立され、二〇〇五年から木材取引を開始した。組合員はドイツ南部を占める二つの州、バイエルン州とバーデン・ヴュルテンベルク州の森林組合二〇組合に加え、オーストリア、スイス、イタリアにある四つの森林組合も組合員となっており、メンバーは国境を越えドイツ国外にも及んでいる。さらにシュバーベン林業連合、三つの大規模私有林も組合員に名を連ねている。シルバは登録協同組合の組織形態を取っており、出資金四八万ユーロである。また、シルバが一〇〇％出資する有限会社（資本金二万五〇〇〇ユーロ）があり、木材の買取と輸送はこの有限会社を通して行っている。

丸太の年間取扱量は三〇～四〇万㎥で、製材用原木のみを取り扱っている。原木は全て買取りで、原木購入契約を組合員である森林組合と交わして原木を買い取る。年間買取り金額は四〇〇〇万ユーロに達する。シルバは少なくとも年間四〇万㎥以上の取扱量を目指している。需要側が求める量の原木の確実な確保・調達はシルバにとって最も重要な任務である。しかし、最近は大きな風倒木被害が発生していないため、原木調達には苦労しているようである。

販売先は七社あり、上位四社との取引量で八～九割を占めている。販売先の会社それぞれと個別に販売契約を結んで、原木を販売する。原木の販売契約は、年間の大枠の契約（販売量、原木の規格）があって、さらに詳細な販売契約（販売量、原木の規格、価格）を四半期ごとに交わしている。主として工場着の販売契約となっている。通常の商品より嵩がある原木の運搬を如何に効率よく行うかは木材共同販売にあたって極めて重要なポイントであり、トラックによる配送手配はシルバにおける重要な業務の一つとなっている。シルバはトラックを保有しておらず、運送会社と運搬契約を結んでいる。運送契約には、原木が置かれている場所（林道端）の地図と運搬する期限が内容として含まれている。運搬契約一件当たりの量は約一〇〇～二〇〇㎥である。

現在（二〇一三年十一月）、シルバには七人の常勤職員がいる。経営責任者のヤコブ氏は前職が大規模私有林の経営管理を担当する森林官であった。ロジスティクス担当の職員もシルバの業績を左右するキーパーソンの一人である。シルバの経費の大部分は人件費であり、全て木材販売による収益で賄われている。連邦や州の助成金は受けていない（堀、二〇一五ａ）。

シルバにおいては、州や国の境を超えて多数の森林組合等を束ねることで価格交渉力に直結する原木取扱量の確実な確保と拡大を志向すること、有限責任の組織を通じて木材取引を行うことで取扱量の拡大に伴って増大する木材取引に際するリスクを軽減することによって、小規模な林業経営を大規模な製材工場等と結びつけることに成功していることがわかる。

前述のシルバ以外にも、木材共同販売組織はドイツ各地で設立されている。筆者が現地調査した組織を挙げると、バイエルン州においては、前述のシルバの他に、シルバの一組合員ともなっているシュバーベン林業連合（以下、ＦＶシュバーベン）の他、バイエルン州北部で幅広いサービスを提供している森林所有者サービス有限会社ホッホフランケン（以下、所有者サービス）、中規模森林所有者のみを組合員（組合員の平均森林所有規模は六五〇ha）とするイザール・レッヒ森林組合、バーデン・ヴュルテンベルク州においてはシュヴァルツヴァルト林業連盟（ＦＶＳ）がある。なお、イザール・レッヒ森林組合は、日本で言うところの単位森林組合である。これを除くと他の組織は、森林組合などを組合員とする協同組織である。これらの木材共同販売組織に共通して見られる特徴は、以下の点である。

第一に、木材取引のリスク回避のための組織形態が挙げられる。買取りによる集荷を行う場合には、万が一に備えた与信管理やリスクの回避・軽減策が重要な点となる。組織形態はFVシュバーベンが登記社団でイザール・レッヒ森林組合が経済社団、FVSとシルバが登録協同組合、所有者サービスが有限会社の形態を取っている。イザール・レッヒ森林組合は、当森林組合が出資者となる有限会社を持っており、シルバもシルバが出資する有限会社を持っている。FVSは、かつては有限会社を持っていたが、現在はFVSが登録協同組合の形態を取ることで有限会社の機能をFVSに移行した。このように、仲介取引のみを行うFVシュバーベン以外は、有限会社もしくは登録協同組合の組織形態を取っている。それは取引量の拡大に伴って高まる木材取引のリスクを回避・軽減するための策と言える（堀、二〇一五a）。

第二に、木材取扱量の規模にも特徴が見られる。原木取扱量は組合が管轄する森林の面積に規定される。いずれの組織も森林組合などを組織化しているため規模が大きく、イザール・レッヒ森林組合においても中規模森林所有者が組合員であり、取扱量が一〇万㎥を超えている。これは、常勤の参事を雇用するのに最低限必要な規模と考えられる。数名のスタッフを抱えて運営するには、二〇万～三〇万㎥の取り扱いが必要となる。また、そのような量を調達するには、買取りを含めて木材を集めざるを得ないと考えられ、取扱量が増えるに従い買取りによるリスクの回避が不可欠になると考えられる（堀、二〇一五ａ）。

第三に、工場着取引による輸送コストの削減である。シルバと所有者サービスでは、山土場から工場まで木材を運ぶ輸送サービスに力を入れている。いわゆる、工場着取引である。この場合、従来のような林道端での取引よりも精算が早くできるため、販売側にとってもメリットがある。また、木材の生産、流通コストの中で輸送コストは無視できない割合を占めている。そのため、輸送コストの削減は重要な課題であり、木材共同販売組織が木材輸送を取り仕切ることで合理的な輸送に繋がっていると考えられる。シルバと所有者サービス以外の林業連合、森林組合でも同様のサービスを必要に応じて行っている（堀、二〇一五ａ）。

第四に、行政の境を越えた組織化も見られる。通常、森林組合などの組織化の範囲と言えば、行政区画に従うのが一般的である。しかし、シルバの組合員は、州外のみならず、ドイツ国外の森林組合にも及んでいる。さらにイザール・レッヒ森林組合のように州内のどの地区かに関係なく中規模の森林所有者であれば組合員とする例も単位森林組合のレベルでも出てきている（堀・久保山・石崎・平野、二〇一二）。これらの事例は従来のような行政区画に縛られず、組合員のニーズをベースとした組織化であると考えられる（堀、二〇一五ａ）。

第五に、政府による助成の存在である。取り上げた木材共同販売組織や森林組合の大半は、連邦・州の助成を受けている。このことは、いずれも連邦・州の行政施策に則った組織化であり、連邦・州の政策としても森林所有者とその協同組合の組織化を促進させる方向にあることがわかる（堀、二〇一五

a）。

第六に特に強調したい点は、ドイツの森林組合、木材共同販売組織はともに簡素な組織であることである。森林組合においても実際の作業を実施する作業班を抱えていない。作業が必要になった場合には、請負事業体に委託する。そのため、事務の簡素化が図られ、多くの職員を抱える必要もない。

ドイツとの比較で考える日本林業の可能性

日本において、これまで製材用原木の流通において重要な役割を果たしていたのは原木市場である。しかし、合板工場や大規模製材工場による国産材利用の拡大、国産材工場の規模拡大に伴い、全国で原木市場を介さない協定取引を行う事例も増えている。その嚆矢となったのが九州ではラミナ用原木を供給する株式会社伊万里木材市場であり、東北では県内の合板工場に合板用原木の供給を行うため設立された秋田スギ合板用原木需給協議会であった。その後、青森県森林組合連合会、ノースジャパン素材流通協同組合、群馬県森林組合連合会による渋川県産材センター、岐阜県森林組合連合会による岐阜木材ネットワークセンターなど、原木市場を介さず山元あるいは中間土場から工場に納材する協定取引の事例が増えてきた（堀、二〇一四）。最近では大規模な製材工場、合板工場の設立に合わせて木材供給側との協定の締結が一般化している。

これらの事例に共通する点は、第一に多様化である。ほとんどの事例で合板用原木に加え、製材用、ラミナ用、パルプ用原木へと取り扱う原木の種類を広げている。このことは同時に販売先の多様化も意味している。とりわけ価格の高い製材用原木の販売先を如何に確保するかが重要となる（堀、二〇一四）。

第二に、協定価格の設定と輸送の合理化である。協定価格による取引のお陰で市売りでの取引と比べて安定した価格で取引が可能となっている。このことは原木を生産する側にも製品を生産する側にも生産計画が立てやすく、安定した生産に繋がるというメリットをもたらす（堀、二〇一四）。また、直送が前提となっており、これは原木の輸送コスト削減を目的としている。だが一方で、それまで原木市場が果たしてきた丸太の検寸や選木の役割を誰がどこで行うのか、その精度や質の維持、客観性、公平性をどのように図っていくのか、といった課題も残されている。

第三に、取扱量の拡大である。取扱量拡大は価格形成力強化の上で不可欠である。原木確保のため、一部では買取りによる取引（青森県森連、渋川県産材センター）も見られる。さらに進んだ形として、伊万里市場のように、委託販売だけではなく、立木買い、自社による素材生産、原木買取り、さらには再造林が困難な森林所有者への森林整備のサービスの提供など、単なる木材流通にとどまらない事例も見られる（堀、二〇一四）。

日本においてはドイツの製材業のレベルにはまだ達していないものの、木材産業の寡占化が進んでいる。それに伴い、木材需要側は供給側に安定的な原木供給を強く求めており、寡占化が進めばその要求はより一層強くなるであろう。小規模な林業経営が多い日本において、そうした需要に応える体制を築くためには、まずもって木材生産へのテコ入れが不可欠となる。素材生産業の規模拡大や安全性を担保した上での生産性向上、林業のインフラ整備、計画的な木材生産などを通じた木材生産量の拡大が必要である。併せて確実な再造林の実施が担保されなければならない。木材生産と確実な伐採後の更新を喚起する鍵となるのは木材価格である。そのため、木材の共同販売体制の整備・強化を通じた木材供給側の取扱量の大口化と販売窓口の一本化による価格交渉力の強化は、今後ますます重要になる。

日本においても現実の物流については既に県境をまたぐような取引が行われている。しかし、木材共同販売を行う組織の組織化は、一部の組織を除き、県境を越えて行われているとは言い難い。取扱量の拡大には都府県の範囲を超えた組織化を考える必要がある。

また、交渉力の強化には、単なる協定ではなく、拘束力が強い契約による取引も考慮する必要が出てくる。そして、取引量の確実な確保には、買取りによる木材の調達も組み込んでいくことが必要となる。それには、与信管理の強化や有限責任化など取引リスクの軽減策も制度を含めて検討することが必要となるであろう。

こうした木材共同販売の体制の強化に加えて、様々な経費の削減や合理化も見逃せない。具体的には、多段階に行われている丸太の検地作業を製材工場の選木機での実施による省略化、そのための精度、客観性や公平性の確保、木材運搬の工夫（山土場、中間土場での選別、トレーラーの利用、効率的なロジスティクスなど）を通じたコスト軽減策といった積み重ねによる地道な努力も重要なポイントとなる。

さらに、日本の森林組合においては、組織そのものの簡素化も課題になるのではなかろうか。「森林・林業再生プラン」（二〇〇九年十二月二十五日）では、森林組合に本業優先、他の林業事業体とのイコール・フッティングが求められた。換言すれば、森林組合は組合員である森林所有者の仕事を優先せずに国有林などのまとまった仕事を優先していること、他の林業事業体に比べて森林組合が様々な施策の中で優遇されているのではないかという批判であった。森林組合が企業化して組合員のための組合になっていないとの批判である。その遠因には森林組合は作業班を抱え、その仕事の確保のために企業化せざるを得ないという側面が考えられる。森林組合から作業班を完全に独立させて、ドイツで見られるように、森林組合の簡素化と作業の効率化による組合員へのサービスの改善に繋がるのではないかと思われる。

以上のような諸点をドイツの事例は示している。

引用文献

BMEL（2014）Rohstoffriese Deutschland（Pressematerial des BMEL zu den Ergebnissen der dritten BWIプレスリリース資料）

Haberboch, S., Koike, M.（2000）Structural Changes in German Sawmilling Industry with Special Regard to New Conversion Technologies. 林業経済研究　四六（二）：一～八

堀　靖人　一九九四　ドイツの林業経営と森林組合―バーデン・ヴュルテンベルク州の事例―　林業経済研究　一

二六：一〇六～一一一頁
堀 靖人・久保山裕史・石崎涼子・平野均一郎 二〇一三 ドイツにおける新しい森林組合—イザール・レッヒ森林組合の設立とその意義— 林業経済研究 五九（一）：四五～五四頁
堀 靖人 二〇一三 ドイツの林業・林産業における近年の動き 森林科学 六八：六～八頁
堀 靖人 二〇一四 国産材安定供給に関する一考察 関東森林研究 六五（一）：五～八頁
堀 靖人 二〇一五a ドイツにおける木材産業の構造変化と原木流通におけるイノベーション 森林経営をめぐる組織イノベーション 広報ブレイス：七五～九八頁
堀 靖人 二〇一五b ドイツの製材業の構造変化と林業 木材情報 二〇一五年十月号（通巻二九三）：一～五頁
堀 靖人 二〇一六 ドイツの木材供給改革と日本の現状と課題 木材情報 二〇一六年九月号（通巻三〇四）：九～一三頁
熊崎 実 二〇一八 木のルネサンス エネルギーフォーラム 二一五頁
Lutze, M. (2010) Bündeln, Vermarkten, Abwickeln, *LWF aktuell* 77/2010, 12～14
Nilsson, S. (2001) The Future of the European Solid Wood, *IIASA Interim Report* (IR-01-001)
農林中金総合研究所 二〇〇八 ドイツからみた日本の森林・林業の課題 総研レポート 二〇基研№四
ラートカウ 山縣光晶訳 二〇一三 木材と文明 築地書館 二八六頁

[注] 本稿は、堀（二〇一六）をもとに、大幅に加筆、修正した。

第3章 森を有効に活かすアメリカの投資経営とフォレスターの役割

平野悠一郎・小野泰宏・大塚生美

多様なニーズを反映するアメリカの私有林経営

アメリカ合衆国（以下、アメリカ）では、日本とは相当に異なる林地経営が発展してきた。その一つは、森林投資型経営と呼ばれるものである。投資型と言うと、収益至上主義や土地投機のようなものがイメージされるかもしれない。しかし、そこでは、森林を巡る多様な価値に着目した経営が展開される仕組みがある。その鍵を握るのは、フォレスターと呼ばれる人々である。本章では、そうした林地経営や森林利用の仕組みを、私有林地帯であるアメリカ南部地域を中心に紹介したい。

一九五〇年代以降の日本では、スギ・ヒノキ・カラマツ等の大々的な人工林造成が進んだ。しかし、近年に入ると、木材市場の縮小、輸入材との競合等が相まって、国産材利用の低迷が見られてきた。この時期は、農山村からの人口流出を加速させた時期と重なり、今日、多くの自治体が過疎高齢化に伴う所有者不在森林、空き家、遊休地、放置人工林の増加に悩まされている。一方、近年においては、都市部を中心に、森林の織り成す景観や生態系の重要性を認識し、農山村での豊かな自然と触れ合う生活に憧れ、また各種のレジャーやスポーツ等のレクリエーションを楽しむ場として森林を捉える人々も増えてきた。しかし、こうした新たな価値に基づく利用活動は、全国的な森林の有効活用に結びついてきたとは言い難く、都市近郊林や有名な自然公園等、一部の森林に限定される傾向にある。そして、そうした場所では森林の過剰利用が問題となっている。また、各種の利用者同士の対立に加えて、地権者による抵抗感や、管理者・自然保護団体による土壌・植生破壊への懸念すら増しつつある（平野、二〇一六）。

こうした変化から、まず読み取れるのは、二十世紀後半から、日本における森林の利用が多様化してきたという点である。近代化、都市化、所得向上、余暇の増大、自然環境や生活の質を重視したライフスタイルの勃興の中で、木材生産を中心とした林業経営のみならず、各種の公益的機能に付随したニーズが高まってきた。そしてもう一つは、こうした社会変化に伴うニーズ・利用の多様化が、森林の有効活用や、それによる農山村の維持活性化に効果的に結びついていない、という事実である。

ところが、二十世紀後半から同様の森林へのニーズ・利用の多様化を経てきたアメリカでは、今日、それらのニーズ・利用が、効果的に反映される形での私有林経営を多く見ることができる。アメリカでは、一九五〇年代以降、国有林を中心に木材生産が加速する中、自然保護運動や森林のレクリエーション利用も次第に拡大していった。そして、一九七〇年代以降、有力な自然保護ＮＧＯを中心とした野生動物や森林生態系の保護運動が全国的に広まった。その結果、国有林計画への多様なニーズ・利用の反映、各地での保護林の拡大と森林からの木材生産の規制、生態系の持続を旨とした国有林経営思想の転換が見られてきた（柴田、二〇〇六）。

また、この保護へのニーズを背景とした施業規制の厳格化は、公有林・私有林を問わずに伐採等の経営コストを押し上げることにもなった（餅田、一九九九：久保山ら、一九九九：大塚ら、二〇〇六）。しかしその後、今日に至るまでアメリカ南部地域では、家族・法人経営の私有林を中心に、不在地主や林地売買が増加する中でも継続して木材生産が行われてきた。二〇一四年のアメリカの木材生産量は約三億九九〇〇万㎥に達している。加えて、同時期のアメリカでは、ウォーキング（ハイキング・登山等）、野外キャンプ、ハンティング、釣り、マウンテンバイク、トレイルランニング等の各種レジャー・スポーツを含めた森林レクリエーションが全国的に発展した。二〇一二年の野外レクリエーション部門の関連消費額（六四〇〇億ドル）は自動車部門（三四〇〇億ドル）をしのぎ、雇用者数も六一〇万人に達している。[1] では、アメリカにおいて、なぜ多様なニーズ・利用を反映した私有林経営が可能となってきたのか。それを川上・森林サイドから読み解く鍵の一つは、二十世紀後半以降にかけて、アメリカで発展してきた森林投資型経営と、各種のフォレスターの役割にある。

森林投資型経営の発展がもたらす森林の有効活用

アメリカにおける森林投資型経営の発展は、一九八〇年代以降の様々な社会変化を背景としたものである。森林投資型経営とは、ＴＩＭＯ（Timber Investment Management Organization：林地投資経営組織・私募ファンド）やＲＥＩＴ（Real Estate Investment Trust：不動産投資信託）に代表される森林投資ファンドを軸とした森林経営の形態である。森林投資ファンドは、主に法人投資家から資金を受託して、林地の取得・経営にあたる資産運用サービス事業者である。彼らは、林地経営を通じて顧客への投資リターンを生み出し、その対価としての手数料を徴収している（小野、二〇一七）。森林投資ファンドは、二〇〇〇年代以降も急拡大を遂げ、二〇一三年の時点で約一〇〇〇億ドル（約九・八兆円）の資産規模に達している。特に、木材生産の中心である南部地域の私有林では、その約三割を占める法人有林のうち、大部分が森林投資型経営の下にある（大塚ら、二〇〇八：平野ら、二〇一五）。

まず注目すべきは、この森林投資型経営への投資者が、大学基金、企業年金基金、公務員退職年金、生命保険等の機関投資家、株式市場を通じた個人を含む各種の投資家といった資産運用主体となっている点である。すなわち、ほとんどが都市に拠点を置く資産運用主体の集めたカネが、森林へのニーズとして林地経営に引き寄せられている。なぜ、アメリカでこの道筋ができてきたか。直接的な理由を述べれば、「林地経営が適度に儲かる」状況が生み出されたからである。森林投資型経営が急拡大した二〇〇〇年代後半、アメリカの大規模育林経営の内部収益率は六％程度となっており、同時期の銀行利子率

（四～五％）、国債利回り（四％台）を上回っていた（大塚ら、二〇〇八）。リーマンショック後は、経営目標は四％水準におかれているとされるが、同時期の大幅な金利低下を受けて、森林投資のリターンは相対的に高まることにもなってきた。そして、アメリカ経済の停滞を反映した金利低下の他にも、さらに幾つかの社会情勢の変化が、この「適度に儲かる」状況づくりを後押ししていた。

まず、リスクヘッジのための分散投資を促す方法論が経済界に浸透する中で、一九七四年の従業員退職所得保障法（ＥＲＩＳＡ）によって、年金等の機関投資家による投資先の多様化が義務付けられた（福田、二〇〇七）。林地経営は、健全な計画・施業を行っていれば、他の金融商品の動きにあまり左右されず、比較的順調に立木蓄積を増加させ、農作物と違って伐期の適時調整が可能な木材の生産を軸とする。このため、投資家において安定的なリスクヘッジの投資先と見なされるようになってきた。また、大学基金や年金基金をはじめ、社会的責任を強く意識した機関投資家は、環境配慮型の投資先として林地経営を位置づけるようになり（小野、二〇一七）、都市部の景観・生態系保全へのニーズの高まりも森林投資として反映される形となった。

一方、森林側にも、森林投資型経営の発展を促す事情があった。アメリカでは、二十世紀半ばから需要増を背景とした製紙・製材等の林産企業が、原料確保のための林地集積を加速させ、合併や買収を繰り返すことで、林地経営・加工・流通部門に跨る垂直統合型の大規模企業が成長してきた（村嶌、二〇一三）。しかし、一九八〇～二〇〇〇年代にかけて、これらの大規模林産企業は、株主から林地経営部門の切り離しによる経営コストの削減を求められるようになった。折しも、一九九八年の改正ＲＥＩＴ

簡素化法の施行に伴って、不動産資産の運用に特化して、課税所得の九〇％以上を投資者への配当に回せば、二重課税を回避できる（パススルー課税：その分の法人税は免除、配当後の個別投資者に対する所得税のみ課税）というメリットを持つＲＥＩＴが、林地経営を対象にできるようになった。これらの結果、大規模林産企業の林地経営部門の切り離しによるＲＥＩＴへの移行、あるいは立木の買い取り契約等を条件としたＴＩＭＯやＲＥＩＴへの林地売却が加速することになった（大塚ら、二〇〇八：平野ら、二〇一五）。

森林の有効活用という観点において極めて重要なのは、アメリカの森林投資型経営の中には、「林地における価値・便益の最大化」を明確に目指した積極的な林地経営を展開している事例が見られることである(2)。これは、森林投資ファンドという事業経営主体にとって、森林・林地へのあらゆるニーズや利用を反映してその経済価値を高めることが、投資リターンの最大化という形で顧客である投資家の利益に適い、自らの評価や事業収入にも結びつくという構図になっているためである。森林投資ファンドの中には、「森林・林地の総合的な活用」を事業目標として掲げ、木材生産のみならず、各種の特用林産物の採取、農牧業用の飼料確保、鉱物資源の取得、再生可能エネルギーの発展、建設用地の確保、さらにはハンティングや自然体験等の森林レクリエーションといった様々なニーズを、所有経営林地にて効果的に反映させていくケースも見られてきた（村嶌、二〇一三：平野ら、二〇一五）。具体的には、それぞれの利用者組織・企業等に対して、地価や市況・ニーズに応じて林地の売却やリースを行い、不動産収益を積み上げている。

「林地における価値・便益の最大化」という誘因は、必然的に、施業・経営コストの削減をも森林投資ファンドに追求させる。アメリカ南部地域では、私有林の多くが平地や傾斜のほとんどない場所に存在し、機械化の恩恵も受けやすい状況にある。そうした地勢的な優位性はあるものの、それにもまして森林投資型経営では、様々なコスト削減の努力が行われてきた。例えば、各伐採現場で丸太の行き先の仕分けを行った上で、GPSによるルート計算に基づく輸送網での出荷を通じて、流通コストの削減が図られている。また、ルーティン化できる植林等では、中南米等からの低賃金労働者を雇用する傾向が見られる。加えて、苗木の品種改良に取り組み、その生産・販売を大々的に行う森林投資ファンドも生まれた。そして、大規模林産企業の苗木供給部門の流れを汲む専門企業等との競争を通じて、大量の優良苗木を安価で供給される体制も整えられてきた（平野ら、二〇一五）。

このような総合的・多面的な活用を踏まえた林地における価値・便益の最大化へのインセンティブは、垂直統合型の大規模林産企業の原料供給部門として位置づけられた、かつてのアメリカの法人有林経営では働き得なかった。すなわち、事業者は加工部門が大過なく操業するための「安定した木材供給」を主に志向していたのに対して、森林投資型経営では林地の所有と経営が分離されることで、林地そのものの価値最大化に特化する構造が生まれた。林地に直接携わる人々にとっても、それまでは事業者に雇用され計画通りの生産を求められていた。これに対して、森林投資型経営の下、知識やノウハウを総動員して林地価値を最大化し、それによって待遇や報酬も連動する形のインセンティブ構造となったことは、使っている知見は似たものであったとしても「知恵を絞り出す」ことへの非常に大きい動機になったと捉えられる。すなわち、投資者と事業者という形で、林地の所有と経営が分離され、事業者が双方の利益追求を専門的に担う立場に置かれたことが、この最大化を志向するインセンティブになったのである（小野、二〇一七）。

一方、森林投資型経営の発展には、「持続的な森林経営」を阻害するのではとの懸念も根強く存在する。すなわち、投資リターンの最大化を目指した結果、低コスト化のみを追求した粗放経営、多様なニーズを呼び込みすぎての過剰利用、宅地や商用地への開発転用を前提とした林地売却等が加速するのではないか、というものである。確かに、多くの森林投資ファンドは、大きな売却収益をもたらす転用や、十数年単位での投資回収を前提に、事業計画を組み立てている。しかし同時に、ＳＦＩ（The Sustainable Forestry Initiative）やＦＳＣ（Forest Stewardship Council）等の森林認証を取得し、将来的な木材生産やレクリエーション利用を保障する等、あくまでも「林地としての資産価値」を上昇させることで、投資リターンの最大化を図っている様子も見て取れる。

果たして、アメリカの森林投資型経営は、「有効活用」と「持続性」を両立した森林経営を演出できるのだろうか。この疑問にアプローチする鍵は、アメリカにおいて、こうした経営の実際の「担い手」となる人々が、どのような立場や意識を持って臨んでいるかを探ることである。

各種のフォレスターの果たす持続的な森林の有効活用に向けての役割

アメリカにおいて、この実際の「担い手」となっているのは、「フォレスター」(Foresters)と呼ばれる人々である。アメリカでフォレスターと呼ばれる人々は、「林学の学位取得者や同等の経験を持つ人」と幅広く解釈されており、三つの立場に大別することができる(表1)。まず、公的フォレスターは、国公有林の管理経営を担う他、郡単位等の州内各地に駐在し、私有林に対する各種の補助金関連、水源管理、森林火災防止、衛生除間伐等の助言・申請サービスを提供している(大塚、二〇一〇)。また、公的な助成金を通じて、森林所有者に対し、森林管理・林業経営に関する技術や知識の普及を専門的に担うエクステンションフォレスターも大学等を窓口として設けられている(餅田、二〇〇四~二〇〇五)。

一方、それ以外の民間フォレスターには、二つのタイプがある。一つは、TIMOやREITによる大手の森林投資ファンド等に雇用され、エリアマネージャーや各事業経営部門の担当者として、法人有林の投資・施業計画の策定や森林の有効利用のプランニングにあたる人々である。企業所属フォレスターともいうべきこちらのタイプは、森林投資型経営の主要な実践者であり、自らの森林に関する知識や技術を駆使して経営を展開し、投資者の信託に応える立場に置かれている。

もう一つは、個人もしくは共同で独立した事務所を持ち、顧客としての森林所有者との個別の契約に応じて森林関連の業務を代行する人々である。このタイプの人々は、コンサルティング・フォレスター

表1　アメリカで活躍する様々な立場のフォレスター

官民	名称（現地での呼称）	身分・資格等	主な活動内容
公的	森林官・フォレスター（Foresters, State Foresters）	大学の林学関係学科を卒業し、アメリカ合衆国森林局（USDA Forest Service）、各州林業局等の公的機関に所属している。	国有林・公有林の管理経営、野生動植物の保護、森林保護管理を担当すると共に、森林所有者の経営支援も行っている。
民間	企業所属フォレスター（Managers, Foresters）	SAF 認定資格（CF）、各州 RF 資格等を持ち、森林ファンドや林産企業等、各種の林地経営企業に所属している。	所属する企業による林地経営を担当し、その範囲での多面的・持続的利用の促進に寄与している。
	コンサルティング・フォレスター（Consulting Foresters, Forest Consultants）	ほぼ各州 RF 資格、一部 SAF 認定資格（CF）等を持ち、個人または共同で事務所を開設している。	顧客（法人・非法人を含む森林所有者）の委託に基づく林地経営のサービスを提供し、多面的・持続的利用の促進に寄与している。

（あるいはフォレスト・コンサルタント）と呼ばれ、アメリカ全土においてビジネスを展開している。事業活動が盛んな南部地域だけでも一八〇以上の事務所が存在すると言われ（平野ら、二〇一五）、東北部地域や太平洋岸地域でも多くの事業者が存在している。その事業規模は、個人から数名程度で事務所を構え、各州単位でビジネスを展開している場合が多い。しかし、中には数十名程度のコンサルティング・フォレスターが所属し、複数の州に跨って顧客を擁する大規模な事業体もある。コンサルティング・フォレスターが、所有者から委託される業務内容は、立木販売、林地経営管理、（再）造林、林地資産評価・不動産サービス、資源調査・地図作成等と、極めて多岐にわたっている（表2）。彼らの顧客は、個別世帯（家族）や個人投資家等の非法人所有者、ＴＩＭＯや林産企業等の法人所有者を含め、あらゆる私有林所有者にも及んでおり、特に非法人所有者からは、上記全てのカテゴリーの業務が一括して委託されることも珍しくない。

このように、アメリカにおいて各種のフォレスターは、公的な立場にあって、私有林の持続的な経営を監督・サポートし、また、民間にあっては「所有者の代理人」として、実質的な林地経営を担う役割を果たしている（図1）。すなわち、森林投資ファンドに雇用・委託され、法人有林における「林地における価値・便益の最大化」を導くと同時に、個別世帯による所有を中心とした非法人有林においても、多くの所有者の委託を受けて、森林の有効活用を斡旋する主体となっている。

こうした各種のフォレスターとその役割は、いかなる背景の下に形成されてきたのだろうか。そもそも、アメリカにおける民間フォレスターの活躍は、社会変化を反映した大規模林産企業の林地集積、そ

カテゴリー	サービス内容	主な顧客	収入形式
インベントリ＆地図作成（Timber Inventories, Mapping）	各土地の林木データの評価	林産企業等	単価
	50～2000 エーカーに及ぶ各土地の林木インベントリ作成	木材流通業者	
	木材供給の合意に向けたインベントリ作成	大面積所有者、林産企業	
	南部各州の林地のインベントリとデータ分析の成果の活用	大規模林産企業	
	土地販売地図の作成補助（マーケティング補助）	不動産・開発業者	
	ハンティング用の地図の作成	ハンティング用地所有者	
	林地の年次評価や管理経営の進行にあたっての林地データの提供	TIMO	
	GIS データベースと収穫スケジュールの作成	大面積所有者	
	伐り売りに際しての林木フロー計算とセキュリティシステムの供給	大面積所有者	
他のサービス	林地分配相続への必要情報提供	非法人所有者	調査費＋手数料
	不法伐採のダメージの評価	非法人所有者	
	木材市場調査と林地販売戦略の作成	非法人所有者	
	林産企業と交わされた林地長期貸付・木材収穫合意の違反によるダメージの評価	非法人所有者	
	林地所有者による伐採の居住地へのダメージ申し立てに対する反証の提供	林産企業	
	林地長期貸付契約の履行状況のアセスメント	非法人所有者	
	盗伐等の問題の調査・導出	林産企業	

出典：Forest Resource Consultants（http://www.frc.us.com/index.da）、The Association of Consulting Foresters of America（http://www.acf-foresters.org/）、及び2013 年 7 月の筆者ら聞き取り調査より作成。

表２　多岐にわたるコンサルティング・フォレスターの業務

カテゴリー	サービス内容	主な顧客	収入形式
立木販売（Timber Sales）	立木販売の斡旋・代行	非法人所有者	手数料（販売額6～9%）
林地管理経営（Forest Management）	林地リース収益の比較検討	非法人所有者、TIMO、公共機関	調査費＋手数料
	森林管理経営サービスの提供（森林管理計画、森林認証申請等の代行）		
	被災木材の販売斡旋		
	相続後の森林の長期経営計画の提供		
	郡の学校新設に際しての木材調達		
	相続にあたっての森林利活用		
（再）造林（Reforestation）	（再）造林のプランニングと斡旋	非法人所有者	調査費＋手数料
林地資産評価・不動産サービス（Real Estate Sales）	処分にあたっての土地評価と戦略提案	非法人所有者	調査費＋手数料
	林木評価（購入・販売）	非法人所有者	
	借地権・リース権設定事業に際しての林地評価	個人投資家、多目的利用者	
	投資銀行による林産企業の林地取得に際しての評価	投資銀行	
	相続税・贈与税対策としての林地評価と計画提示	非法人所有者、家族・親族パートナーシップ、LLC	
	経営支援プロジェクト（収穫予定表の作成、キャッシュフロー分析、市場分析、及び単純不動産権・借地権・長期林木所有権等の設定に関する林地評価）	TIMO	
	林地分配相続や株式購入への資金確保に際しての林地の売込・販売	大面積非法人有林所有者	手数料（販売額数%）
	林地取得・売却の代行	非法人所有者、パートナーシップ、TIMO 等	

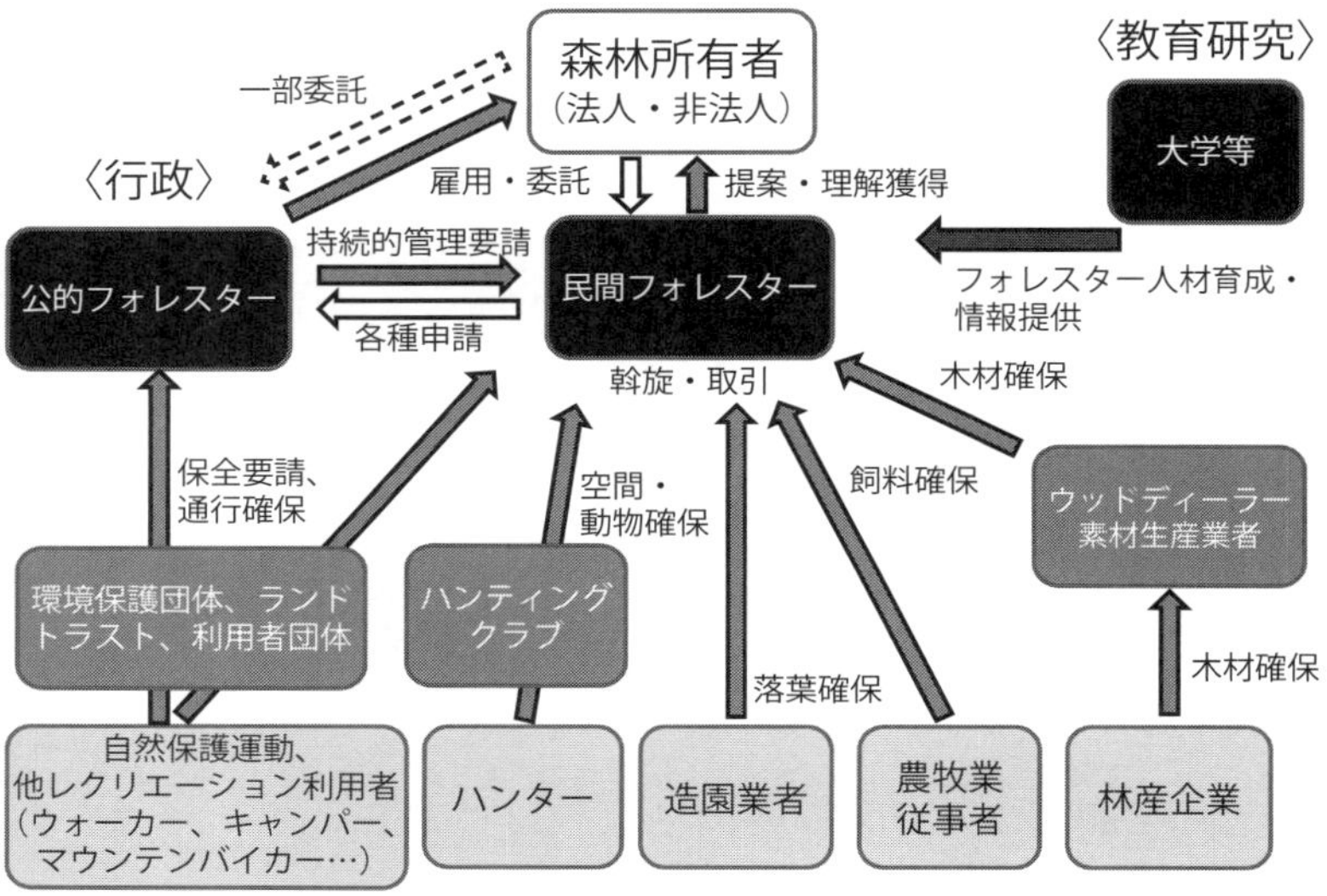

図１　多様な森林利活用に際した各種フォレスターの中核的役割

の後の森林投資型経営への移行、さらには森林利用の多様化に沿うものだった。二十世紀半ば、林産企業が成長し林地集積を行う際、木材や林地の売り手となる農場経営者や都市移住者等の所有者側の代理人として、コンサルティング・フォレスターが役割を果たすことになってきた。その後、二十世紀後半にかけて、都市への移住者が増える半面、自然や野生生物に囲まれた静かな暮らしや、各種のレクリエーションを目的に森林を所有したいとする人々も増加し、投資目的に個人が林地取得するケースも見られてきた（大田、二〇一一：平野ら、二〇一五）。この結果、非法人有林では林地の流動化やニーズ・利用の多様化が見られたが、これらに対応する形で、コンサルティング・フォレスターはビジネスの範囲を広げてきた。すなわち、林地売買の斡旋や、継続的な木材生産、林地管理、再造林、あるいは多様な利用への林地リースや資源調査、過剰利用のダメージの回避といった業務を、非法人有林に対して提供するようになったのである。コンサルティング・フォレスターの収入源としては、立木販売の斡旋・代行が多くの地域でメインとされており、例えば、南部地域の非法人有林では、五〇～六〇％程度の面積における木材生産が、コンサルティング・フォレスターの斡旋で行われているとされる（表3）。林地の流動化が進む中にあっても、アメリカにて個々の私有林からの木材生産が、継続的かつスムーズに行われてきた理由の一端が窺える。また、東北部地域等では、林地の保全の見返りとして減税措置（土地評価額の減却）を受けられる森林管理計画の策定や保全地役権の設定、あるいは森林認証の申請に際しての代行の役割が大きくなる傾向が見られる[3]。一方、一九八〇年代以降の法人有林の森林投資型経営への移行に際しては、これまでに林産企業の職員や下請けとして、原料供給を目的に林業経営に携わってきた人々の多くが、TIMOやREITの企業所属フォレスターとして再編され、林地における価値・便益の最大化を目指すようになった。そして、コンサルティング・フォレスターも、自らの専門知識を活かす形で、TIMOや林産企業から各種の大口の林地経営業務を委託されるようになり、その事業規模を拡大するに至ってきた。

これらの公的・民間フォレスターは、持続的かつ効果的な林地経営の担い手としての専門教育と資格取得を経てきている。アメリカでは、各地の林学関連学科を通じて、国家レベルの公的フォレスターや研究者が養成されるとともに、ランドグラント大学[4]と呼ばれる地域振興を主目的とした各州の公立大学を中心に、州フォレスターや関連団体の専門職、および民間フォレスターが輩出されている。これらの

表３　アメリカ南部地域の世帯（家族）所有林の木材生産におけるコンサルティング・フォレスターの介在率

（単位：1000 エーカー）

州名	依頼した	依頼しない	介在率（%）
アラバマ	7,144	4,248	63
アーカンソー	2,923	3,658	44
フロリダ	1,472	1,050	58
ジョージア	6,173	3,600	63
ケンタッキー	1,087	3,948	22
ルイジアナ	2,981	1,427	68
ミシシッピ	6,495	3,152	67
ノースカロライナ	3,732	3,035	55
オクラホマ	1,060	1,795	37
サウスカロライナ	3,506	1,772	66
テネシー	1,751	3,719	32
テキサス	2,848	3,627	44
バージニア	3,057	3,377	48
ウェストバージニア	1,515	2,420	39
合計	45,744	40,828	53

出典：The National Woodland Owner Survey（2002-2006）（http://www.fia.fs.fed.us/tools-data/other/default.asp）（取得日：2013 年 11 月 6 日）

関連学科では、林学の知識習得に加えて、経営学等のビジネス展開に必要な科目や、民間フォレスターとしての実務研修がコースに組み込まれている。また、近年では、民間フォレスターの立場にあって、全米フォレスター協会（ＳＡＦ：Society of American Foresters）の主管する統一フォレスター資格（ＣＦ：Certified Forester）[5]や、各州の発行している登録フォレスター資格（ＲＦ：Registered Forester）[6]等の取得を求められるケースが多く、これらの専門教育や資格制度、関連の研修等を通じて、森林の持続的かつ効果的な利用に向けての多方面の知識が習得されるとともに、各種フォレスター同士の繋がりや情報共有を可能とする組織化のベースがつくられている。

そうした一つであるコンサルティング・フォレスター協会（ＡＣＦ：Association of Consulting Foresters）は、その倫理規定において、「コンサルティング・フォレスターたるもの、自らの経験・情報を積極的に他者や社会に伝え、秘密主義、独善、誇張に走ってはならず、森林を巡る利害対立や紛争の回避に極力努めねばならない」と定めている。[7]すなわち、「所有者の代理人」としてビジネスに臨むと同時に、社会からの多様なニーズ・利用を反映しつつ、森林との持続的かつ良好な関係の維持構築に寄与すべきとする、「持続的・効果的な森林利用のための調整者」としての姿が想定されている。この倫理観は、二十世紀後半以降、木材生産を中心とした業務に従事してきた公的・民間フォレスターが、景観や生態系の保全を求める自然保護ＮＧＯや、豊かな自然やレクリエーション利用等を求める市民、さらには生活文化の保全を求める先住民等の各方面からの批判に晒されてきた、という歴史を反映してもいる。先述のように、アメリカの国有林は、これらのニーズ・批判を受けて経営転換の舵を切ってきたが、各種のフォレスターたちも、単に所有者への立木販売の斡旋に依拠するのではなく、多面的なニーズ・利用を持続的に反映する森林の管理者としての変貌を志してきた。もちろん、今日でも様々な批判はあるにせよ、こうした意識を持ったフォレスターが、各種の立場における役割分担を通じて、アメリカの私有林の持続的な有効活用を支えているのである。

森林の多様な恵みを引き出す仕組み

以上、森林の多様な恵みを効果的に引き出す仕組みとして、現代のアメリカ南部地域を中心とした私有林における森林投資型経営の発展と、各種のフォレスターの役割を述べてきた。

再び日本へと視座を移してみよう。こうしたアメリカの仕組みは、果たして、社会変化に伴うニーズ・利用の多様化を、森林の有効活用と農山村の維持活性化に結びつけられていない、日本の現状にどのような示唆を与えるだろうか。もちろん、前提条件の違いは大きい。地勢的に低コストの林業経営が容易であること、二十世紀半ばから大規模林産企業による林地集積が進行してきたこと、いずれも今日の日本の私有林経営に当てはまらない。

しかしそれでも、「森林と人間社会との関わり」に付随する特徴や共通点に目を向けるならば、次の二点において、アメリカの事例は有益な示唆をもたらしてくれている。

第一に、林地への投資者と、森林と向き合う経営者に、林地の所有・経営を分離したことで、前者のニーズを反映しつつ、両者が一体となって林地の資産価値を最大化しようとするインセンティブが生み出されたことである。その結果として、他の利用者のニーズも効果的に組み込む形で、「林地を巡る価値・便益の最大化」が目指されてきた。こうしたインセンティブは、林産企業の一部門としての林地経営と同様、例えば、補助金や事業収益を含めて組合員への公平な利益分配を考慮しなければならない森林組合のような経営組織では働きづらい。この意味は、真剣に考えて然るべき点であろう。

第二に、そもそも、社会情勢の変化に応じて多様化していく森林へのニーズや価値を、全ての森林所有者が、リアルタイムに自らの利害に結びつけて把握し、活かしていくことができるだろうか。林地経営への関心が高く、進取の気質に満ちた人々であれば、ある程度は可能であろう。しかし、私有林所有者の都市への移住、不在地主化、高齢化、静かな暮らしや投資等の新たな目的による林地取得、そして各種のレクリエーション利用への期待が、等しく比率を増していく現代社会にあっては、むしろ、フォレスターのような専門家を媒介とした方が、森林の多様な恵みを効果的に引き出しやすくなっているのではないか。今日のアメリカにおいて、法人・非法人有林を問わずに、木材生産が継続して行われ、またレクリエーション利用が大々的に発展する様を見るにつけ、そんな想いに駆られるのである。

注釈

（1）Outdoor Industry Association（2012）The Outdoor Recreation Economy（https://www.asla.org/uploadedFiles/cmS/Government_Affairs/Federal_Government_Affairs/OIA_OutdoorRecEconomyReport2012.pdf）（取得日：二〇一七年三月六日）

（2）アメリカ南部地域の個別の森林投資型経営の実態については、平野悠一郎ら（二〇一五）等を参照されたい。

（3）二〇一五年九月二十一日〜三十日にかけてのマサチューセッツ州における筆者聞き取り調査による。

（4）地域における農工業（実学）の発展への寄与を目的に、国有地の各州への貸与を受けて設立されたもので、地域で活躍する各種フォレスターの人材供給源としては、オレゴン州立大学、マサチューセッツ大学、ジョージア大学、オーバーン大学、ミシシッピ州立大学、フロリダ大学、テキサス農工大、ノースカロライナ州立大学、クレムゾン大等の関連学科が挙げられる。

（5）森林に関する全般的な専門知識が要求され、多くの公的・民間フォレスターが取得している。

（6）コンサルティング・フォレスターとして事務所を開設する場合、必須とされるのはこちらであり、ＳＡＦのＣＦ資格を取得していない民間フォレスターも多い。ＲＦ資格の取得にあたっては、試験の通過に加えて専門教育・実務経験等が求められる。取得後も、継続的な知識のアップデートが要求され、研修会への参加等を条件に、数年での更新が求められる。

（7）The Association of Consulting Foresters of America（https://www.acf-foresters.org//）（取得日：二〇一三年十一月一日）。

引用文献

福田　淳　二〇〇七　米国における林地投資の動きについて——林地投資管理会社（ＴＩＭＯ）を中心として（上）山林　一四七六：一六-二三頁　同（下）山林　一四七七：二一〜二七頁

平野悠一郎・久保山裕史・立花　敏　二〇一五　アメリカ南部地域における私有林経営の多面性と効率性——森林

投資型経営の発展と民間フォレスターの役割　岡　裕泰・石崎涼子編著　森林経営をめぐる組織イノベーション――諸外国の動きと日本　広報ブレイス　二三五～二六三頁

平野悠一郎　二〇一六　都市近郊林における通行的利用の実態と課題――価値の多様化とコンフリクトの発生　環境情報科学　四五（二）：一九～二四頁

久保山裕史・永田　信・立花　敏・安村直樹・山本伸幸　一九九九　近年の森林施業規制が北米の針葉樹材生産に与えた影響に関する考察　林業経済研究　四五（一）：一二三～一二八頁

餅田治之　一九九九　北米と日本における木材生産コストの比較　農林金融　五二（四）：一七～二四頁

餅田治之　二〇〇四～〇五　大学が中心になって担う林業普及システム（1）～（4）　現代林業　通巻四六〇・四六一・四六二・四六三

村嶌由直　二〇一三　アメリカにおける森林投資――木材生産から資産運用追求へ　林業経済　六六（五）：一～一八頁

大田伊久雄　二〇一一　アメリカにおける「家族の森林」の現状と林地所有の目的に関する一考察　愛媛大学農学部演習林報告　四八～五〇：一五～三四頁

大塚生美・餅田治之　二〇〇六　森林資源の構造変化が素材生産業者に及ぼした影響――一九九〇年代におけるアメリカオレゴン州を事例として　林業経済研究　五二（一）：六一～七二頁

大塚生美・立花　敏・餅田治之　二〇〇八　アメリカ合衆国における林地投資の新たな動向と育林経営　林業経済研究　五四（二）：四一～五〇頁

大塚生美　二〇一〇　環境時代のオレゴン州林業　日本林業調査会

小野泰宏　二〇一七　日本における森林投資ファンド導入の阻害要因分析　林業経済研究　六三（一）：三一～四〇頁

柴田晋吾　二〇〇六　エコ・フォレスティング　日本林業調査会

第4章　ドイツの森林官が持つ専門性と政府の役割

石崎涼子

ドイツの森林官とは何者か

ドイツやスイス、オーストリアの林業を見ていると、森林官と呼ばれる人々の活躍が目にとまる。彼らは一体何者なのだろうか。森林官という言葉は森林に関する専門性を持った公務員を指しており、前章の平野の区分で言うならば公的フォレスターにあたるのだが、ドイツ語圏の森林官については、民間フォレスターと並び立つ存在というよりも、歴史的、文化的に特別な地位におかれ森林の管理や経営を担ってきた存在として語られることが多い。昨今、ドイツ語圏の森林官やその教育機関との交流が日本各地で広がっており、森林官と呼ばれる人物のイメージや彼らが持つ施業関連技術や知識の高さ、その背景にある充実した教育システムの存在については、既に日本の林業界ではかなり広く知られるところとなっている。

では、そんなドイツの森林官や彼らの持つ技術を日本に輸入すれば日本で専門性の高い森林管理が実現するのだろうか。そう簡単にはいかないだろう。ドイツ等の森林官には彼らが活躍する場があるのであり、彼らを必要とする仕組みや制度があるのである。そして、彼らが築いてきた仕組みも順風満帆というわけではない。むしろ現在、日本以上に大きな荒波にもまれている状況と言えるかもしれない。本稿では、そうしたドイツの森林官の実像と彼らを巡る議論から、森林管理における政府の役割について考えてみたい。

統一森林署方式の歴史を持つバーデン・ヴュルテンベルク（BW）州

森林官は、ドイツ国内でも一定の存在感がある。例えば、図鑑などで森の中の様子を示している絵を見ると、木々や草花、小動物とともに、緑の帽子を被り、緑の服を着て、犬を連れ肩には狩猟銃をかけて森を歩く森林官の姿が描かれていることも多い。ドイツの森林官は、王侯貴族の狩猟用の森を管理する狩猟官にルーツがあり、猟銃と犬がトレードマークにもなっている。ドイツで森林官だと言えば敬意を払われると聞くし、自身が管理する森について熱く語る森林官の姿は自身の仕事に対する誇りに満ちている。

だが、一口にドイツの森林官と言っても、そのあり方は州によって様々である。ドイツの州は、それぞれが独自の憲法と政府を持った「国」であり、日本の都道府県と同様の地方自治体ではない。森林に関する基本的な法律である森林法も州ごとの法が歴史的に先行して存在しており、連邦森林法は長い議論の末一九七五年になって成立した大枠を示す法律となっている。連邦が所有する森林は全体の四％と少ないうえ軍事用などの特殊な目的による所有林が多く、ドイツの国有林と言えば主に州有林を指してきた。

そこで以下では、ドイツ南西部バーデン・ヴュルテンベルク州（以下、ＢＷ州と略記）の森林官を例として取り上げ、詳しく見ていきたい。ＢＷ州には近年日本との交流に最も積極的な森林官養成機関の一つであるロッテンブルク林業大学がある他、フライブルク大学の林学者と日本人研究者との長年にわたる交流などの蓄積もあり、林業関係では日本人が最もよく知るドイツの州と言える。日本における「ドイツの森林官」イメージの主要な源となっているのがＢＷ州の森林官ではないだろうか。ドイツの国土面積は日本とほぼ同じくらいだが、ＢＷ州の面積は九州より若干小さいくらいあり、連邦一六州の中でも三番目に大きい。シュヴァルツヴァルト（黒い森）と呼ばれる山岳地域があり農山村観光も盛んである一方、メルセデスベンツの本社があり工業も盛んであるなど多様な顔を持つ。

ＢＷ州の森林管理の特徴は、統一森林署（Einheitsforstamt）方式を採用してきたところにある。「統一」とあるのは、州有林や市町村有林の経営管理と私有林に対する森林行政とが一体的に行われることを指す。日本では、国有林の管理経営を行う組織（森林管理局および森林管理署）と私有林等の国有林以外の森林に対する森林行政機構（都道府県の森林行政担当部局および市町村の森林行政担当係等）とが分かれているが、統一森林署方式では両者が同じ行政組織において行われてきたのである。一方、

図1　ドイツBW州のシュヴァルツヴァルト（黒い森）の村
農業助成もあり農家は維持されているものの、かつて数十人が暮らしたこともあるという大きな家屋に今は1人で暮らしているという家もある。

「森林署」とつくのは、州の森林局が直轄する森林専門の特別行政組織（ＢＷ州の場合、地方森林管理局および森林署）を通じて森林行政が行われる形態を指す。森林行政組織が他分野の行政組織とは分離され独立した形で存在しており、森林に焦点を絞った専門的な行政が行われてきた。日本で言うならば、国有林の管理経営組織が私有林等の森林行政もあわせて担っている状態と言えるだろう。

この統一森林署方式は、ＢＷ州の他バイエルン州などドイツ南部や中部で広く見られた森林行政形態であり、ドイツ北部やオーストリアなどに見られる農業会議所が併存する形態と対比されてきた。だが近年、統一森林署方式の森林管理は変革を求められており、崩壊寸前とも言える状況にある。

この変化については後に詳しく見ることとして、まずは長期にわたり統一森林署方式のもとで築かれてきたBW州における森林管理の仕組みと森林官の実像から見ていきたい。

経営経験を持つ地域密着型の森林官

統一森林署方式による森林行政の特徴の一つは、前述のように、所有形態を超えた一体的な森林管理にある。BW州の場合、州有林（森林面積の二四％を占める）の管理経営はもちろんのこと、市町村などが所有する団体有林（同三八％）も専門知識を持つ州の森林官が管理経営を行うこととなっている。したがってBW州の森林官は、これら公的な所有にある森林の管理経営の実践を担っているのだが、それと同時に私有林に対する助言や指導等も担ってきた。この自らの実践や経験に裏付けられた技術や知識を持つという点にBW州の森林官の特徴がある。それが私有林に対する助言に説得力を与え、私有林所有者から信頼を得る基礎となってきた。経営実践に基づく経験知と助言・指導とが一体化しているのである。序章で速水は、国有林はそこに多くの技術者を結集させて、民有林の模範となって森林管理全体のレベルを引き上げる役割を担うべきだと述べているが、BW州の統一森林署方式は、公的な森林の管理経営を通じて技術や知識を磨いてきた森林官が私有林への助言等を通じてダイレクトに森林管理全体のレベル引き上げに貢献する体制であると言えるだろう。

BW州における森林管理の核は、個々の森林官が持つ知識や技術である。森林官の専門性としてとり

図2　ドイツ BW 州森林管轄区森林官のオフィス
BW 州の森林官になるには狩猟免許の取得が必須となっており、森林官には狩猟好きも多い。

わけ重視されてきたのは、現場の森林官が持つ経営実践の経験に基づく技術や知識であった。例えば州政府が提供する施業ガイドラインや技術研修プログラムのように一般化され広く共有される技術や知識も存在するのだが、それ以上に実際の森林管理において決め手となってきたのは森林署の森林官の判断である。州有林の経営も森林署が異なれば、隣接地であっても全く違うとも言われてきた（北村、一九七四）。森林署の森林官には、責任者たる署長（Forstamtsleiter）の他、森林管轄区（Revier）と呼ばれる区域を担当する、森林管轄区森林官（Revierförster）がいる。かつては、前者の森林署長こそが現場における施業方法の考案や実行に強い決定権を持ってきたとされてきた（黒川、一九七〇：北村、一九七四：片山、一九六八）が、現在は森林管轄区森林官が判断し実行する領域が増えているようだ。森林管轄区の平均面積は二〇一七年現在で一五〇〇haほどと言われており、州有林が多い場合は管轄面積がやや小さく、私有林が多い場合は管轄面積がやや大きくなる。第6章で鈴木が紹介するスイスの現場フォレスターに類する立場で現場を担当しているのが森林管轄区森林官である。各森林管轄区を担当する森林管轄区森林官の業務は六割以上が森林内での仕事になる。伐倒木の選定や業者の手配、丸太のリストづくり、域内の森林の見回りなども担当してきた。域内の住民との付き合いも深く、個々の性格や家族構成などにも通じている。そうした人間関係の上に私有林所有者への助言や指導などが行われてきたのである。

森林管轄区を担当する森林官は、昨今は他所で暮らしながら管轄区へ通うケースもあるようだが、多くは地域で暮らしながら働いてきた。一度ある森林管轄区の担当となった後、より条件の良い場所で森林官の募集があり転任するといった話もあるが、基本的には同じ場所を長期にわたり担当しており、在任期間が二十年、三十年といったケースも少なくない。腰を据え時間をかけて、担当する森と対話し、地元の人々との人間関係を築きながら森林の管理にあたってきたのである。森林の管理にはその立地や自然条件、社会的、経済的な条件など様々な要素が関わってくる。そうした個々の状況に応じた管理がBW州においては重視されてきたと言える。

森林官の教育的なバックグラウンド

森林官と地元の人々との信頼関係は昔からあったわけではない。とりわけ現場の最前線に配置された森の役人は、かつては村の人々から憎まれる存在だったという（ハーゼル、一九九六）。森役人を配置する側も他では扱いにくい厄介者を配置するポストと捉えるむきがあり、給与の支払いも不十分だったこともあってか、人目の届きにくい森の中で権利を不正に濫用した森役人もいたとされる。十八世紀、十九世紀に彼らの能力や規律、風紀を良く描いた文書は何一つなかったそうだ。その後、森林管理の体制の整備や専門教育の確立に向けた努力が続けられる中で、状況が次第に改善されてきたのである。森林官に対する信頼感や社会的な地位は、長年にわたる意識的な努力があって築かれてきたものと言える。

ドイツの森林官には、上級森林官（höherer Forstdienst）と中級森林官（gehobener Forstdienst）がいる。上級森林官は、もともと総合大学（フライブルク大学など）で林学を修めた者の中から選抜された上級職の森林行政官であり、森林署長は上級森林官が就く主たるポストの一つである。一方、森林管轄区森林官は中級森林官であり、林業専門大学（ロッテンブルク林業大学など）で林業を学んだ者が就く主要なポストである。総合大学と林業専門大学の区別はかつては明瞭だったが、二〇〇〇年代以降、大学教育を欧州統一基準で再編するボローニャ・プロセスが進展する中で次第に両者の区別が緩和されており、現在はロッテンブルク林業大学で学んだ後に上級森林官を目指し得る道なども生まれている。

だが、ドイツの教育が基本的に極めて目的志向であり、将来就く役職を見据えて、それに応じた別々の教育が施されてきた点は、日本との相違として心に留めておく必要があるだろう。わずか十歳ほどで個々の走路が管理職コースと技術者・事務職コース、職人コースに分岐し、将来の役割や地位に応じた教育を行ってきた歴史と文化を持つのである。上級森林官には、林学の専門知識はもとより首長や議員とも議論や対話ができるような教養が求められ、現場を担当する中級森林官に対しては専門技術に特化した教育が行われてきた。実際に伐採等の作業を担当する林業労働者に対する教育は、これら森林官向けの教育とは別にあり、作業方法や機械の操作の習熟に焦点が当てられてきた。いずれにおいても、将来それぞれが担う役割が明確に意識され、それに特化した職業訓練的な教育が行われてきたのである。

なお、スイスやオーストリアにも同様の文化が見られるが、両国はドイツより国の規模が小さいため上級森林官を養成する教育機関はそれぞれ一機関（スイスはＥＴＨ：スイス連邦工科大学、オーストリアはＢＯＫＵ：ウィーン天然資源大学）のみであった。そのためスイスやオーストリアで森林・林業関係の上級職に就く人々と接していると、森林官であれ民間組織の幹部であれ多くが同じ教育機関の同窓生として横に繋がっている状況を実感することがある。こうしたネットワークの存在は興味深いが、いずれにしても近年の再編によって状況は次第に変化しており、こうした将来のポジションに応じた分岐型の教育も過去の遺物となるのかもしれない。

技術の標準化を重視する立場から見た批判

個々の森林官が自身の経験を通じて得た技術や知識が森林管理の核になるというBW州の形態は、見方によってはネガティブに受け止められるかもしれない。今から半世紀前にBW州に滞在し森林官の仕事ぶりを見た日本の林野庁行政官は、BW州の森林官が持つ技術に対する強い懸念を書き残している（黒川、一九七〇）。曰く、技術としての基本は標準化であり、他人への継承や伝授が難しい施業は技術とは言えない。それに対して、日本における標準化の努力はドイツの水準をはるかに抜いた優れたものであり、日本の営林署長の方がBW州の森林官よりはるかに能力があるとしている。日本が木材景気に沸いた一九六〇年頃には「世界に冠たる日本林業」とよく言われていたとされており（熊崎、二〇一八）、ドイツ林学の非合理性や前近代性が言葉の限りを尽くして批判されたとも言う（熊崎、一九八九）。このBW州森林官に対する林野庁行政官の批判も同様の時勢を反映した発言と捉えることもできるだろう。だが、一般論として国家は、客観的、論理的で言語によって他者と共有できる形式知との結びつきが強く、経験知（暗黙知）を持つ住民等と対立してきたとする議論もあり（椙本、二〇一八）、むしろこの林野庁行政官のように技術の標準化を重視する姿勢は、国家の役人たる森林官の典型的な見解と言えるのかもしれない。

彼が標準化を重視する理由は、技術とはそういうものであるという信念だけではない。日本における営林署長の短期在任という仕組みへの適応として必要だとして、頻繁な人事異動慣行との相性の良さも強調している。ではなぜ日本の営林署長は短期間の在任で異動するのだろうか。この半世紀前の林野庁行政官がBW州の森林官からも理解を得られた理由として指摘する点の一つは、日本の営林署長が実行不可能な経営計画の実行を任務としている点である。日本の営林署長は木材価格などの予測困難な要素が影響を与える収入の確保にも責任を持っており、実行不可能な経営計画の実行を任務としているため、計画の編成を担当した署長に計画期間満了までの在任を強制することができないというのである。当時の日本の実情をよく知る者のコメントとして興味深い指摘である。また、BW州の署長は市町村有林等の経営にも責任を持っており、地元との関係やコンサルタント機能が必要になるため短期在任では実行し難いが、日本の営林署にはそのような機能がない点もあげている。

だが、人事異動の慣習は、営林署長に限らず、日本に広く見られる。おそらく一つには、特定の専門領域を深く追求することよりも、個々の行政官が広い視野を持つことを重視する考えがあるのだろう。また、何かが固定され長くとどまること自体を嫌悪する考え方もあるのかもしれない。先の林野庁行政官の指摘では、コンサルタント機能がないから短期在任でも良いとされていたが、私有林に対する普及や指導等を業務とする都道府県の職員などでも、任地や任務が数年単位で変わるのが一般的である。市町村の森林行政担当者の場合は、私有林における伐採や造林等の管理についての権限を有しているが、そもそも森林行政を専門に担う人材が市町村にいるケース自体が限られており、昨日まで全く別の部門を担当していた職員が今日から一人で森林行政を担当するというケースも珍しくない。大規模な市町村合併が行われた結果、都市の市域の一部に含まれることとなった森林地域を抱える自治体のなかには、森林地域の状況をよく知らない都市部の職員が森林行政を担当するケースもあるものと考えられる。場合によっては、標準化された知識をもとにマニュアルがつくられていたとしても、与えられた業務をこなすのは大変な状況にあるのかもしれない。

独りよがりな判断の暴走を避ける仕掛け

では、日本のような人事異動の慣習がなく、個々の森林官に蓄積される技術や知識を重視してきたBW州の場合は、半世紀前の林野庁行政官が懸念したように、森林官に蓄積された技術や知識が他者と共有されることなく閉ざされた秘法として終わってしまう危険性はないのだろうか。そんな彼らが独りよがりな判断で勝手気ままな施業をするのではといった懸念は生じないのだろうか。

BW州の森林管理の仕組みには、個々の森林官の独りよがりではすまされない仕掛けがある。定期的に外部からのチェックに晒されるのである。BW州の州有林や市町村有林には、原則十年を一期とする定期経営計画の策定が義務付けられている。立案準備から決定に至るまでにかける期間は四年に及ぶ。この立案を担当するのが、実は森林署の森林官ではなく、森林署より広域の行政組織（地方森林管理局）に配属されている計画担当の上級森林官（以下、計画官とする）なのである。計画立案と言っても、机の上で数字を舐めるわけではない。計画官の仕事のうち最も多く時間が費やされるのは対象となる森林内で行われる調査や評価である（計画官の仕事の二七％）。次いで多いのが森林所有者との対話や協議（同二二％）とデータ分析等のオフィス業務（同二二％）となる。その計画官が自ら得た調査結果と自身の持つ知見をもとに計画を作成する体制となっている。

興味深いことに、この計画官に就くのは通常、採用後数年という若手の上級森林官だという。大学で学んでから日の浅い若手の森林官が計画対象となる森林の経営をチェックするのである。彼らに対峙する森林署の署長は、中堅かベテランの上級森林官である。森林管轄区森林官にはその地を担当すること何十年という者もいる。実際、彼らの影響力は強い。一九九五年に行われたアンケートの結果によると、森林署の森林官の約八割は、定期経営計画の策定にあたって彼らの持つ現場経験が計画に十分に取り入れられていると評価している（von Teuffel, 1996）。だが同時に森林署長の九割は、定期経営計画の策定プロセスが今までの方法の見直しを促し新たな視野を与えているとも評価している。計画策定は、計画官にとっては現場経験に基づく知見を学ぶ機会となり、森林署の森林官にとっては今までのやり方を見直す機会となっている。どちらかが一方的に影響力を持つわけではなく、双方が知見を示し影響を与えあっているのである。

若手の計画官と中堅以上の森林署長との関係を時間軸で見ると、上級森林官のキャリアを通じた知識や技術の向上の仕組みが見えてくる。総合大学で林学を修めた後、選考を経て採用され、採用時研修等を通じて基本的な知識や技術を習得した後に、計画官として様々な現場知を学ぶ。さらに幾つかのポストでの経験を経て森林署長に就任した後は、これまでに蓄積した知見を結集して現場実践を行うとともに、定期的に新たな知見と交流してはブラッシュアップを図り続ける。森林官の知識や技術は、教育機

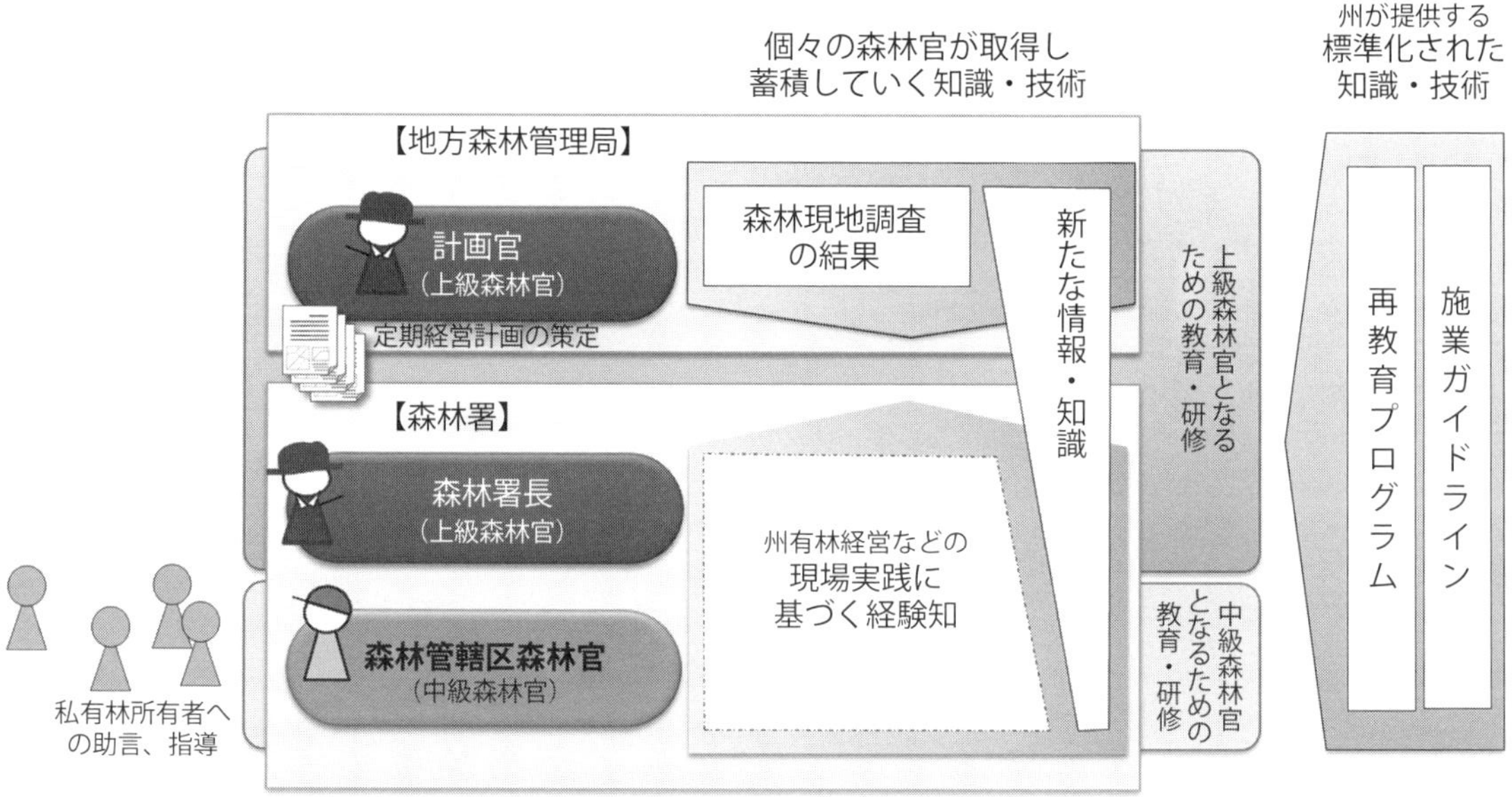

図3　ドイツBW州の森林管理の仕組み

森林管理において核となってきたのは、森林署の森林官（森林署長および森林管轄区森林官）が持つ現場実践に基づく知識や技術であり、そうした知識や技術に基づいて私有林に対する助言や指導も行われてきた。

関や研修プログラムで完成されるものではない。キャリアを通じて磨き続けるものなのである。

知識や技術は、どこかで完成され固定されるものではないという考え方は、例えば定期経営計画の中に記される年間伐採量といった数値の扱いにも表れている。計画上で定められた伐採量は、一定の議論を経て定められたものとして尊重され、現場での事業実施に際して常に参照されるものではあるが、必要があれば異なる実践も可能とされている。その際に重要なのは、その必要性が説明できるか、その説明が説得力を有するかだという。定期経営計画は、あくまでも持続可能な森林経営を確保するための手段であり、計画書の作成や記載事項の遵守それ自体が目的なのではない。森林署の森林官には、自身の発想や経験を活かす余地が与えられているが、それと同時に、他の専門家が納得し得る説明をする責任も持つのである。

標準化され広く共有された知識ではなく、現場の経験知を活かしていくには、こうした説明と理解のプロセスが重要となる。このプロセスにおいては、説明する側の能力と熱意が求められるとともに、チェックする側の知識や現場の知見に耳を傾ける姿勢も必要となる。何らかの基準に基づき機械的に判断する仕組みよりも遥かに人を選び時間を要する仕組みだが、それでも現場実践に基づく経験知を活かすべきという信念があったからこそ維持されてきた仕組みだと言うこともできるだろう。

森林行政を担う組織の独立性の解体

以上に見てきたBW州の仕組みは、長期にわたり統一森林署方式が採られる中で築かれてきたものである。だが近年、この統一森林署方式という仕組みが姿を変えている。変更を求めたのは、森林をどう管理するべきかという議論ではなく、政府の役割をどう捉えるかの議論であった。その一つは行政の効率化を志向する行政改革の動きであり、もう一つは自由競争の確保を図る競争政策の見解である。

まず、行政改革の影響から見ていきたい。BW州では、二〇〇五年に州の行政改革によって地域レベルの森林行政組織が一般行政（郡や市など）の一部門へ組み入れられることとなった。これは当時の州首相がトップダウンで実施した改革であり、森林部門の特性が考慮される余地はなかったとされる（神沼ら、二〇〇六）。その結果、統一森林署方式の特徴の一つである「森林署」の部分が失われることとなる。これまで本稿では何の注釈もなしに森林署という名称を用いてきたが、実はBW州では特別行政組織としての森林署はもうない。郡や市などの一般行政組織の一部門に組み入れられた後、今なお名称として森林署と呼ばれているケースも多いが、例えば林業部や不動産および産業振興部など別の名称の部署となった例もある。

日本においては、国有林以外の森林に対する行政が都道府県や市町村において一般行政組織の一部門として実施されているので、何が問題なのかわかりにくいかもしれない。後の章で見る日本の自治体フォレスターの取り組みは、まず地域というベースがあり、その上に如何に森林を管理、活用していくかという議論が基本となっている。地域問題の一部として森林の問題が位置づけられることに違和感を持つ者は少ないだろう。だが、ＢＷ州の森林官には一般行政の一部門となる現状に不満を持つ者が少なくない。森林行政の専門性が揺るがされるというのである。例えば、地域振興の観点から森林の開発計画が持ち上がった際、森林署としては開発が及ぼす影響を森林の専門家として主張するべきであるが、森林署長の上司が自治体の首長だとなると地域振興を優先すべしという圧力がかかる。それは問題だというのである。時には自治体の首長や議員が重視する地域経済の活性化などの優先課題の追求と対立することがあるかもしれないが、それでも森林政策の原則やルールに基づき森林という分野から見た専門的な見解を示すことが森林官の重要な任務だとする考え方である。ＢＷ州森林法における森林開発の規制や皆伐の制限といったルールは、日本の森林法と比較すると非常に厳しい。森林を他用途へ開発するのであれば、同面積の代替地に森林を造成するのが基本となる。こうした厳しいルールを貫くには、他分野から一定の距離をおく独立性も必要となるのである。

専門性の強化 vs 広い視点の融合

一方、森林の利活用という面から考えると、逆に他の分野と連携することで生まれるメリットというのもある。ドイツには、ＢＷ州のような統一森林署方式ではなく、農業会議所方式を採用してきた州もある。農業会議所とは、農林業の推進を課題とする公法に定められた団体であり、基本的に全ての森林

図4　伐採する木にスプレーで印付けを行う森林管轄区森林官
伐る木を選ぶのは森林官の重要な仕事の1つとなっている。

所有者（「一ha以上」等の下限がある場合もある）に加入義務がある。任意加入の森林所有者組織（例えば森林組合）とは組織形態が異なるが、両者が連携して私有林支援を担うケースもある。農業会議所方式とは、州の森林署が行う州有林経営とは別に、この農業会議所が私有林等に対する行政業務の一部を委任され、私有林の助言や指導を行う方式である。大まかに捉えるならば、州有林が多い州では統一森林署方式、私有林が多い州では農業会議所方式が採用されてきた。農業会議所は、一般的に農業部門の占める位置が大きく、森林に特化した組織ではない。そうした農業会議所における森林部門と他部門との連携関係は様々であるが、例えばオーストリアの農業会議所には森林の専門家だけでなくエネルギー分野の専門家も在籍しており、森林所有者は木質バイオマスを活用した地域熱供給システムの設置や運営に関する助言を得ることもできる。森林という専門領域で組織が独立するのではなく、より広い領域をカバーする組織の一部に森林部門が置かれることで、同一組織内で分野を超えた連携が可能になっているケースと捉えることができるだろう。組織としてカバーする領域の広狭とは別に、個々の専門家がどこまで「専門領域」を広げるべきかという問題もある。BW州の森林行政や森林経営の現場では、専門領域を限定して深く掘り下げた人材を重視する声も強い。

先に森林官の教育的背景には主に総合大学を卒業した上級森林官と林業専門大学を卒業した中級森林官の二種があると記したが、前者の総合大学において、近年、学生の関心が多様化し、林業よりも自然公園の管理や動物保護などに関心を持つ学生が増えているという。一九九〇年代には政府の人員削減策によって上級森林官の採用枠が減り、総合大学側も学生の進路を広げるべくカリキュラム等を再編した。二〇〇〇年代後半以降、再び森林官の採用枠を増やし始める状況となったが、既に上級森林官という職に関心を持つ学生は減っており、BW州では森林官採用の必須条件となっている狩猟免許も未取得の学生が増えているという。採用側としても、林業に関する知識や関心が薄くなっている現在の総合大学の卒業生よりも、教育内容が近年次第に充実し高度化している林業大学の卒業生の方が魅力的に思えるとの意見も出ている。貴族が所有する大規模私有林の中には、これまで総合大学の卒業生が就いてきた森林署長に相当するポジションに林業大学出身者を抜擢した例も出ている。

森林の管理や経営には様々な視点や領域がかかわってくるが、それを具体的な人や組織にどう配置するかという方法は一つではない。個々が視野を広げるのも一つの方向だが、個々が特定の専門領域を追求しつつ他者と連携していく道もあるのである。

森林の専門家はどこにいるのか

ところで、近年の日本ではドイツの森林官がロールモデルとされているが、ドイツの歴史家ラートカウは、逆に日本における森林官の役割の小ささを高く評価している（ラートカウ、二〇一三）。ドイツしか知らない者は学問的な教育を受けた森林官だけが持続的な林業を担保するものだとの確信を抱く傾向があるが、日本では森の造成が森林官の指示や監督のもとに行われたのではなく、森の周辺に住む農民によって行われていたのだと評価し、その日本の歴史からドイツは学ぶべきだとしているのである。このラートカウの見解に対して、熊崎は近著で、戦後の日本林政は完全な官主導であり、造林は公共事業と位置づけられ補助金を武器に進められてきたことを指摘する（熊崎、二〇一八）。森林官という人を通じてではないが、補助金制度を通じて「官」が強い影響を与えてきたとの指摘である。これは先に紹介した半世紀前の林野庁行政官が誇っていた「標準化の努力」が辿り着いた一つの道だったのかもしれない。その仕組みが現在様々な問題を生み出しているというのは、序章で速水が指摘するところである。だが、ラートカウはそうした「官」までは視野に入れていないのか、日本の農民が自ら森をつくってきた歴史を評価している。そうしたラートカウの見解は、日本の「官」に対する認識としては不足があるかもしれないが、この見解を森林官僚以外の人々の持つポテンシャルを含めた評価として捉えるならば、ドイツとの比較として興味深い視点ではないかと著者には感じられる。

明確な目的のもとに行われるドイツの教育と比べると、日本の教育はカオスである。総合大学で林学を修めて林業労働に携わる者もいれば、特に林学の教育は受けていないが森林の管理に携わる人もいる。林学を学んだからといって森林に関わる職業に就く者は限られており、むしろ少数派である。また、林業労働者だからといって担当作業だけが求められるわけではない。序章の速水林業の話を思い出してほしい。従業員は、実際の作業を担当する一方で、何のために何をどう行うかといった議論にも常に参加するという。そうした日本の現状は、結果として各層に多様なポテンシャルがある状態をつくっている。現在の日本の森林・林業教育は、第7章で横井が詳述するように様々な問題を抱えており、この状況を改善するモデルとしてドイツ等の森林官の人材育成が注目されているところである。確かに明確化された目標とそれに応じた教育プログラムなどには日本が学ぶべき点が多々あるが、ドイツ式に役職ごとに担う役割を明確に仕分けする方向までをも単純に日本に取り込もうとすれば、様々な立場の者が持つ潜在力を活かしにくい仕組みになってしまう危険もあるように感じられる。

連邦カルテル庁による「統一」行政批判

話をBW州の統一森林署方式の問題に戻そう。統一森林署方式の特徴のうち「森林署」の部分が行政改革で失われたのは前述の通りだが、もう一つの特徴である「統一」という部分も崩壊寸前となっている。「統一」の仕組みに疑問を投げかけたのはドイツの連邦カルテル庁、日本で言えば公正取引委員会に相当する官庁である。連邦カルテル庁が問題視したのは、木材販売であった。「統一」的に森林行政を行ってきたBW州の森林官は、州有林と市町村有林、私有林から生産される製材用の針葉樹材の大部分の販売に関与していた。これが自由競争を阻害しているとされたわけである。問題提起を受けたBW州は、二〇〇八年末に連邦カルテル庁と状況改善策についての確約を結び、木材販売体制を再編した。ここまではBW州側も合意した。だが連邦カルテル庁の追求は、そこで終わらなかった。数年後に連邦カルテル庁は再度の問題提起を行い、二〇一五年七月には文字通りの木材販売だけではなく、木材販売「関連活動」として森林官による定期経営計画の策定や森林所有者に対する指導や助言についても、民間のコンサルタント会社等が提供する場合と同等の価格を徴収せずに行うことは競争制限法違反になるとの決定を下した。これに強く反発したBW州側は裁判を起こし、二〇一八年に連邦裁判所は、二〇一五年の連邦カルテル庁による決定は総じて無効にするとの判決を下した。この連邦裁判の結果を見れば、BW州側の勝利とも言える。だが、この判決は二〇一五年の連邦カルテル庁の決定内容ではなく手続きが問題だとしたものであり、森林官の業務が民業を圧迫するという連邦カルテル庁の懸念自体が解消されたわけではない。

現状では白黒が明確になったわけではないが、BW州では州有林の経営組織を他の森林行政から独立させる再編プロセスが着々と進められている。影響は組織再編だけではない。例えば、ドイツでは私有林も含めた森林所有者の協力を得て収集された林業経営データを基礎データとする連邦統計「林業経営の統括勘定」が作成されている。ＢＷ州でも森林所有者の協力を得ながらデータ収集を行ってきたが、その協力者数が連邦カルテル庁の違法判決が出たあたりで大幅に減少し、五年で半減したという。私有林等が州政府に協力することをネガティブに捉える風潮が広がったためではないかと推察されている。

森林官が担ってきた経営支援的な業務の分離

これまで森林官が担ってきた種々の業務の中には、民間のコンサルタント等が担い得る領域が含まれているのではないか。この疑問自体は、カルテル問題以外でも各国各地で提起されている。とりわけ私有林等への経営支援的な業務については、民間の参入を促すべき、もしくは政府は手を引き民間に委ねるべきとする声も強い。確かに森林の専門家は行政官以外にも存在する。「統一」方式の特徴である自らの経営経験を私有林への助言等へ活かし得る体制も、森林官だからこそ可能というものではなく、民間のコンサルタントであっても条件によっては可能である。官か民かではなく、どんな人がどう担うかの問題なのである。

経営支援的な業務を民間に委ねる際の問題の一つは、民間が担う領域をどこまでスパッと分けることができるかであろう。スイスのルツェルン州では、それまで森林官が担ってきた業務を法的規制やルールの遵守等を監視する統治的な業務と経営支援的な業務に切り分け、前者は森林官が担うが後者は民間のフォレスターが担う形とする地域組織プロジェクトを実施した。だが、地域組織の設立後も、経営的業務として区分された業務の中に含まれている公共的な側面をどう扱うか、政府も業務に要する費用の一部を負担するべきか、政府が負担する費用として妥当な金額はいくらかといったことについての議論が続いている。

そもそも経営的な助言や指導は公益の確保のための助言や指導と一体的に行われてきた側面がある。BW州でも、森林官が個別に指導等をすることで、法的手段を行使するに至る前に問題が解決されてきたケースも少なくない。日本も同様である。第6章で鈴木が記しているように、ルールは書面に記せば終わるというものではない。実際にルールを機能させるにあたっては、現場で人と人が向き合い理解を得るというプロセスも重要な役割を果たしてきたのである。経営支援的な業務と統治的な業務の切り分けは、統治的な業務のあり方にも影響を与えることになる。森林官はルールに則ったあり方をともに探る森林所有者の伴走者であるべきなのか、客観的に可否の判定を下す裁判官であるべきなのかという森林行政のあり方に対する問いにも繋がっている。

BW州の経験から何が学べるか

第2章で見たドイツの動きはダイナミックであったが、本章に見た森林官を核とした森林管理の仕組みは、ドイツBW州で長期にわたり「動かなかった部分」である。その長期にわたり基本的には変わらず維持されてきた仕組みに対して、明治期の日本は真似ようと試み、半世紀前の林野庁行政官は批判し、現在は再び多くの人々が理想的な人材育成モデルとして捉えている。日本の評価が揺れ動く一方でBW州が頑としてこだわり続けてきたのは、森林行政の専門性の確保であり、個々の森林官が持つ現場経験をベースとした知識や技術の重視であった。速水の言う信頼できるフォレスター、すなわち技術力と知識と現場経験の三つを兼ね備えた森林技術者を州の森林官が担ってきたのである。

彼らが持つ知識や技術は教育機関の教育を通じて完成されたものではない。森林官を育成するための教育課程には目的志向の洗練されたカリキュラムが用意されているが、教育課程の修了はむしろスタートラインであり、その後の現場での経験や試行錯誤、定期経営計画策定時の外部チェック、各種の研究プログラムやガイドライン等を通じて高められていく。こうした継続的な技術向上のプロセスが組み込まれているところにこそ、森林官の持つ技術や知識を重視するBW州の森林管理の特徴があらわれている。そうしたBW州のあり方は、技術だけを切り取ってみるのではなく、その技術を活かす場や高める仕組みを含めた森林管理の仕組み全体から技術のあり方を考えることの重要性を私たちに伝えている。

半世紀前の林野庁行政官は、個々の経験をベースとした知識や技術を否定的に捉え、他者と共有可能な標準化された技術こそが重要だとした。だが、両者は必ずしも二者択一のものではない。BW州においては、標準化された技術もまた、ガイドライン等の形で提供されており、森林官の判断を支えてきた。標準化された技術が強要されるものではなく、オプションの一つとして示され、その活用の仕方が受け手に委ねられるのであれば、個々の経験と組み合わせて活かすことも十分可能であることを示している。

だが、こうしたBW州における現場の経験知を活かす仕組みには、説明と理解のプロセスが必要であり、それ相応の人材と時間も必要になる。マニュアル化された技術に頼る方が人も選ばず時間もかからず能率的であるのも事実であろう。人事異動とも相性が良いとする半世紀前の林野庁行政官の見解もその通りである。技術のあり方に対する理想を語ることも必要ではあるが、そこから具体的な仕組みを設計していく際には、配置可能な人材と業務の質や量について、現実的なキャパシティを踏まえて実行可能な体制を築くことも重要となる。現実的に実行できない、責任がとれない任務が課されるような状況をつくってはいけない。

BW州においては、個々の森林官が公益の確保から信頼性の高い技術を基礎とした経営的な支援までをフルセットで担ってきたが、それが唯一の解というわけではない。フォレスターと呼ばれる人々が担う役割は様々ある。一人がフルセットで担うという形態もあるだろうが、複数のフォレスターが分担し、連携する形も考えられるだろう。フォレスターが担う役割の中でも、公益の確保については、政府が一定の責任を持つべき領域と言える。だが、それも全てを公務員たる森林官のみが担わなくてはいけないというわけではない。速水が序章で紹介する森林認証制度を活用した仕組みなど、具体的に誰がどのように担うかについては様々な形が考えられる。民間のフォレスターの活用もその一つかもしれないし、かつての山守のような人々を活かす形も考えられるかもしれない。

森林の管理のあり方や森林官の役割について、これが進むべき道だ、この道を進めばバラ色だといった明快な解は実はないのではないかと思う。他国の経験に目を向けると、自身の状態を相対的に捉える

図５　林内への光の入れ方について説明するドイツ BW 州の森林管轄区森林官

ことができ、異なる選択肢があることも見えてくる。だが、結局のところは、自らのおかれた状態をよく見て、悩みつつ試行錯誤をしながら、地道に考え築いていくより他はない。森林を扱う技術や林業がそうであるように、誰が何をどう担っていくのかといった仕組みづくりにおいても、対象と対話して想像力を発揮し思考を重ねていくことが求められているのだろう。

参考文献

ハーゼル　中村三省訳　一九七九　林業と環境　日本林業技術協会
ハーゼル　山縣光晶訳　一九九六　森が語るドイツの歴史　築地書館
堀　靖人　二〇一〇　ドイツ、日本林業経営者協会編　世界の林業　日本林業調査会　五七〜九八頁
石井　寛　二〇〇五　ドイツの森林行政改革　ヨーロッパの森林管理　石井　寛・神沼公三郎編　日本林業調査会　一一五〜一四七頁
石崎涼子　二〇一一　スイス・ルツェルン州における小規模私有林の経営改善と政府による支援策　林業経済研究　五七（二）：三〇〜三九頁
石崎涼子　二〇一四　スイスにおける林業助成の改革　林業経済研究　六〇（二）：六五〜七四頁
石崎涼子　二〇一七　競争政策からみた森林政策の論点――ドイツ連邦カルテル庁によるバーデン・ヴュルテンベルク州の森林行政に対する問題提起より　林業経済　七〇（三）：一〇〜二三頁
石崎涼子　二〇一九　ドイツの施業管理システムにおける森林官の役割と知識・技術の活かされ方――バーデン・ヴュルテンベルク州の定期経営計画に着目して　林業経済　七一（一一）：一〜一六頁

神沼公三郎・安井暁世　二〇〇六　ドイツの林業行政改革――バーデン・ヴュルテンベルク州の事例　北海道大学演習林研究報告　六三（二）：一～四六頁
片山茂樹　一九六八　ドイツ林学者伝　林業経済研究所
北村昌美　一九七四　西ドイツの林業：フライブルク大学滞在記　山形農林学会報　三一：四七～四八頁
北村昌美　一九八一　森林と文化――シュヴァルツヴァルトの四季　東洋経済新報社
熊崎　実　一九八九　林業経営読本　日本林業調査会
熊崎　実　二〇一八　木のルネサンス――林業復権の兆し　エネルギーフォーラム
黒川任之　一九七〇　独逸の営林署長　山林　一〇三五：四四～五八頁
ラートカウ　山縣光晶訳　二〇一三　木材と文明　築地書館
相本歩美　二〇一八　森を守るのは誰か――フィリピンの参加型森林政策と地域社会　新泉社
田口　晃　二〇〇八　スイス連邦制における補完性原理――新財政調整をめぐって　若松隆・山田徹編　ヨーロッパ分権改革の新潮流　中央大学出版部　一一九～一四〇頁
von Teuffel, K. und Krebs, M. (1996) Befragung baden-württembergischer Forstämter zur Forsteinrichtung. *AFZ-Der Wald*, 4/1996 : 196–199.

第5章

政策と現場を繋ぐ自治体フォレスターの可能性

中村幹広

フォレスターとして政策のフロンティアへ

筆者は二〇一七年度から二年間、岐阜県最北端に位置する飛騨市役所の林業振興課で勤務していた。新設課の初代課長として赴任したのだが、実績はもちろんのこと、職員数、予算、専門知識に至るまで、どれをとっても足りない物ばかりだし、正直、毎日とても多忙だった。

しかしそれでも、地方分権が進展する中にあっては森林・林業政策推進の主体は時代とともに国から県、そして市町村へと確実に移り変わりつつあり、政策のフロンティアは目の前に広がっているのだから、仕事の大変さ以上にワクワク感で満ち溢れていた。

筆者は県庁から市役所へ出向する直前、岐阜県立森林文化アカデミー（以下、森林文化アカデミー）の新設ポスト・産学官連携係で勤務していた。そしてその前は岐阜県森林研究所、さらにその前には本庁林政部（県産材流通課、森林整備課）で勤務していた。また、縁あって二〇〇六年頃からドイツをはじめとする中欧諸国を中心に海外連携の仕事にも携わるようになった。

そこでこうした経歴を背景に、これまでに勤務した都道府県庁、林業大学校、市役所での経験や気づきなどを紹介することで、自治体の林務行政に携わるフォレスターの可能性や現場から森林・林業政策にイノベーションを起こすためのヒントを示すことができればと思う。

徐々に薄れていく技術職員としての存在感

少しばかり昔話になるが、筆者の最初の赴任地は岐阜県高山市にある飛騨県事務所の林務課（当時）だった。まだお酒に対しておおらかな時代であったことや寒冷地という土地柄もあり、とにかく、何かと飲み会の多い職場だった。最初は時事ネタや良くある職場の人間関係に対する不平不満など、他愛もない話で盛り上がっているのだが、やがて誰ともなく「このまえ行ったAさんの山の仕立て方はとても素晴らしかった。一度、見てくると良いぞ」「先日の間伐講習会だが、講師の選木方法にはちょっと問題があると思うな」など、明日の林業発展を夢見て酒を酌み交わし、同僚や上司らと大いに語り合ったものだ。

しかしそれも今は昔。わざわざ仕事の手を休め職場内でこうした林業談議に花を咲かす光景はほとんど見られなくなった。

筆者が所属する岐阜県林政部には、二〇一八年度現在、技術職だけで約二七〇人の職員が在籍しているが、現場に一番近い県現地事務所ですら最近の話題は専ら机上の仕事関係ばかりで、純粋に造林学的な見地から施業技術を検討するために、現場に足を運んで森林をつぶさに観察することや、ビジネス的な感覚で将来の木材販売の可能性についてアレコレと想像することなどは本当に稀になってきているようだ。

なぜ、このような状況になってしまったのか。それはひとえに、微に入り細を穿つ手厚い補助金行政による弊害以外の何物でもないだろう。林業に携わった経験のある行政職員であれば誰も異論はないと思うが、例えば森林整備に関する補助制度の複雑さは、正直なところ林業専門職である筆者ですらいささか手に余るほどだ。

当然のことながら、これら事業のそれぞれに事業採択のための要件が事細かに定められており、申請者の希望内容が合致するかの確認はもちろん、事業実施のための計画書の作成、各種申請手続き、また必要に応じての変更手続き、そして事業実績報告書の作成等々、膨大な書類の整備が義務付けられている。

もちろん、最終的には現地での確認行為が必要となるため、全く現場に行かないということはあり得ないが、ややもすれば計画段階では机上判断で済まされてしまい、事業完了後の現場確認の際、意図せず間違った場所に連れられて行っても、それにすら気づかないで帰ってくるという笑えない話も十分に起こり得る。

以上は極端な例え話として理解してもらえばよいが、日本はそもそも事業地が小規模で偏在し、しかもまだまだ路網の整備が十分とは言えない現場が多い。そして各補助事業にはすべからく細々とした書類作成が義務付けられて机に座る時間がますます増える傾向にあることを考えれば、現場から足が自然と遠のくのは必然の結果と言えるのかもしれない。

実際、筆者が懇意にしているドイツやスイスのフォレスターですら、「われわれの職場は森の中にあるはずなのだが、気を付けないとどんどん森に行く回数が減ってしまう。だから意図的に現場に足を運ぶようにしている」と口を揃えて言っていたのだから、いわんや路網の整備が不十分で現場までの移動に時間がかかる日本であれば致し方ないのかもしれない。

百年先の森林の姿を思い描くフォレスターが机上の書類作成に行動を制約されるという何とも笑えない現実だが、このまま笑って済まされるものでもないはずだ。

最近は森林・林業関係でも情報通信技術の発達には目覚ましいものがある。森の中でもネット環境は以前に比べて随分と整ってきているのだから、例えば簡単な現地確認くらいであればドローン撮影によるモニター画面を通じての完了検査を認めるなど、事務的な部分での業務改善も今後は大いに期待したいところだ。

どんな時代も現場に立脚した森林・林業政策は求められているはずだが、このような現場から足が遠のく状況が続けばすぐに身に付けた知識や技術は陳腐化してしまう。ひょっとしたら既に都道府県庁は市町村や森林組合、民間林業事業体をサポートする術を十分に持っていないのではないかということを

区分	事業	事業名	細事業	内容	補助率	（補助率）上限等	
森林整備事業	国補事業（公共）	森林環境保全整備事業	森林環境保全直接支援事業	間伐・森林作業道等	4／10	（分収林 5／10）	整備
			環境林整備事業	不用木の除去 不良木の淘汰 鳥獣被害対策	4／10		整備
		農山漁村地域整備交付金事業	機能回復整備事業	花粉発生源植替え （伐倒・植栽）	4／10		整備
	県単独事業	清流の国ぎふ森林・環境基金事業	環境保全林整備事業（一部充当）	不用木の除去 不良木の淘汰 関連条件整備	10／10	（上限） 標準事業費以内 38,000 円／ha	整備
			里山林整備事業	侵入竹の除去 森林病害虫防除 広葉樹等の植栽 修景等の環境保全 不用木の除去 危険木の除去 附帯施設整備 既存施設の改修等 施設整備 バッファーゾーン整備	10／10	（上限） 300,000 円／ha 40,000 円／m^3 500,000 円／ha 125,000 円／ha 200,000 円／ha 実行経費以内 300,000 円／ha 5,000 千円／箇所 実行経費以内 700,000 円／ha	（恵みの森）
				森林地域外危険木除去	2／3	500,000 円／ha	（恵みの森）
			観光景観林整備事業	不用木の除去 伐採木・枯損木等の搬出 景観形成のための植栽	10／10	（上限） 200,000 円／ha 7,000 円／m^3 500,000 円／ha	（恵みの森）
		自伐林家型地域森林整備事業		間伐・森林作業道等	1／2		整備
		森林管理路緊急整備事業		作業路 幅員 3.0m 幅員 2.5m 幅員 2.0m 歩道		（定額） 1,500 円／m 1,400 円／m 1,300 円／m 300 円／m	整備
	国庫事業（非公共）	原木安定供給推進（交付金）事業※1 原木低コスト供給対策事業※2 林業成長産業化森林整備事業※3		伐倒・集材（間伐材生産） 関連条件整備 林業専用道（規格相当） 森林作業道 補強（※1、2） 補強（※3） 鳥獣害防除施設（テープ巻き）	定額	（上限） 350,000 円／ha 17,000 円／ha 25,000 円／m 2,000 円／m 林業専用道（規格相当）の事業費の 3.5%以内の額 林業専用道（規格相当）の事業費の 10%以内の額 29,000 円／ha	整備
森林保護事業	国補事業（非公共）	森林病害虫等駆除事業			3／4		整備
	単独事業	被害木駆除等	枯損木処理緊急整備事業		1／2		整備
		獣害防除事業			1／2		整備

図１　森林整備事業の体系

2018（平成 30）年度　岐阜県主催の林務担当者会議で配布された森林整備に関する補助制度の一覧表。

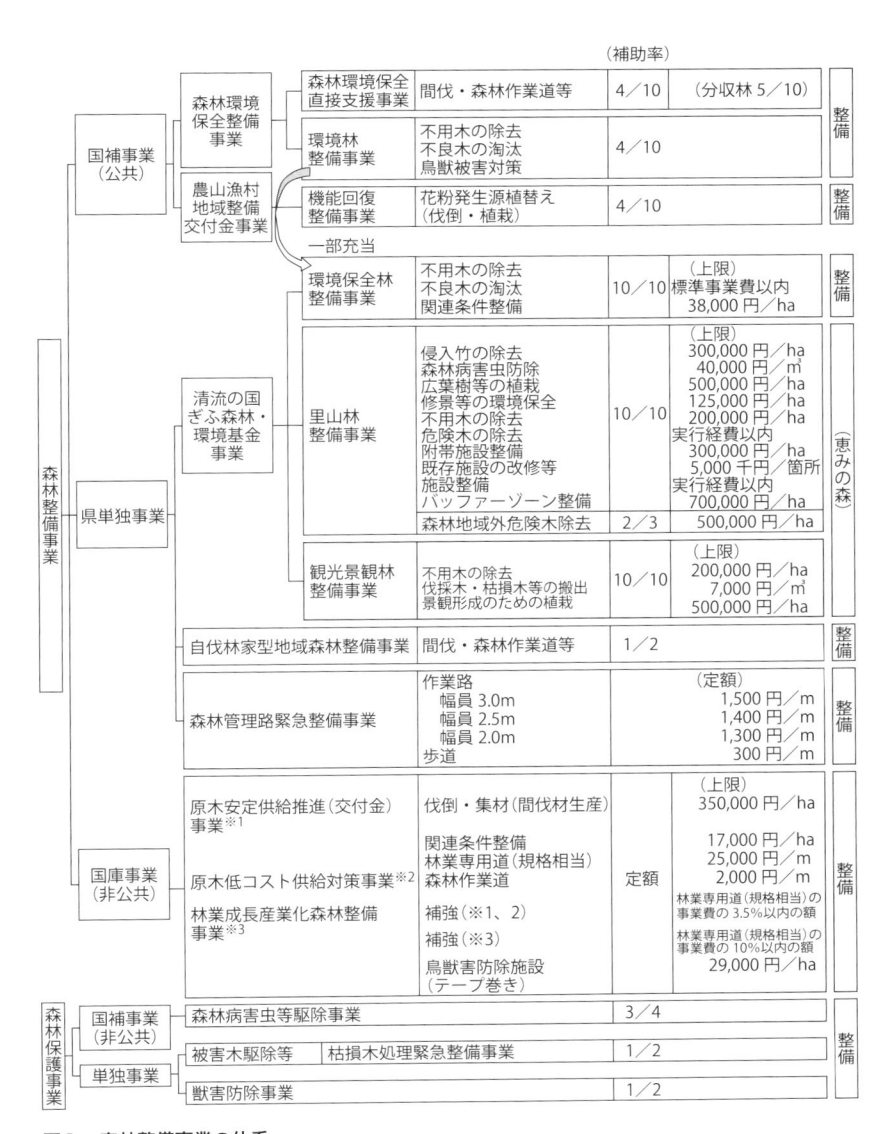

筆者は強く危惧している。

社会の成熟化に伴ってマーケットのニーズも多様化しているのだから、林業経営の姿も多様であって良い。全国一様に針葉樹人工林での低コスト高効率化を追い求める林業経営を目指すのは、何だかとても不自然な感じがする。

これまで以上に多様な森林管理、林業経営が求められる今だからこそ、一歩立ち止まり、ひょっとしたら、業界の常識は低付加価値化に繋がっているのではないのかと疑うくらいの姿勢も時には必要ではないだろうか。

そしてこうした視点で行動するためには、多様な視点や価値観を内包する様々なコミュニティとの繋がりが必要であり、それを裏付ける学術的な研究も時として必要となる。

森林・林業に関する知識や技術を学ぶには、各種研修会やセミナーに参加したり関連書籍に目を通すことが一般的だが、筆者がお勧めするのは各種学会に加入することだ。

定期的に最新の研究報告が掲載された学会誌が送付されてくるし、年度末の学会参加は人事異動の時期と重なる行政職員には少々厳しいが、国内における最新の研究成果をまとめて知ることができるのでとても効率的だ。加えて全国から集まってくる研究者たちとのネットワークの充実は、学術的な面からのアプローチに厚みを持たせてくれるため、これからの自身の仕事に大いに役立ってくれることだろう。

都道府県庁は実践するシンクタンク

二〇〇〇年四月の地方分権一括法の施行により、国と地方の役割分担が明確化され、機関委任事務制度の廃止や国による関与のルール化等が図られた。その後、日本全体の活力を高めることを目的に、国は様々な形で地方創生に関する支援策を切れ目なく打ち出している。

こうした地方創生という大きな流れは森林・林業分野においても同様で、各種事業推進の主体性やそれに伴う責務と権限、そして必要な財源までもが、より現場に近い基礎的自治体である市町村へと移りつつある。

しかしながら、これまで民有林における森林・林業行政を推進してきたエンジンは紛れもなく都道府県庁であり、市町村が主体となった取り組みへと性急に転換しようとすることにはいささか無理があるだろう。

確かに都道府県庁も行財政改革によって組織はスリム化し、かつてと比べると質・量ともに余裕がなくなっていることを強く感じるが、それでもなお都道府県庁には森林・林業の専門技術職員が多数在籍する。さすがにチェーンソーを片手に木を伐る日々を過ごしてはいないが、現場の森林技術者たちをサポートすべく日々新たな課題に向き合っているし、霞が関よりも現場に近い立場で、専門知識をベースに働く森林・林業系シンクタンクとしての機能はいまだ健在だ。

これからも都道府県庁は、現場に足を運び、目の前の木々を観察し、森林技術者の声に耳を傾けることで課題を把握するとともに、解決に向けた弛まぬ努力が求められる。実践の結果はしっかりと評価・分析し、こうしたプロセス自体を共有するために広く情報を発信するのならば、きっと都道府県庁は現場からたくさんのヒントを得て、森林・林業政策に自らイノベーションを起こすようになるだろう。

都道府県庁がなすべきこととは

専門人材を揃える都道府県庁であれば、既存の補助制度の墨守に注力するのではなく、その専門性を活かして森林の育成や保護に関する調査研究、森林管理の基盤となる林道や作業道の整備などに施策を重点化すべきではないだろうか。そうすれば民間企業をはじめとする森林・林業・木材産業関係者は創意工夫を凝らして自律的な活動に取り組み始めるのかもしれない。

最近、全国の都道府県が目標値として掲げる木材増産計画の中には、県内に誘致した製材工場が毎年必要とする原木消費量を単純に積み上げた科学的な根拠に基づかない事例もあると聞く。本来であれば、森林の年間成長量をできる限り精緻に調査分析した結果に基づいてまずは持続可能な森林利用の限界値を見極め、それを基に年間の木材生産目標値を設定するべきではないのか。

そしてさらには、各地域における事業体の生産体制や技術力、資金力といった経営的な条件までも考慮した上で、ローカライズされた持続可能な木材生産計画の立案を期待したいところだ。

ちなみに筆者が二〇一一年にスイス連邦森林・雪氷・景観研究所（ＷＳＬ：Eidgenössische Forschungsanstalt für Wald, Schnee und Landschaft）を訪問した際、今後、地球温暖化の影響で大気中の温度が例えば三℃上昇した場合に、最も安定的に成長する樹種を特定することで将来のスイス林業発展に貢献しようとする研究が既に始まっていたが、専門人材を擁する都道府県庁ならば、このように短期的には収益を期待できなくても将来を見越した林業経営には欠かせない情報を試験研究機関と連携して整備することが期待される。

そしてまた、都道府県庁が有する専門性と配置職員の多さを存分に活用したいのであれば、大規模製材工場の誘致といった個々の企業を支援する以上に、業界全体の振興にも取り組むべきだろう。

その一方策としての人材育成については、専門性を持った人材の少ない市町村が自前で体制を整えて取り組むことは常識的に考えて極めてハードルが高く、都道府県庁と役割を分担するのが自然と考える。

森林・林業に関する専門性の有無については、残念ながら都道府県庁と市町村との間には歴然とした差があるのは事実であり、こうした実態を鑑みて、国も市町村等の森林・林業行政をサポートする人材として「地域林政アドバイザー」と呼ばれる職員を雇用する制度を創設し、市町村林務行政を筆頭に森林組合や民間林業事業体、自治会、一般市民等々、地域における様々な関係者を支援することとしたのだろう。

また二〇一八年度現在、岐阜県庁は人事交流という形で本庁林政部から市と町の林務関係部署に計六名の職員を派遣し、直接、林務行政を支援している。かくいう筆者もその一人であり、まさに地域林政を牽引する市町村フォレスターの立場で日々活動していた。

繰り返しになるが、意欲ある一部の市町村を除き、現実問題として市町村に専門職員を配置することは今もなお大変厳しい状況にあるし、専門性を持った職員が多数所属する都道府県庁に比べ、人事異動によって偶然にも林務担当として配属された職員が集まる市町村とでは、組織の厚みに圧倒的な差がある。できることにも限度があるのは自明ではないか。

林業大学校の存在意義とは

二〇一二年四月の京都府立林業大学校の設立以降、相次ぐ林業大学校の新設によって現場の森林技術者養成に関する体制づくりは本格化した。

二〇一八年八月現在、全国林業短期大学校連絡協議会加盟機関の資料によれば、森林・林業に関する学科・科目を設置した、いわゆる林業大学校は全国で一六校あるが、特に近年開校された林業大学校あるいはそれに類する研修所のほとんどは、まさしく現場の担い手を確保するための技術研修教育機関として位置づけられている。

しかし本来、林業大学校とは業界が求める人材を毎年安定して輩出するだけでなく、地域の課題をダイレクトに拾い集める存在であるべきだ。換言すれば、何かしらの課題を持った人材が現場からやって来て、学校での教育によって身に付けた知識や技術を携えて現場に帰っていく地域林業のハブとなるべき場所なのである。だからこうした場所でフォレスターが働くチャンスがあれば、現場が抱える課題を常に把握することができるだけでなく、その課題解決と向き合うことで自身の知識をアップデートし続けることも可能になる。

例えば前述した森林文化アカデミー内には、筆者が組織の立ち上げに奔走し、事務局を約三年にわたって担当した岐阜県森林技術開発・普及コンソーシアム（以下、コンソーシアム）が設置されており、現在は県内外から参画する会員企業の技術力向上と森林・林業・木材産業にまつわる業界の振興を図り、ひいては地域の発展を目指して複数のワーキンググループ活動が展開されている。

具体的には、木材生産の効率化や木質バイオマスエネルギーの利用、防腐・防蟻加工技術の開発、森林獣害対策のための担い手養成、木造建築の新たな市場や高付加価値木材製品の開発など多岐にわたるテーマが設定されており、民間企業ともダイレクトにニーズやシーズを共有することが可能となっている。

またワーキンググループ活動からスピンオフしたビジネス活動では、岐阜県とドイツのバーデン・ヴュルテンベルク州がエネルギーおよび森林・林業分野での連携、さらには森林文化アカデミーと同州のロッテンブルク林業大学が林業教育分野での連携を図るためにそれぞれ締結した覚書（二〇一三年五月および二〇一四年十一月）を背景に、コンソーシアム会員企業が中心となってドイツの民間企業と企業間連携を進めつつあり、岐阜県仕様の安全防護服の開発・導入に着手した他、獣害防止対策のための保護資材の現地実証プロジェクトを走らせている。

このように森林文化アカデミーでは今、まさしく企業人材の育成面において林業大学校が業界振興のハブになりつつある姿を垣間見ることができるが、自治体で働くフォレスターだからこそ、森林の整備にばかり目を向けず、もう少し広い視野、遠い視点で林業大学校の活用を追求しても良いはずだ。

喫緊の課題である現場が欲する即戦力の森林技術者を送り出すことも林業大学校の重要な責務だが、果たしてそれだけで終わらせてしまって良いのだろうか。

民間フォレスター養成の必要性

即戦力となる現場の森林技術者が求められている一方で、森林の経営管理に長期的・広域的な視点で関わることのできるフォレスター養成の必要性もかなり以前から指摘されていた。そこで森林文化アカデミーにおいても二〇一六年度から民間フォレスターの養成に取り組むこととなり、筆者は産学官連携係長という立場と森林総合監理士（行政フォレスター）の有資格者という二つの視点から研修制度創設を検討することとなった。

養成される人材の正式名称は「岐阜県地域森林監理士」。岐阜県独自の人材養成・認定制度である。これは地域の森林づくりを支える専門人材として、市町村の林務行政支援や私有林経営への助言等を行うことを目的に、森林の管理・経営に関する一定水準の知識や技術を有する人材を岐阜県が養成・認定する制度である。制度の詳細や運用は岐阜県のホームページを参照いただきたい。

この制度を岐阜県が積極的に創設した趣旨は、国が制度化した森林総合監理士が、制度的には民間にも門戸が開かれているにもかかわらず、実態として市町村森林整備計画の樹立支援や森林経営計画の作成指導といった行政分野中心の活動にとどまっていることを問題視したものである。

また、この制度創設は公務員が短期間で人事異動を繰り返すことへの対策でもあった。公務員の人事制度は組織全体の問題であり、林務行政の都合だけでは変えられない。変えられないのであれば、異動する行政フォレスターに代わって地域をサポートし続けてくれるフォレスターを民間に確保しようという発想だ。

しかし公務員が定期的な異動によって林業大学校を行き来することは、異動先で新たな知見やネットワークを培い、しかもひょっとしたら出世して舞い戻ってくることも期待できるため、さすがに半年や一年間という短すぎる異動は考え物だろうが、決して悪いことばかりではない。

地域に根差す民間フォレスターと、より広範な地域を俯瞰する行政フォレスターが同じ志を持ちパートナーとして手を取り合えば、民間のしなやかさと行政の強かさとが合わさって、きっと森林・林業政策の厚みはさらに増すことだろう。

二〇一八年四月現在、認定・登録された民間フォレスターは五人。活動初年度となった二〇一七年度は、木材のサプライチェーンマネジメントシステムの構築や森林組合の業務改善等の分野で活躍しているが、筆者としては、ゆくゆくは岐阜県森林審議会の正式な構成員の一人として、大所高所の立場から岐阜県の森林・林業政策に対してアドバイスいただけることを心待ちにしている。

市町村における林務行政のリアル

「市町村には林業に関する専門人材がいないから体制が脆弱だ」という説明は、「木材価格の低迷により林業経営が厳しい」と同じくらいもはや常套句になってしまった。

今さら指摘するまでもなく、少子高齢化・過疎化が喫緊の課題である市町村では、行財政改革を進め組織のスリム化を図ってきた結果、慢性的な人員の不足と専門性の欠如に悩まされるようになっている。森林資源情報や林内路網の整備、専門知識を有する人材育成などの森林の管理・経営基盤となる取り組みは、短期的な効果が見えにくいが本質的に重要であり、まさに市町村にこうした問題意識を持つ人がいなければ、制度政策が現場で機能しない現状は必然と言えるのではないだろうか。

しかし市町村の人材育成もアイデア次第である。例えば、筆者が二〇一八年に某町を視察した際、その地域林政アドバイザーに、新卒採用したばかりの臨時職員を活用している事例に出会った。アドバイザーという名前が付くのだから、地域の林政について豊富な知識や経験を有する行政職のOBを無意識のうちにイメージしていたのだが、確かに国の研修を規定通り修了するなど一定の条件を満たせば、誰でも地域林政アドバイザーに就任できる。最初のうちこそ不慣れさもあって大変だろうが、数年後には地域の事情に明るい即戦力として中途採用できるだろう。そればかりでなく、養成途中の人件費は相当部分が地方交付税として措置されるため、市町村としてはとてもありがたい。さらに、職場の同僚も地域林政アドバイザーと一緒に学べる機会が生まれる。まさに三方よしである。全国にはいろいろと創意工夫を凝らす人たちがいるものだと感心したところである。

そして筆者はここで思考をさらに一歩進めて、市町村が定期的かつ確実に専門知識を持った人材を確保するために、全国の林業大学校に森林環境譲与税を活用した市町村林務職員養成のためのコースを開設するのもよいのではないかと考えている。二〇一九年度から、市町村が実施する森林整備等に必要な財源に充てるため、国から市町村と都道府県へ森林環境譲与税が譲与される。この森林環境譲与税の一部をそれぞれが応分の負担で拠出し基金を造成する。運用益か基金の段階的な取り崩しにより市町村林務職員の養成コースを開設すれば、国が考える制度政策が現場で機能しやすくなるのは明らかだろう。資金を拠出した市町村も森林・林業政策に無関心ではいられなくなるし、都道府県庁が負担している林業大学校関連の予算も削減できる。別の見方をすれば、林業大学校における自主財源の涵養にも繋がるため、入学生を一人でも多く確保しようと、創意工夫を凝らした魅力的な養成コースの開設が全国に広がるかもしれない。加えて、養成された人材は確実に地域のために働いてくれるのだから、人材養成に投資した費用が地域外へ流出することもない。これこそ最も費用対効果が高い賢いやり方と言えるのではないだろうか。

そしてその際には、ぜひとも市町村と都道府県庁の林務関係職員に机を並べて学んでもらいたい。そうすれば、同じビジョンを共有する仲間として、市町村と都道府県庁の連携は一層進み、森林・林業行政は現場で自律的に機能し始めることだろう。

林業の成長産業化とは広葉樹のまちづくり

岐阜県森林・林業統計書（二〇一八年三月発行）によれば、飛騨市の森林面積は市内全域の九割以上を占めるおよそ七万四〇〇〇ha、うち民有林に占める広葉樹の面積割合は約六割の三万六六〇〇haである。

したがって、飛騨市が針葉樹人工林ではなく広葉樹天然生林を地方創生のパートナーに選んだのは必然だったと言えるだろう。

飛騨市は岐阜県の最北に位置し、通称北アルプスと呼ばれる飛騨山脈の豊かな水と広大な緑に囲まれた、標高二〇〇mから二八〇〇mに至る典型的な中山間地である。

しかし、その飛騨市を最も特徴付けているのは何といっても森林資源の豊かさで、全国有数の森林県・岐阜県の中でも広葉樹の資源量は群を抜いている。

二〇一六年度に飛騨市が市内全域の民有林を対象に広葉樹資源量を調査したところ、その面積は統計数値よりもずっと多いことが判明した。

航空レーザー計測データの解析や航空写真の判読、プロット設置（樹種別の立木密度や材積、胸高直径など）等による調査の結果では、天然更新中の伐跡地を含めると、広葉樹の面積は市内民有林の約七割、内訳としてはミズナラ・ブナの賦存量が圧倒的に多く、市北部へ行くに従って胸高直径が大きくなり、七〇cmを超えるミズナラやトチが確認された一方で、森林簿上ではおよそ七十年生が平均値だというのに市全域の八〇カ所を超えるプロット調査の結果を単純に平均すると、胸高直径はわずか二六cm程度しかないことが明らかとなった。

この調査結果が意味するところは、一部例外はあるにせよ、現在の飛騨市の広葉樹には用材としての市場価値はほとんどなく、主にパルプ・チップ材、または薪などの燃料用材にしかならないということである。

飛騨市は「広葉樹のまちづくり」というキーワードのもと、森林・林業・木材産業の振興に取り組み始めたものの、これからテーブル用材などの目的の太さになるまで、例えば今後五十年間は広葉樹の用材でビジネスをすることが極めて困難だということを宣告されたに等しい。

そして「木が太くない」ことを理由に、広葉樹の森林では今もなお皆伐・天然更新が一般的であるため、このような短伐期を繰り返していては、幾ら豊かな広葉樹に恵まれた飛騨市であっても、建築・家具用材を確保することは将来的にも厳しいと言わざるを得ないということである。

こうした現実を前にして考えるのは、今後、飛騨市が取り組むべきは、今ある針葉樹人工林に手を入れ価値を高めつつ、その過程で得られる利益はしっかりと確保する一方で、細くて使えないと言われる広葉樹天然生林が目的の太さとなる五十年後に向けて、今から積極的に、しかし必要最低限のコストで、複数の価値ある広葉樹天然生林をしっかりと育てる。そして同時に、既成概念にとらわれないで小径木広葉樹の新しい価値を模索していくということなのだろう。

新たな木づかい文化の胎動

二〇一五年五月、飛騨市はそれまでの様々な模索によって明らかとなっていた「豊富な地域資源がありながら、それを十分に価値化できていない」「価値の商品化と継続的な販売に必要な主体者が存在しない」といった課題に対応するため、㈱トビムシ、㈱ロフトワークと共同出資する形で第三セクター「㈱飛騨の森でクマは踊る」（以下、ヒダクマ）を設立した。

飛騨市は設立当時の「多くの三セクが失敗している原因は行政の過度な干渉にある」という市幹部の意向を踏まえ、出資はしたが役職員の派遣は行わなかった。また経営の主体性は設立当初からトビムシとロフトワークに委ねており、それは二〇一九年三月現在も変わりはない。そして当初の目論見通り、ヒダクマは会社設立三年目にして経営を黒字に転換させている。

ヒダクマは、飛騨市の美しい風景や街並み、森林を由来とする自然素材、奈良時代の頃より継承される伝統的な組木の技術といった地域固有の価値を、トビムシが持つ森林資源の活用や販売のノウハウ、ロフトワークがネットワークする四万人以上のクリエーターたちのセンスと融合することで、質・量ともに不揃いな小径木広葉樹の高付加価値化にチャレンジしている。これまでに飛騨市産の広葉樹を使って様々な建築物をリノベーションした他、テーブルや椅子、箸などの小物に至るまで、デザイン性の高い作品を飛騨から世界に向けて発信し続けている。

また飛騨市を訪れるクリエーターや観光客らのモノづくり拠点となるFabCafe《ファブカフェ》 Hida《ヒダ》には、木工用機

図２　（株）飛騨の森でクマは踊る（通称、ヒダクマ）のホームページ
https://hidakuma.com

械（テーブルソー、ＣＮＣフライス盤等）や３Ｄプリンター、レーザーカッター等が整備されており、美味しいコーヒーが飲めるカフェの奥に併設された工房では、そこにストックしてある様々な飛騨市産広葉樹の中から好みの樹種を複数選び、それをテーブル天板の材料として使うことで誰でも簡単にオリジナル作品を製作することもできる。

地域に寄り添った賢いやり方

ヒダクマの取り組みのユニークさは、世界中のクリエイティブなネットワークと緩やかに繋がり、アイデアを駆使して今ここにあるモノでこれまでになかったものを創りだすアップサイクルを実践しているところにある。

ヒダクマの手掛ける幾つかの商品を事例にその一端を紹介すると、「腕利きの職人に製作を断られた」という曰くを持つ、クリ、サクラ、ナラの小径木を組み合わせ

図3　広葉樹でつくったカッティングボード
裏面には、樹種名をゴム印で表記する。商品化の段階で供給可能な樹種のみを使用する。

たデザイン性の高いスツールや、徹底的に素材にこだわり飛騨地方の広葉樹、ギリシャ産の大理石、厳選された国産麻縄等々で製作された商品価格一〇〇万円（税抜）のキャットツリーなど、いずれも話題には事欠かないものばかりである。

この他世界的に有名なアウトドアメーカーのパタゴニア社とのコラボによって商品化されたスプーンと箸の木製カトラリーは、これまでこうした用途に用いられることのなかった飛騨市産のブナ材が活用された。

また、未だ利用されていない多種多様な飛騨市の広葉樹をさらに活用したいという意向から、サクラやクリ、ホウを材料にカッティングボードが新たに商品化されたが、このカッティングボードの加工については、全て飛騨市内に工房を構える木工職人に依頼しているとともに、革紐を穴に通す等の仕上げは地元の福祉事業所が担っている。

こうしてヒダクマが地域外部との窓口の役割を果たしてくれることによって、地域の資源を大切に利用しながら、木材加工の技術や販売利益を地域内で発展・継承あるいは循環させる取り組みが着実に進められていることを筆者はとても誇らしく思う。

そして何より筆者が嬉しかったのは、利益追求のために森林に対する伐採圧力を強めてまで無理に材料を確保しないという既存の流通に過度な負担を掛けない配慮だ。商品を製作する時点で既にストックしてある材料を中心に供給しようとする方針は、裏を返せば唯一無二の品揃えを提供できるという希少性を売りにしているということと同義であり、これまでまとまった量を確保することが困難であったためにビジネスに成り得なかった領域をビジネス化し、結果、川上側と川下側の双方にメリットをもたらすこととなった。

少し話が逸れるが、ヒダクマが事務所を構える飛騨市古川町には、住民気質を語るには欠かせない「そうば」という言葉がある。

これは地域で取り決めた約束事を守ろうという住民の為人《ひととなり》を表す言葉で、人の集まりにおける調和をまず重んじ、その上に個の発露があることを許容し尊敬する価値観である。歴史的な経緯で古くから住民自治が発達した古川町ならではの共通した感覚だろうが、一方でこの価値観を破ることを「そうばくずし」と言って大層忌み嫌う。

このため前述したような材料の調達方針は、「そうば」を崩さない古川町民の気質とも合致し、まさ

図4　2018年3月、FabCafe Hidaで披露された「ひだ木フト」の商品
飛騨市の市有林で伐採された小径木広葉樹を使用し製作された。

に飛騨古川に拠点を置くヒダクマならではの賢いやり方だと思う。

こうして今まで細くて燃やすしか使い道がなかった飛騨市の広葉樹がまさしく地域の宝となった。そして飛騨市の森林を活かそうとする機運は、二〇一八年三月、市民有志が起点となり飛騨市産の広葉樹で様々な製品を創作する新たなブランド「ひだ木《ぎ》フト」プロジェクトへと結実した。

飛騨市はこのプロジェクトのスタートアップをサポートしているが、ヒダクマと同様に市は過度に干渉せず、気鋭の商品開発プロデューサーのコーディネートにより森林組合や製材所、木工作家などが協力して着々と魅力的な商品を開発しつつある。今後、「人生の節目にひだ木フト」をキャッチコピーに本格的な商品販売に繋げていく予定である。

ちなみに都道府県庁の場合、管轄するエリアが広い分だけ関係するプレイヤーの数も多く、特定の顔が見える関係性ばかりを重視することは公平・公正・中立の原則から難しくなるため、どうしても業界全体との関係性が色濃くなる。こうした個別の企業や団体と直接関係性を持ち、目に見えるスピード感で様々にプロジェクトに関われるのは、市町村フォレスターならではの醍醐味だろう。

一〇〇〇㎞以上も離れた自治体同士の連携

二〇一八年十月、飛騨市は「広葉樹のまちづくり」のさらなる飛躍を図るため、森林を総合的に利用しながら森林の価値を高めようとする北海道中川町と「姉妹森」協定を締結した。

「姉妹森」とは、簡単に言えば自治体の広域連携、それも上下流が連携して間伐を行うといったものではなく、森林由来の様々な恵みを積極的に活用しながら、そこから得られたノウハウを共有することで、共に豊かな森林を育もうということをイメージ化したものである。

ではなぜ、およそ一〇〇〇㎞もの距離の隔たりがある北海道中川町と岐阜県飛騨市が協定を締結したのか。

それは、どちらも豊かな森林を擁している自治体で、日本五大家具産地に数えられる旭川家具や飛騨家具の近隣に位置していること、そして木工に携わる職人の皆さんがたくさん働き、何より量もさることながら質を重視した森林の管理、林業経営を目指すという共通点があるからである。

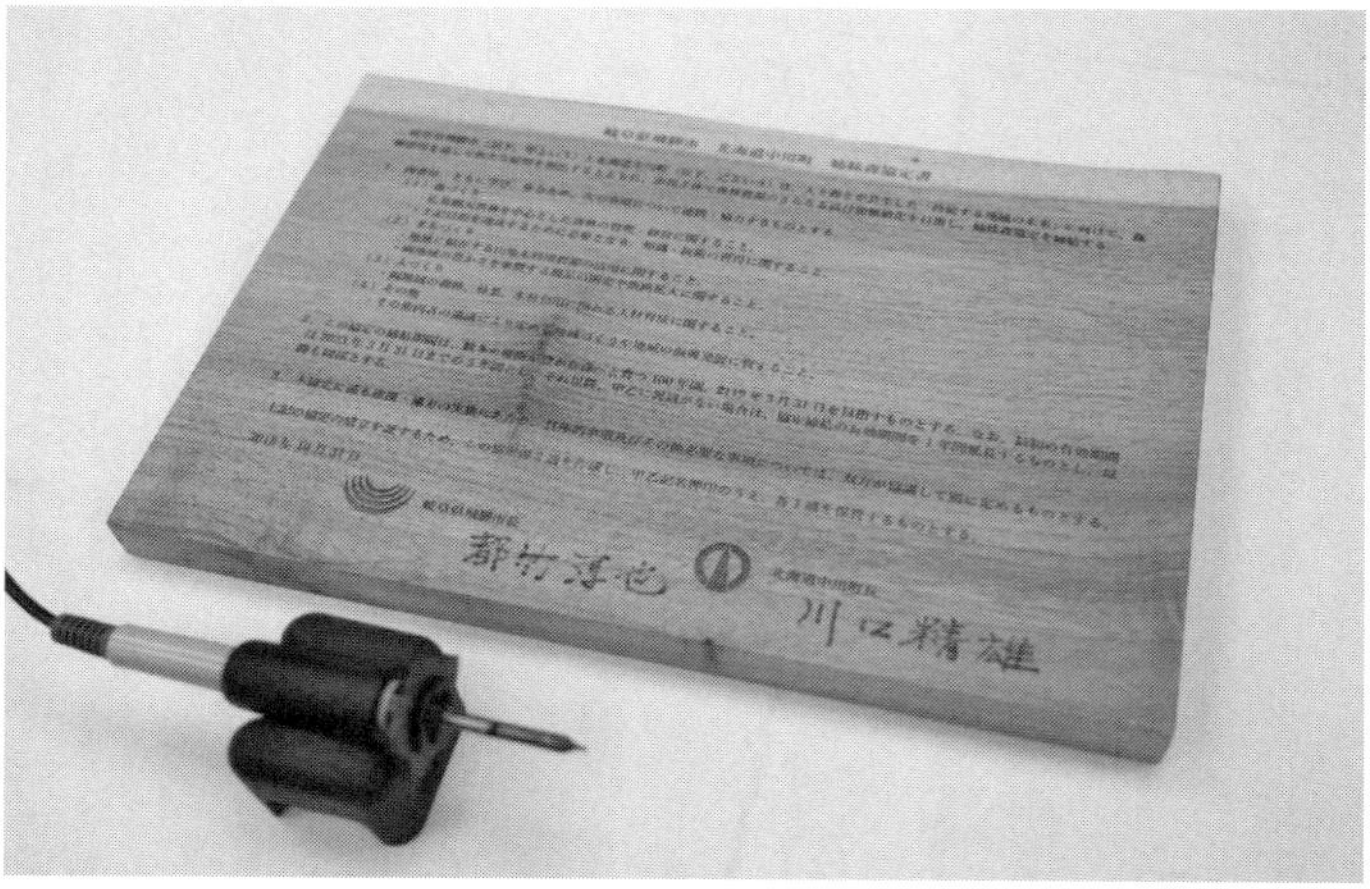

図５　「姉妹森」協定書
飛騨市の木であるブナの板材にレーザープリンターで文字を焼き付け、両首長が焼きペンで署名。

　こうした遠く離れていても類似する点が多い地域同士であるからこそ、一方で地理的に、気候的に、そして歴史的・文化的にも全く異なる地域である北海道と飛騨だからこそ、多様で深みのある交流を図っていけるのではないだろうか。

　両市町は、これから先、どのような時代、いかような社会が到来しても、しなやかにそれに対応できるよう、多様で豊かな森林を丁寧に育てると同時に、そこから得られる木材やその他の森の恵みをデザインやアートのチカラを借りながら付加価値を高めて最大限に活かそうと決めた。

　そしてこの「姉妹森」協定の締結期間は百年間。これはすなわち、生まれたばかりの稚樹が大きく立派で豊かな森林に育つまで、まさに年輪を重ねる年月をイメージしているのだが、今、この稚樹を育てたいという強い意志があればこそ、未来に百年生の森林を残すことができるのだろう。

まさに地方創生の文脈から言えば、こうした個性を際立たせる地域の強い意志に基づく、国が進める規模の林業経営とは一線を画する取り組みこそが、今後は大いに注目されてくるのではないだろうか。フォレスターはいつも森の中にいて、木々を相手に対話をしているとイメージしがちだが、それはフォレスターの一面を見ているに過ぎないステレオタイプな発想だと筆者は思う。これから先のフォレスターは、地域に軸足を置きつつもそれに縛られることなく広域なネットワークと繋がり、そして自身の活動範囲をさらに広く深くしていくことで、この「姉妹森」協定のような地域に新しい価値を自ら創造していく役割も期待されて良いのだろう。

個の可能性を活かしてイノベーションを

二〇一一年七月、筆者がスイスを訪問した際、林業教育機関の担当者から次のような話を聞いた。

「持続的に森林・林業がしたいのなら、環境分野の人間が大枠をつくり、その中の経済的な理屈を林業分野の人間が考えるべきだ。そしてその理屈が現場で使えるものなのかどうかを実証するのは、フォレスターの役割だ」

自分たちが育てた人材に自分たちの考案した理論の有用性を実証させるという行為は、下手をすれば自己否定に繋がりかねず、とても勇気が必要だ。なぜならこれは現場の森林技術者に最終的な判断権限を付与しているのと同義であるからで、日本に置き換えれば、林野庁が創設した制度によって養成された森林総合監理士が、林野庁の森林・林業政策の有用性を判断するということである。

日本の森林・林業政策は、戦後の復興から現在に至るまで、「組織あるいはシステム」によって制度政策を推進しようとしてきた。常に一定の成果発揮が期待できる仕組みは、キャッチアップの時代ならばとても効率的な手法であったに違いないが、これだけ社会が複雑化した今日に至っては、さすがに時代にそぐわない部分も多いだろう。

一方でこれはあくまで筆者の主観であるが、欧米の森林・林業政策は、組織としての活動もさることながら、より現場に近い「個人」に対して責任と権限が付与されているように見える。そのことは、ドイツのフォレスターが発した「現場のことは現場で決めよう」という言葉に端的に表れているように思えてならない。

今後、日本の森林・林業界も新しい発想や情熱を持った「個の可能性」を様々な形で登用し、それをネットワーク化することができれば、専門的で制約があまりにも多い林務行政のような仕事であっても、これまで疑いもせず信じてきた限界を軽々と超え、既存の価値観にとらわれない大胆な挑戦が可能となり、それは新たな地域社会を創る大きな力となり得るだろう。

そして、地域社会の多様化、成熟化によって、仮に一〇〇人に一人しか評価しないような存在であっても、鍵と鍵穴の関係の如く、それは代替の利かない価値ある人材として評価されるようになった今だからこそ、組織が包含する「個の可能性」を発揮できる場を創出することによって、森林・林業政策にイノベーションが起こる可能性は高まっていくのだろう。

参考文献

藤森隆郎　二〇一二　森づくりの心得　全国林業改良普及協会

岐阜県立森林文化アカデミー　二〇一八　GIFU ACADEMY OF FOREST SCIENCE AND CULTURE 2017 Annual Report vol.1　岐阜県立森林文化アカデミー

岐阜県森林技術開発・普及コンソーシアムのホームページhttps://www.forest.ac.jp/company/consortium/

豪雪地帯林業技術開発協議会　二〇一四　広葉樹の森づくり　日本林業調査会

浜田久美子　二〇一七　スイス林業と日本の森林——近自然森づくり　築地書館

平成三十年度　岐阜県地域森林監理士関連ホームページhttps://www.pref.gifu.lg.jp/kensei/ken-gaiyo/soshiki-annai/rinsei/rinsei/shinrinkanrishi.html

廣瀬俊介　二〇〇四　町を語る絵本——飛騨古川　飛騨市

柿澤宏昭　二〇一八　欧米諸国の森林管理政策——改革の到達点　日本林業調査会

柿澤宏昭　二〇一八　日本の森林管理政策の展開——その内実と限界　日本林業調査会

岸　修司　二〇一二　ドイツ林業と日本の森林　築地書館

まち再生事業データベース　事例番号〇七九　文化が薫る活力とやすらぎのまち　岐阜県飛騨市・旧古川町地区 http://www.mlit.go.jp/crd/city/mint/htm_doc/pdf/079hida.pdf

長沼　隆・横井秀一　二〇〇六　ドイツ林業と持続可能な森林づくり（政策検討課題等調査報告書）　岐阜県

長沼　隆　二〇〇八　地方分権と広域合併が進む市町村の森林・林業行政を考える　森林技術　№七九九　日本森林技術協会

中村幹広　二〇一七　森を活かす飛騨市の地方創生　森林と林業　一一　日本林業協会

中村　南　二〇一一　Proposals on Japanese Private Forest Policy -Policy Implications for Establishing Forest Suitable to Regional Ecosystems and Forestry-, 90, *Journal of the Japan Institute of Energy*

野村進行　一九五五　林業経営経済学　朝倉書店

第6章

市町村フォレスターの挑戦

鈴木春彦

北海道の海辺の町へ

北海道東部の空の玄関口である中標津空港から、車で二十分ほど走ったところにある標津町は、根室海峡に面した海辺の町で、一九八九年まではJR標津線の終着駅の根室標津駅があった。往時の駅は、休日になると釧路市へ向かう多くの人で賑わったというが、廃線後の現在はひっそりとした佇まいで、駅前のロータリー跡や汽車の向きを変える転車台が当時の面影を残している。

二〇〇三年十二月二十日の午後、私はおんぼろのカローラに当面の生活に必要な荷物を満載して、妻と二人で駅跡周辺の道を走っていた。そのすぐ近くには、これから勤めることになる標津町役場があり、茶色レンガの外装をまとった三階建ての庁舎は、周囲の建物と比べて一際大きく、駐車場横のハルニレの大木とともに強い印象を焼き付けた。

地元の蕎麦屋を通り抜け海岸沿いの道に出ると、すぐ目の前に、大きな島が浮かんでいた。北方四島の一つの国後島だ。この島は標津町からわずか海上二四㎞ほど先にあり、島南端の海岸線はくっきりと見え、その背後には島最高峰の爺爺岳《ちゃちゃだけ》（一八二二ｍ）の山容がおぼろげに見えた。島を取り囲む海は青黒く、寒々としている。ロシアが実効支配するこの島の近さに、日本の東端近くの町にやって来たんだ、という実感が胸に込み上げてきた。

空には、今にも雨が降り出しそうな、どんよりとした灰色の雲が一面を覆っている。これからこの地で、市町村フォレスターとして働くことへの期待感はあったが、「その職が本当に務まるだろうか？」という不安の方がはるかに大きく、この景色はまるで私の心象風景を映しているかのようだった。

市町村フォレスターの仕事

冒頭で紹介したのは、私が市町村フォレスターとして働いた北海道標津町を、最初に訪問した時のワンシーンである。二十代の頃の記憶というものは実に鮮明なもので、不安に包まれながらも、初めて標津町の地に足を踏み入れた時の光景を、今でもはっきりと覚えている。

二〇〇二年一月から二〇一二年三月まで、私は標津町で林業専門職として働いた（二〇〇六年四月からは標津町森林組合も兼務）。市町村の林業職採用はまだ少ない時代だったが、当時の町長の発案で募集が出され、私が採用されたのである。本稿では、このように市町村で働く森林・林業専門職のことを

「市町村フォレスター」と呼ぶこととする。

市町村フォレスターと言うと何やらカッコいい仕事のような響きがあるが、実態はスタッフ数の限られた市町村の一職員で、自治体の職員として様々な業務をこなさなくてはならない。その傾向は小さな自治体になればなるほど顕著になり、「森林」に関するあらゆる業務を担当するのはもちろんのこと、シカ・クマ対応や野生鳥獣保護との兼務はよくあるケースで、農業担当と兼務というケースもある。近年はシカ・クマ等の出没件数が急増して、現場対応などに時間を取られ、林務業務に充てる時間が十分に確保できないなどの問題も起きている。

それでは、市町村フォレスターの仕事は具体的にはどういうものだろうか。表1は、標津町での主な業務を年間スケジュールとして整理したものである。定型業務として、春の植栽から夏の下刈り、そして秋・冬の間伐・択伐まで、一連の森林整備業務が続く。この業務には、施業種ごとに、町有林・私有林を回って施業地を探し、私有林は森林所有者と話し合い同意を取る作業や、施業を発注し実施後は補助金交付申請書類を作成して、検査を受けて補助金を受領する業務がある。その他にも、植樹祭などのイベント開催、伐採届の受理、森林施業計画の認定業務、予算編成などの業務がある。

標津町で特徴的なのは、標津町森林組合がいわゆる「役場内組合」と呼ばれる形態で、町役場の庁舎の中に、森林組合が事務所を構えるという小規模な組合だったことである（以前は全国各地にあった）。森林組合には正規職員がいなかったため、私有林の施業は町が事業主体になり、現場探しから施業方法の検討、森林所有者との交渉まで町職員が行っていた。また、町職員が森林組合職員を兼務していたた

表１　標津町の年間業務スケジュール

標津町では町の林政業務と森林組合業務を担当した。年間を通して、定型的な業務と新しく立ち上げた独自業務を同時にこなした（2010 年度）。

	定型業務	独自業務
春	苗木調達	標津川自然再生事業のモニタリング（～秋）
	植栽事業	
	植樹祭	
	ヒグマ・シカ出没対応（～冬）	
	森林組合決算、総会実施	
夏	下刈り事業	カーボンオフセット（J-VER）事業（～冬）
	子ども森林教室開催（2 回）	町内の森林調査事業（林分調査、～秋）
		基幹作業道事業（～冬）
		エゾシカ防止柵設置事業
秋	間伐・択伐事業（～冬）	標津町森林マスタープラン策定事業（～冬）
	野ネズミ駆除事業	知床世界遺産ヒグマ WG への参画
	木材販売	ヒグマ・フォーラム in 標津の開催
冬	次年度予算編成	全国森林計画発表会（東京）で発表
	予算協議、議会対応	
	各種会議	

注：上記のほか、伐採届出・森林施業計画認定（町業務）、理事会・監査（森林組合業務）などがある。

凡例	
（灰色）	町業務
（点描）	森林組合業務
（白）	共同業務

め、苗木調達や間伐材販売、総会・理事会の開催なども担当した。詳述はしないが、その他にも各種の独自事業に取り組み、町林政担当と森林組合担当あわせて五人（課長以下の人数、うち三人は嘱託）でこれらの業務をこなしていた。フレッシュな駆け出しの時期に、市町村と森林組合という二つの立場から様々な業務を経験し、地域森林管理の全体像を知ることができたのは、市町村フォレスターとして仕事をしていく上で大きな財産になった。

河畔林の保護に乗り出す

当初は右も左もわからず目の前の仕事をこなすことに精一杯だったが、業務にもようやく慣れてきた頃、まず取り組んだのは河畔林の保護対策だった。

標津町は、人口五二九〇人（二〇一八年九月）の漁業と酪農を基幹産業とする町で、漁業は沿岸でのサケ・マス定置網漁やホタテ養殖を主力としている。そのため、沿岸環境を左右する河川の汚濁への意識が漁業者は高く、家畜糞尿の流入や河川沿いの砂利採取等には敏感になっていた。そこで注目されたのが河川沿いの河畔林であり、河畔林が汚濁物質流入のバッファーゾーンになり、水質浄化の役割を果たすことが期待された。毎年、河川沿いでは多くの漁業者の参加する植樹活動が行われ、皆伐が行われると「あそこで木を伐っているが、どこまで伐るのか？」と問い合わせが入るほど意識が高かった。

河畔林保全は、私自身も取り組みたいテーマだった。北海道大学森林科学科では河畔林研究が活発に行われ、私の指導教官だった柿澤宏昭助教授（当時）はアメリカ・ワシントン州などの河畔林保全対策の調査をしていた。これらの議論に影響を受けていたし、また河畔林が野生生物のコリドー（緑の回廊）や生息場所の役割を果たすことから、国際的に注目されていた生物多様性保全に取り組むために、「河畔林」という切り口に可能性を感じていたからである。

河畔林保全には二つのアプローチがある。一つ目は河川沿いの河畔域に植林をして新たな河畔林を造成することで、二つ目は今ある河畔林を皆伐や開発から守ることである。前者に関しては、植樹祭開催や造林補助金を活用した植栽事業を既に行っていたので、問題は後者の河畔林保護の方だった。

日本の森林法では、森林は保安林と普通林に分けられていて、保安林は永久林地で、普通林はそれ以外という位置づけがなされている。つまり、保安林には強い開発規制がかかるが、普通林にはそれがかからないということになる。

普通林という名の空洞

普通林にかかる開発規制には林地開発許可制度があり、一九七四年に創設された。これは、土地ブームによる土地開発が当時急速に進んでいたことからつくられた制度で、普通林において一haを超える面積を開発する場合は許可が必要と定められた。しかし、その内容は開発許可申請があった際は、都道府県知事は、災害を起こす恐れがある場合、水の確保に著しい支障をきたす場合、地域の環境を著しく悪化させる場合のいずれにも該当しない場合は「許可しなければならない」とされ、要件さえ満たせば開発を後押しするかのような規定になっている。財産権保護を重視した及び腰の規定で、柿澤によると「普通林に開発規制をかけることは財産権保護との関わりで限界があり、林地として維持するための最終的な手段は保安林制度である」という解釈で位置づけられたのである。森林法では残念ながら、普通林は基本的には皆伐や開発が可能であり、規制の網のかからない「空洞」のような存在なのである。

その上、保安林なら河畔林が守られるということでもない。全国の保安林のうち七一％を占める水源かん養保安林は、指定目的が洪水・渇水の防止等であることから、そもそも河川生態系保全を重視する河畔林とは目的が異なる上、伐採種の定めがなければ水源かん養保安林の皆伐は可能である。一七種ある保安林の種類の中では、魚つき保安林が河畔林に近いイメージがあるが、この保安林は、海岸湖沿いの「森のつくる暗い陰は魚の絶好の隠れ場になる」という江戸時代以来の保護思想を受け継いだもので（経験則としてはこの見識は重要だと思う）、リター供給や流下物の補足など河川沿いの森林の果たす機能を明らかにした、一九九〇年代以降の河畔林研究の成果を踏まえた制度にはなっていない。つまり、日本の既存制度で対応しているだけでは一向に河畔林保護は進まないことから、地域独自の発想での取り組みが必要だったのである。

伐採届出制度を使った河畔林保護

そこで目を付けたのが、森林法の伐採届出制度だった。これは、普通林を伐採する際、三十日から九十日前に市町村に伐採届を提出しなければいけないという制度で、森林法第一〇条の九では「その伐採届が市町村森林整備計画に適合しないと認めるときは……その計画を変更すべき旨を命ずることができる」という規定に注目した。市町村森林整備計画で「河畔林を守る」と定めてしまえば、この規定を根拠にして、森林所有者や伐採業者に対して、河畔林保護の指導ができると考えたのである。

そこで、北海道大学で河畔林研究を先導してきた中村太士教授らの協力を仰ぎ、町内現場を視察するなど、河畔林として確保すべき必要幅を検討した。これらを踏まえ、二〇〇六年度に樹立した標津町森林整備計画には、「Ⅲ　立木竹の伐採に関する事項」に「四　立木の伐採（主伐）にかかる残地林帯の取り扱い」の項目を加え、図1を掲載するとともに「……水辺林の伐採にあたっては……原則、段丘肩の部分から二〇～三〇m以上残すこととする」という残地林帯規定を新設した。

伐採業者の戸惑い

新しいルールの運用は、二〇〇七年四月から始まった。伐採届出件数が比較的少ない地域だったこともあり、最初は静かな滑り出しだったが、次第に問い合わせが増えていった。主には伐採業者の方々の

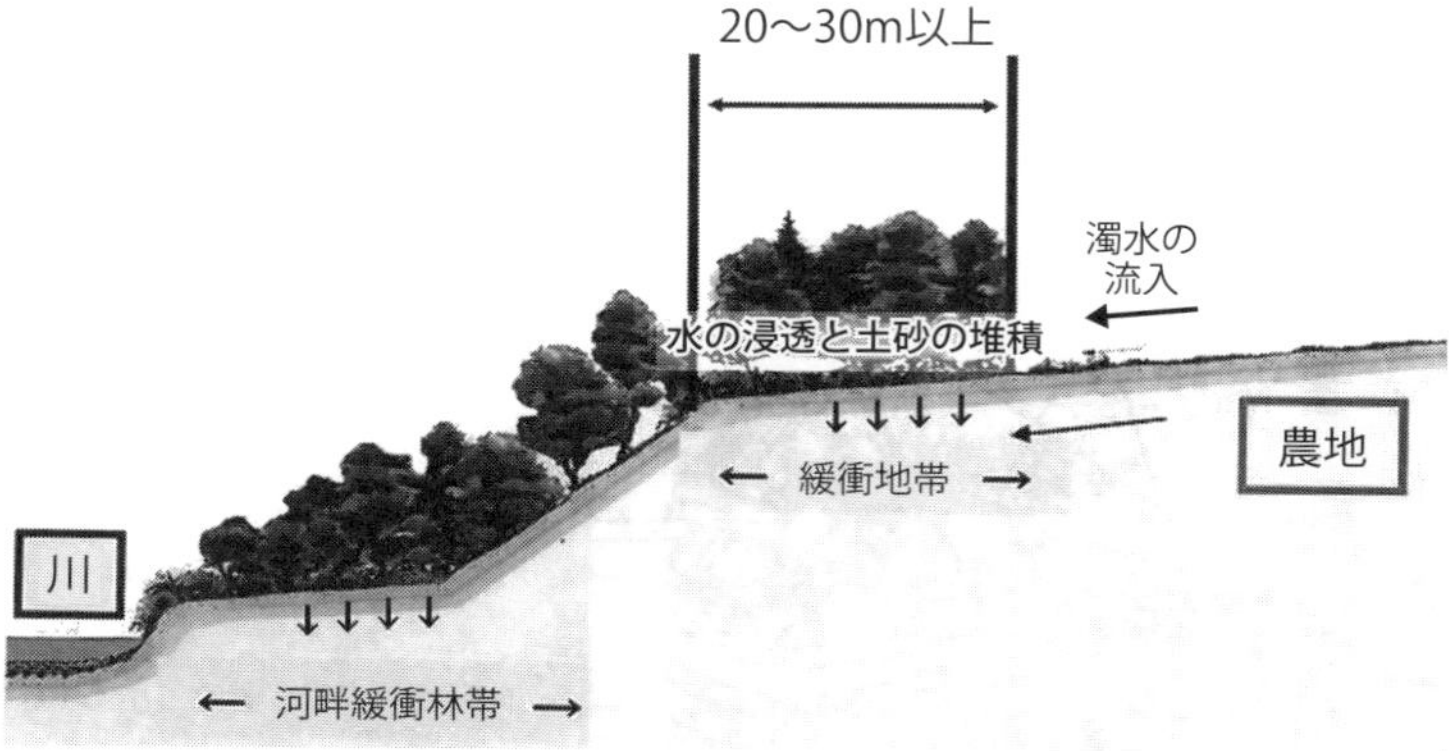

図１　河畔林保護のルール
河川と農地の間の緩衝地帯として、段丘の肩から 20m 以上を確保する河畔林幅と設定した。

戸惑いの声で、「何を根拠にそんな指導をするのか」「伐採届なので、届出書を出せば済む話だ」「他の地域ではそんなことは言われないぞ」という声が上がった。これまで出すだけでOKだった書類に突然注文が付き出したのだから、当然と言えば当然の反応だった。

説明には細心の注意を払った。財産権を重視しなければいけない普通林への指導なので、独自ルールを一方的に強制することはできない。酪農と漁業の町として河畔林の存在が核心的に重要なこと、河畔林を守るのが町の基本方針なので、ルールに沿った伐採エリアにしてもらえないかという説明を何度も繰り返した。

夏のある日、町外業者の担当者から電話がかかってきた。電話を取ると、相手は既に戦闘モードで、「このルールは何だ！」と強い口調でまくしたてられた。こちらから説明する隙を与えてもらえないまま二時間近く一方的に叱られた後、「おまえ、夜道には気を付けろよ。月夜の晩ばかりじゃないぞ」とガチャンと電話を切られてしまった。

何を言われたのか瞬時に理解できなくて、電話を持ったまましばらく呆気にとられたが、「こんな映画みたいなセリフを実社会で言う人がホントにいるんだ」と妙に感心してしまった記憶がある。怖くなかったと言えば嘘になるが、新しい取り組みは最初が何よりも大切だと考えていたので、その後も不退転の決意で対応にあたった。しばらくは、仕事帰りの夜道には気を付けるようにした。

対応が難しかったケースとして、伐採業者と森林所有者の間で売買契約が既に結ばれているものがあった。これは、伐採エリアや伐採時期などについて伐採業者と森林所有者が話し合い、立木の売買契約まで済ませた後で伐採届を提出してくるもので、これまでも時々見られるケースだった。この場合では伐採業者が「保護する河畔林分の代金を補償してほしい」と言ってくることもあったが、現場を一緒に踏査し、どこまで伐採するかを話し合い、落とし所を見つけて解決するようにした。

これらのケースの再発を防ぐため、河畔林保護ルールのチラシ（図2）をつくって伐採業者や森林所有者に配布し、「立木の売買契約を結ぶ前に、役場に相談してほしい」と呼びかけ、町広報誌でも河畔林特集を組むなどＰＲに努めた。

地球温暖化防止・合法木材の推進にご協力ください
森林を伐採する皆さんへ
無届伐採は法律違反です
伐採及び伐採後の造林の届出は
市町村長まで提出してください
伐採する概ね2～3ヶ月前には確認を
森林の伐採に際しては、たとえ自分の森林であっても、森林法に基づき、一定の規制がかかることがあります。特に河川や沢沿いの森林や防風林は一定幅の林帯を残すことや、伐採後に植樹を計画していない届出に関しては、伐採後の植樹を指導させていただく場合があります。
最近、森林所有者と伐採業者間で伐採区域や木材代金などを取り決めた後に、役場に届出するケースが増えています。伐採に際しては、両者間の決定前に、必ず役場まで問い合わせていただくようお願い致します。

図２　森林所有者へ配布した啓発チラシ（抜粋）

河畔林保護ルールや事前に町に相談する旨について記載した。

地域を大切にする町民の想い

実際の指導の一例を紹介しよう。ある地区の森林所有者（酪農家）から農地沿いの森林を伐りたいと相談があったケースでは、当初申請では〇・六haの皆伐申請だったが、河川沿いの林帯が含まれていたため、町の独自ルールを説明し、川沿い二〇m幅の林帯を残していただいた結果、保護された河畔林面積〇・一六ha、伐採面積〇・四四haとなった。

農地沿いの森林伐採の動機には幾つかのパターンがあり、農地を少しでも広げて牧草収量を増やしたい、林帯があると林縁部が日陰になりその周辺の牧草収量が落ちる、カラマツ林は枝葉が飛ぶので片付けが大変になるなどがあった。これらは農業経営における酪農家（森林所有者）の直接的なメリットになる一方で、河畔林を確保することは河川環境保全や漁業のためなど、目に見える形での所有者のメリットにはなりにくい。そのため、独自ルールを所有者に説明しにくい面は確かにあった。

しかし、ここは逆転の発想で考えた。個人利益を越えた取り組みだからこそ、むしろ理解が得られやすいはずだ、と考え直したのである。その背景には、町民の方々と接している時に気づいた「確信」があった。市町村職員は普段から町民と話をする機会が多いが、そこで感じたことは、町民の多くは、自分の生まれ育ったこの町を大切に想っているということだった。それを言葉として表現する方もいたし、たとえ言葉には出さなくても、多くの町民が地域活動に汗を流している姿に、その「想い」を感じることもあった。そうであれば、この独自ルールが地域のため、町のために繋がることをしっかりと説明すれば、所有者の方もきっとわかってくれるはずだと、そう考えたのである。実際に、「河畔林を残すことが地域のためになる」と丁寧に説明すれば、ほとんどの所有者の方は協力してくださった。

現場確認がポイント

皆伐予定地には必ず行って、現場を確認する。これも取り組みを成功させる大きなポイントだ。机上で悩んでいても何も解決しない。森林所有者や伐採業者に声をかけ、一緒に現地を見ながら話をすれば、事務所で平行線だった案件が瞬く間に解決するケースは幾つもあった。森が持つ「癒し効果」も、スムーズな話し合いに一役買っていたのかもしれない。有名映画のセリフではないが、「事件は現場で起きている」のである。

この現場主義の姿勢は、地元の林業会社の今井忠一社長からの教えでもあった。今井社長はシベリア抑留を経験された苦労人で、戦後に林業会社を立ち上げ、五十年以上にわたって標津町の林業に携わってきた生き字引のような方で、私の現場の師匠だった。私と出会った頃の今井社長は既に八十歳になろうとする年齢だったが、森の中を歩くスピードはそれは速く、五十歳も年下で若い私が現場で付いていけなくなるほどの、類い稀な体力の持ち主だった。当時の私は、大学時代の登山経験から体力では負けないつもりだったが、そのささやかな自信は見事に打ち砕かれた。また、どんなに忙しくてもすぐに現場に駆け付け、現場を見て丁寧に対応するフットワークの良さも持たれていて、様々な案件を現場で解

図３　現場確認の徹底

森林所有者と共に雪の積もった森を歩き、確保する林帯幅をメジャーで測りながら確認する。

決する今井社長の姿を見てきた。今井社長は二〇一五年に九十二歳で亡くなられたが、今井社長の後ろ姿から学んだ「現場主義」という姿勢が、河畔林の保護対策にも活かされたのである。

そして取り組みのもう一つ重要な点は、確保する河畔林幅の目印を現地に残しておくことである。森林所有者との話がまとまっても、伐採業者の方に十分伝わらないのは常に起こり得ることだ。私たちは現地で二〇m幅をメジャーで測り、伐採区域と確保区域の境界ラインを一定間隔でピンクテープ付けする作業を必ず行うようにした。時には、深いクマザサの海をかき分けて迷ったり、ダニに噛まれたり、「ザザッ」というヒグマの気配に慄いたこともあったが、最後まで手を抜かないことを心掛けた。

「忙しくて現場に行けない」という声は最近の林業界ではよく聞くが、この現場作業を怠ってしまえば、せっかくまとまった話が現場で実行されずに、河畔林が伐採されてしまう事態も想定される。一本でも多くの木を伐りたいというのが伐採業者の方々の気持ちであるし、森林管理は現場が離れていることも多いため、事務所と現場の連絡ミスや、森林所有者と伐採業者の連絡ミスは起こりやすいと考えた方がいい。だからこそ、リスクコントロールとして、現場に目印を確実に残しておくことが重要になるのである。皆伐が実行されてしまえば、もう後戻りはできないのだから。

石の上にも三年

河畔林関係の伐採届の実績は二〇〇七年三件、二〇〇八年二件、二〇〇九年二件、二〇一〇年一件になったが、独自ルールを聞いて伐採自体を取りやめた案件も複数あり、それはこの数に含まれていない。「石の上にも三年」という諺があるが、この言葉はまさに言い得て妙で、三年を経過した頃には地域ルールとして河畔林保護が定着し、伐採業者などから強いクレームを言われることも少なくなった。新しい取り組み（しかもそれが規制的な要素を含むもの）であれば、最初は「聞いてないよ～」と現場は混乱するが、それは当たり前の反応で、大切なことはクレームが来たからすぐ方針を撤回するのではなく、その目的や意義を粘り強く説明することである。三年間続けることができれば、新しい取り組みは「普通」になり、地域に定着する。諦めないことが大切だ。

もちろんこの取り組みを進めることができたのは、町や森林組合スタッフの惜しみない協力や、当時の上司だった金澤瑛町長や大西光博農林水産課長らが「どんどんやれ」と背中を押してくれたことが大きかった。

河畔林保護に取り組んで改めて感じたことは、日本の森林制度は、植林や間伐などの森林を整備する「攻め」の分野には各種補助金が用意され充実しているが、今ある森林を守るという「守り」の分野に関しては非常に手薄だということである。本来であれば、「攻め」と「守り」が両輪となって初めて森林保全が実現するのだが、日本の場合は片輪走行とまでは言わないが、ひどくバランスの悪い車を運転させられているような状態になっている。

近年は想定外の規模の集中豪雨が多発している。人工林が利用期を迎えたという喧伝で、これから全国的に皆伐が拡大してくるのであれば、森林保全と木材利用のバランスを適切に保つように地域でコントロールしなければいけない。しかし、現状はとても心配な状態だ。とりわけ普通林の扱いが課題になるが、前述した通り、普通林は保安林とセットで存在するため、保安林制度改革がなされない限り進みようがない。当面は地域で孤軍奮闘していくしかなさそうだが、心ある市町村は既に動き出している。岐阜県郡上市は、二〇一四年に森林保全を目指した「皆伐施業ガイドライン」を策定し運用を始めている。これからも、郡上市のような取り組みが全国に広がっていくことを期待したい。

豊田市での再出発

二〇一二年、私は家庭の事情で十年間勤めた標津町を離れることになり、地元の愛知県豊田市に戻り、縁あって市森林課で市町村フォレスターとして働くことになった。久しぶりに暮らす豊田市は、私が不在にしていた間に大きな変化があり、二〇〇五年の市町村合併で約六万二〇〇〇haの広大な森林を抱える森林都市になっていた。

豊田市は二〇〇〇年の東海豪雨で土砂災害や浸水被害を受け、合併後は災害に強い森づくりを目指して、過密人工林を対象とした間伐推進や、とよた森林学校開催などの普及事業に取り組んできた。合併後は毎年一〇〇〇ha前後の規模で間伐を実施してきたことから、二〇一七年度に行った航空写真分析では、過密人工林（立木密度一六〇〇本／ha以上）は市内人工林の約二〇%まで低下したことがわかった。

しかし、序章や終章で述べられているように日本の林業経営は深刻な状況であり、補助金などの公費投入がなければ回らない構造が定着し、豊田市もその例に漏れない。むしろその依存度が他の地域よりも高く、本格的な人口減少社会に突入すると財政状況が逼迫し、そうなれば、森林管理ができなくなってしまうことに危機感を覚えた。それを防ぐためにも、経済性で森林管理を持続的に回す領域をつくっておく必要があり、そのための準備に取り掛からなければいけないと考えた。

そこで、豊田市の森林政策の根幹である「森づくり構想」を見直すプロジェクトを立ち上げ、二〇一五～二〇一七年度の三カ年をかけて方針を再検討することとした（その成果は「新・豊田市１００年の森づくり構想」〈以下「新・森づくり構想」〉として二〇一七年度にまとめられた）。

ドイツ・スイスへの旅

「経済性で森林管理を回す」と言ってはみたものの、これは、林業界では「言うは易し行うは難し」の代表選手みたいなテーマだ。一体どこから手を付けていいかわからず、藁にもすがる思いで、ドイツ・スイスの森の旅へと出かけた。

約十日間をかけてドイツ南部のＢＷ州とスイス各地を駆け足で回り、様々なタイプの森や施設を見て、現場で働く人たちに話を聞いた。多くの発見や気づきを得る機会となったが、中でも感銘を受けたのは、森づくりを支える「人」を育てる教育システムだった。

ドイツ・スイスでは、連邦・州政府職員などの行政職員、市町村職員、森林作業員とそれぞれの職種に応じた教育課程が用意されており、そこで学んだ者が各現場で活躍していた。例えばスイスでは、「現場フォレスター」と訳されている職種（日本で言えば、市町村フォレスターと森林施業プランナーを合わせたような立場）がある。これは第４章でいうドイツの森林管轄区森林官に近い立場にある公的フォレスターだが、森の価値を高める将来木施業や、森林保全に配慮しながら効率的な施業を行うなどの現場実践において、彼らが決定的な役割を果たしており、彼らの存在が現場の質を担保する基盤になっていることを知った。このポジションに就くには、中学校を卒業後、「デュアル・システム」と呼ばれる、現場で働きながら定期的に学校に通う過程を経て、全寮制のフォレスター学校に二年間通うことが必須になる。日本のフォレスターや森林施業プランナーのように、正規の森林教育を受けていなくてもなれるような中途半端な職種ではないのである。現地で、生き生きと森の話をする現場フォレスターの姿を見て、日本とのあまりの差に悔しい気持ちになった。

日本にも、大学森林科学科や林業大学校、農林高校など林学を教える教育機関はある。しかし、多くの学校では現場との繋がりが切れてしまい、実務者教育が十分にできないのが現状だ。今回の旅を通して、人づくりこそ、これからの地域森林管理の鍵になると確信を得たが、この現場と教育の「切れた鎖」を、どう繋ぎ直せばいいのか。ここを豊田市は真剣に考えなければいけないと、帰国の機上で、窓から見えるヨーロッパの大地を見ながら思った。

岐阜県立森林文化アカデミーとの出会い

しかし、日本の大学教育改革などは自治体レベルでは手が付けられない課題である。そうであれば、既存の教育制度を前提としつつ、地域と教育機関が手を組んで独自の育成システムを作るべきだと考えた。そこで、就業後教育に焦点を絞り、まずは豊田市の森づくりのキープレイヤーである、豊田森林組合職員の育成に取り掛かることにした。基本的な教育制度は違うが、日本の既存の教育機関と有機的に連携することで、スイスに迫るような教育水準で人材を育成できないかと考えたのである。

日本の就業後研修には、准フォレスター研修（二〇一四年度から技術者育成研修）や森林施業プランナー育成研修、国や県の研修・研究機関が行う基礎研修などがある。私も二〇一三年度に准フォレスター研修（中部ブロック）、標津町時代に森林施業プランナー育成研修を受講したことがあるが、全国単位の研修ではどうしても一般的な内容にならざるを得ず、基礎知識の復習にはなるものの、地域の多様性を十分にすくい取ることができずに、実践型の研修にはなっていないと感じた。

この課題を解決するために検討を重ね、そこで浮かび上がったのが、岐阜県立森林文化アカデミー（以下「森林文化アカデミー」）だった。森林文化アカデミーは、一七人の専任教員を擁する日本でも屈指の林業大学校（専修学校）で、二〇〇一年の開校以来、充実した教育カリキュラムを提供してきた実績がある。豊田市が目指す将来木施業などを指導できる教官が在籍し、豊田市から車で一時間半以内と、その距離的近さも大きな魅力だった。

以前から交流のあった中村幹広氏（当時森林文化アカデミー職員）に橋渡し役をお願いし、二〇一六年十二月の初訪問を皮切りに連携協議を始めた。二〇一七年には計四日間のプレ研修を実施し、研修内容や運営方法について感触を確かめた。県境を越えた連携に一部の関係者からは戸惑いの声もあったが、森林文化アカデミーの学長をはじめスタッフの方々の力強い後押しがあり、話を前へ進めていくことができた。そして二〇一八年三月五日、森林文化アカデミー・豊田森林組合・豊田市の三者は、人材育成に関する連携協定を結んだ。ついに、森林文化アカデミーと連携して、豊田市の森づくり人材を育成する環境が整ったのである。ターゲットは、現場に応じた施業提案や現場管理を行う森林施業プランナーの育成だ。

独自の森林施業プランナー育成研修

二〇一八年度から始まった森林文化アカデミー研修は、計二十日にわたる研修プログラムを二年間で計画的に実施するもので、豊田森林組合の三十～四十代のリーダー候補職員六人が研修生に決まった。スイスのデュアル・システムをイメージして、現場で働きながら職員が定期的に森林文化アカデミーに通い、現場で感じた疑問を教官にぶつけて指導を仰ぎ、その結果を再び現場で試すという往復作業によって研修効果を高めようというものである。一日の研修の基本パターンは、午前中は講義、午後は現場実習である。

初年度になる二〇一八年度の研修プログラムは表2のように、「森林の基礎」から「将来木施業」「森林のゾーニング」「道づくり」などの研修項目がある。これらは豊田市の新・森づくり構想の主要施策を、そのまま研修項目にスライドさせて組むように森林文化アカデミーにお願いし、豊田市が目指す方向性と研修内容を合致させた。来年度は、これらの項目に木材流通・販売の研修項目を加えて二年通しの研修として体系立てる予定だが、この研修のポイントについて触れていきたい。

表2　森林施業プランナー育成研修プログラム

新・森づくり構想に沿った研修プログラム（2018年度）で、デュアル・システム（理論と現場を往復すること）で研修効果を高める。

	第1回		第2回				第3回		第4回	第5回	
通し番号（No.）	1	2	3	4	5	6	7	8	9	10	11
開催日	6月13日（水）・14日（木）		7月31日（火）〜8月3日（金）				10月11日（木）・12日（金）		2月27日（水）	3月6日（水）・7日（木）	
研修名	森林の基礎		森林の基礎	目標林型と将来木施業	作業システムとコスト分析		森林のゾーニング・壊れにくい森林作業道		壊れにくい森林作業道	目標林型と将来木施業	森林のゾーニング
研修内容	【講義】 ●森林組合の森づくり ●森林の構造と動態 ●林木の成長と森林の発達 【実習】 ●演習林の森と樹種判別		【講義】 ●目標林型の考え方 ●残念な施業 【実習】 ●樹木同定テスト	【講義】 ●豊田市の森づくり方針と施業方法 【実習】 ●目標林型に向けた選木	【講義・演習】 ●生産システムの選択、生産性やコスト分析 ●損益計画の検討 【演習】 ●ビジネスゲーム（事業地の設計、事業収支積算ほか）		【講義】 ●山地災害リスクを考慮した森林ゾーニング ●壊れにくい森林作業道の作設技術 【実習】 ●ゾーニング ●危険地区の見分け方		【講義】 ●前回の振り返り 【実習】 ●森林作業道の線形検討	【実習】 ●研修生の各モデル林の視察（将来目標の設定と選木）	【実習】 ●グループに分かれ現地ゾーニング
場所	森林アカデミー		森林アカデミー				豊田市		豊田市	豊田市	

研修編成のポイント

研修ポイントの一つ目は、「豊田市」という地域にこだわったことである。今回の研修の目的は、豊田市の地域事情を踏まえた上で、豊田市で実践すべき考え方や技術を身に付けることにある。このため、新・森づくり構想に沿った研修項目にすることはもちろんのこと、事前打ち合わせを重視し、講師との意識共有を十分に図ることを心掛けた。例えば№4と№10は将来木施業の研修だが、担当する横井秀一教授には豊田市の現場に何度も足を運んでいただき、花崗岩や急傾斜地など豊田市の地質・地形などの特徴を押さえた上で、研修内容を練ってもらった。「郷に入れば郷に従え」の諺のように、豊田市用の講義をしてもらいたかったからである。研修の豊田市開催日を増やすようにお願いしたのも、同様の理由だ。

また、研修生の方々の顔ぶれを見ながら、必要な研修項目について豊田サイドからも踏み込んだ提案もした。№5と№6は作業システムとコスト分析の研修だが、事前のヒアリングで研修生の木材生産への関心が高かったことから、研修編成の打ち合わせの際にリクエストし、この項目を研修メニューに組み入れてもらった。

同じく、№3の樹木同定テスト（図4）も、このようなやり取りから生まれた。「今さら樹木同定？」と思う読者もいるかもしれないが、針葉樹造成の経験しかなく「スギ・ヒノキしかわからない」「その他は雑木」という林業技術者が日本には意外と多い。豊田市がこれから目指していく針広混交林への誘

図４　「森林の基礎」の回で実施した樹木同定テスト
広葉樹も含めた将来木施業には、樹木同定能力が必須となる。

導や有用広葉樹の育成のためには、広葉樹も含めた樹木同定能力が不可欠になるから、こうした現状では困るのである。このため、№１と№２で演習林での樹種判別演習から№３の樹木同定テストという流れの研修項目を加えることになった。

ポイントの二つ目は、「実践型」の研修にこだわったことである。このための工夫として、研修地をそのまま事業地化することにした。例えば№９は、臼田寿生専門研究員が講師を務める道づくりの研修だが、豊田市を研修地とし、各研修生が現場踏査をしつつ作業道の線形検討を行う予定である。この研修では、講師の指導を受けながら線形を決定することになるが、その線形で翌年度に実際に工事を実施し、完成後に事後評価研修を行うという組み方をした。事後評価まで研修の中で行うことができれば、事前のイメージと実際のズレを確認するなど課題点がより明確になり、技術力をさらに高めることができる。日本の研修は研修会場で学んで「それでおしまい」型がほとんどだが、研修と実際の事業を繋げることで、完全なる「実践型」にしてしまおうという試みだ。また、市内にモデル作業道が一つできることで、研修生以外の森林組合職員や森林所有者への波及効果も期待できる。

ポイントの三つ目は、長期的な育成の視点を組み込んだことである。今回の研修は二年通しのもので、単発や単年度で終わる既存の研修事業と比べると長いものではあるが、それでも決して十分ではない。このことから、研修スタートに合わせて、各研修生が持つ「モデル林」という仕組みを別に作ることにした。モデル林は、各研修生が長期（最低十年）にわたって施業トレーニングを行う場で、研修生の所有林または市有林等に設置する。将来木施業研修の研修地としても使用し講師からアドバイスを受けることができるが、主目的としては研修生が長期にわたって森を観察し、将来木施業を実践していくフィールドである。

スイスの現場フォレスターで、日本にも度々来日し指導をしているロルフ・シュトリッカーさんは、森の見方のポイントとして森の現在・過去・未来について見ていくこと、そして森を観察し続けることの重要さを強調している。今回のモデル林はこのような観察の場であり、研修生が目標林型を設定し、それを目指した施業を行い、思い通りに森が変化していくかどうかを観察し、反省があるなら修正して次回の施業に繋げていく試行錯誤の場になる。二〇一八年度に設置した六カ所のモデル林は、木材生産林（長伐期型）や針広混交誘導林（混交型）、利用天然林など、立地や林分状況に応じて様々な目標林型になったので、まさに豊田市の多様な森に対応した「モデル林」にすることができたし、それを扱うことのできる人材育成の第一歩を踏み出すことができた。

現在は二〇一八年度の研修中だが、研修生は既に様々な刺激を受けている様子で、二年間の研修でそれらを自分の中で消化し、研修が終わる頃には、日常業務の中で目に見える形で研修効果が出てくることを期待したい。またこれとは別に、実際に森で作業する森林作業員や、広域森林を扱う市町村フォレスターを育成する仕組みづくりも、今後検討していきたい。

市町村を横に繋ぐ

平成の大合併は、市町村森林行政に大きな変化をもたらした。近隣の複数の市町村が一緒になったことで、全国各地に広大な森林を有する「森林都市」が誕生したのである。例えば豊田市は、二〇〇五年の合併で旧豊田市と比べて森林面積は六倍以上に拡大し、人口が集中する都市部と広大な森林の広がる山間部という二つの特色ある地域を持つ市になった。人工林面積は神奈川県と同規模であり、市町村でありながら、県レベルの森林行政を求められるようになったのである。岐阜県高山市も合併により、日本一の森林面積を誇る市になった。しかし、広域森林管理の課題は多様で、また近年の地方分権化への対応で、組織の体制強化が追い付いていない自治体は多い。

そこで、市町村の横の連携によって市町村林政を盛り上げようと、中部地方の市が中心となり、「近畿・東海・北陸市町村森林フォーラム」（以下「森林フォーラム」）という、ゆるやかな組織をつくるこ

図5　福井市で開催された2018年度の森林フォーラム

とにした。合併を経験した自治体などが集まり、お互いの抱える課題や情報を共有し語り合うことで、課題解決を図っていくことを目的としている。スタートしたのは二〇一四年度。金沢市・富山市・福井市・高山市・飛騨市・郡上市・津市・豊田市などの自治体が自主的に参加し、開催場所は持ち回りで、会議と現地視察をセットにして年一回のペースで実施している。

協議テーマは、「ゾーニング」「森林所有者の意識、合意形成」「森林の境界」「森林保全の独自ルール」「森林情報の整備、林地台帳」「地域材利用」「森林環境譲与税」などで、森林管理にかかる多様なテーマについて議論をしている。

議論に参加して印象に残るのは、一定規模の人口を抱える市が主要メンバーなことから、「都市部」や「都市住民」に対する意識が高いということである。普段は森と接することがほとんどない都市住民に対して、森の役割についてどう知ってもらうか、森とどう関わってもらうかなどについて問題意識を持ち、市民を対象にした森林整備体験イベント、市産材を使った木工教育、森林写真コンテスト、小学生を対象にした出前講座、民間企業と連携した取り組みなどに力を入れている自治体は多い。これまでの森林管理は、森林所有者や林業界など内輪に対する意識が強く、政策形成もその延長で行われてきた傾向があるが、森林フォーラムの「都市型森林管理」への志向は、これからの日本の森林管理にとっても重要なテーマになるであろう。

大学へのPR活動

森林フォーラムのスピンオフ企画として立ち上がったのが、中部地方の大学を巡る市町村森林説明会である。これは、森林を学ぶ大学生をターゲットに、市町村の森林行政の実際と仕事の魅力について知ってもらおうという目的で、二〇一七年度からスタートした。森林フォーラムの自治体の有志が大学を訪問し、各市の森林や仕事内容についてのプレゼンと学生との意見交換を行うイベントである。まだ始まったばかりの取り組みだが、これまで名古屋大学と信州大学で開催した。例えば信州大学では、二〇一八年十月二十四日に、三木敦朗助教（信州大学）にコーディネートをお願いし、学生ら計二五人の参加で行った。

学生らの反応を見ていると、市町村森林行政の知名度はまだかなり低い段階にあり、ましてや、市町

図６　市町村森林説明会
会場では各市のブースを設け、学生と直接コミュニケーションを図っている。
（写真提供：郡上市）

村フォレスターの仕事についてはほとんど知られていないということがよくわかる。森林系の公務員と言えば国や都道府県職員を思い浮かべ、その知名度には遠く及ばないのが現状であろう。森林所有者との距離も近く、現場を動かすダイナミズムを感じられる市町村の仕事の魅力を発信し、森林系学生の就職先の一つとして市町村が選ばれるような環境をつくっていかなければいけない。市町村職員が自らの声で、学生たちにその想いを伝える場として、市町村森林説明会を今後も継続していきたい。

可能性は地域にある

ここまで、市町村フォレスターとして私が取り組んだ事例をいくつか紹介してきた。標津町の河畔林保護と豊田市の人材育成などはテーマこそ違うが、「地域の実情を見て、その地域に必要な施策を打つ」という姿勢は変わっていないつもりだ。国や都道府県の施策に振り回されることなく、科学的な視点を取り入れながら、地域の実情に適った森づくりを実践するのが、市町村フォレスターのあるべき姿だと考えている。意欲的な市町村が、それぞれの地域で個性的な森づくりを展開し、各地のロールモデルになることができれば、周辺自治体を刺激して日本全体の森も良くなっていくだろう。

ところで、本稿で使ってきた「市町村フォレスター」というポストは日本では公式には存在せず、それどころか、多くの市町村では林業職を採用する制度自体を持っていない。事務職として採用された一般職員が、人事異動の中で一定期間、森林・林業の業務に従事するというのが市町村林政体制の現状だ。専門家が「市町村森林行政の脆弱性」と指摘する背景には、このような市町村の人事制度の問題がある。

しかし、変化の兆しはある。平成の大合併による森林面積増加や地方分権化への対応などを契機に、専門の林業職を採用する市町村が出始めているのだ。高まる市町村への期待に、専門職がいないと森林行政を前に進められなくなっているというのが実情であろう。森林フォーラムに参加している金沢市・富山市・福井市・郡上市・豊田市には、既に林業職採用の職員が複数在籍している。石崎（二〇一二）によると、全国の市町村の六%、五三の自治体が林業職採用をしたと回答し、今後もそのような自治体は増えていくと予想される。市町村森林行政がパワーアップしていく前向きな動きとして捉えたい。

参考文献

浜田久美子　二〇一七　スイス林業と日本の森林　築地書館

保安林制度百年史編集委員会　一九九七　保安林制度百年史　日本治山治水協会

石崎涼子　二〇一二「平成の大合併」後の市町村における森林・林業行政の現状　林業経済　六五（六）

柿澤宏昭　二〇〇四　地域における森林政策の主体をどう考えるか―市町村レベルを中心にして―　林業経済研究　五十（一）

柿澤宏昭　二〇一八　日本の森林管理政策の展開――その内実と限界　日本林業調査会

鈴木春彦　二〇一九　新・豊田市１００年の森づくり構想と人材育成　森林利用学会誌　三四（一）

第7章 多様な森林経営を実現させるための技術者育成

横井秀一

森林の底力を引き出すのは経営と施業の多様化

多様な森林経営と森林施業は、林業界に漂う閉塞感を打破し、林業を活性化する。私が持つ仮説である。

国の補助金のあり方が示すような林業の大規模化だけが、日本林業の進む道ではない。一方で、日本の林業を救うのは小規模な林業――自伐型林業であるという意見があるが、それだけでいいとも思えない。どちらも、それが唯一の林業のあり方だと考えるのは危険である。日和見的との誹りを免れないだろうが、どちらが正解というものではなく、どちらも必要である（ただし、大規模化を進める施策や現場の対応が今のままでいいとは思わない。それについては後述する）。序章にみた速水林業のように、様々な地域で、多くの人が、いろいろな林業を実践し、また模索している。それらを含め、さらに新しい考え方・手法を含め、もっといろいろなあり方が共存する林業界になればと望んでいる。目指すは「林業の成長産業化」ではない。目標とすべきは、「林業の成熟産業化」である。

林業が産業として、あるいは生業として成り立つには、森林から富を生み出さなくてはならない。その方法は、木材を生産して売るのが基本であるが、森林空間を売ることもできるし、森林景観を売ることができるかもしれない。既存の市場《しじょう》を相手にするにしても、新たな市場を開拓するにしても、顧客が欲するモノや受けたいサービス、あるいはそのセットを提供すれば稼ぎになる。市場が広がれば、新たな需要も生まれる。森林には、需要が拡大・多様化してもそれに応えられる底力がある。その力を最大限に引き出すためには、森林経営や森林施業の多様化が必要である。

多様な森林経営を展開するということは、個々の経営がそれぞれ独自路線を歩むということを意味する。その経営を支える森林施業についても然りである。すなわち自立であり、自律である。これは、他者と違うことをしなければならないということではない。自ら考え、行動するということである。自分（たち）の考えや現場に合致するなら、他の事例を真似るのもいいし、施策に乗っかるのもありだ。ただし、責任は決断した自分たちにあることを忘れてはならない。ちなみに日本の民有林には、人工林であっても経営主体が不在の森林が多く、そこでの作業は請負で行われている。こうした森林でも、多様な施業に取り組むことは可能であり、それに挑戦する者こそが森林所有者に代わる経営主体になり得るだろう。

経営・施業の多様化を阻む要因

残念ながら、現状の森林経営や森林施業が多様だとは思えない。何が多様化を阻んでいるのか。私が思う幾つかの要因を挙げてみよう。その要因は、今の林業界における問題点であり、既に多くの人が指摘していることでもあり、本書の中でも指摘されているが、ここで改めて整理してみたい。

①行政に端を発する要因

画一化を助長する施策——国は、補助金という飴で、自らが目指す方向へと施策誘導する。都道府県や市町村も、補助金の上乗せなどを通じて、それを加速させようとする。結果、補助金に頼る現場は画一化に向かう。しかし、その方向は国が考えたものであって、必ずしも経営・施業の主体が考え、望んだものではない。これにより、多くの現場が思考停止状態に陥っている。

コロコロ変わる施策——林業は、時間とお付き合いしていく産業である。林木には、生きてきた証——時間と撫育の結果——が刻まれる。経営・施業の主体は、そのことを頭に置いて施業をデザインし、実施する必要がある。しかし、あたかも「林業はその場しのぎを繰り返せばよい」というメッセージを発するように、行政施策の方向性がコロコロ変わる。これでは、現場が一所懸命に考え行動しようとする気持ちを萎えさせてしまうのではないか。

技術的合理性を欠く施策——どう見ても希望的観測をしているとしか思えない、技術的合理性に欠ける施策がある。こうした施策を打ち出すことも、現場を思考停止にさせてしまう。さらに、実効性に疑問がある作業に補助金を注ぐ罪も大きい。

②現場にはびこる要因

施業という意識のない作業——森林施業は、大きく見ると更新・保育・収穫からなり、これらには複数の作業が含まれる（例えば、保育には下刈り・雪起こし・除伐・つる切り・枝打ち・間伐といった作業がある）。生産目標に合わせて必要な作業を組み合わせていくことが大事で、これが経営のあり方にも繋がる。これらの作業は森林の発達に応じて順に施され、前作業の結果は後作業に影響する。しかし、森林施業では作業と作業の時間間隔が長いので、その連続性を意識するのが難しく、どうしても目の前の作業しか目に入らなくなる。施業という全体像の中に作業を位置づけることが、なかなかできない。それぞれの作業を別の人が行うことも普通で、異なる組織が請け負うことも珍しくない。これでは、一貫性のある、また効率的な施業にはならない。

目的不在の作業——補助金のメニューがあるから作業した（民有林）、事業メニューがあるから作業した（国有林）、としか考えられない現場を見ることがある。作業によって何をどうしたいかが見えないのである。せっかくの仕事が、必要のない無駄な作業、あるいは意味のない作業になってしまっているのだ。更新作業や保育作業の結果（効果）は、作業完了直後ではわからない。数年～十数年、時には数十年の先でしか評価できない。作業の必要性・妥当性を判断するには作業後の未来を予測しなければならないのだが、その必要性に気づかない、また予測する能力のない現場が多い。必要性がない作業をするのは、所有者と国民（補助金や予算の原資は税金）を欺く行為でもある。もちろん、こうしたメニューを提供する側の責任も重い。

補助金合わせの作業――各々の作業は、現場の状況や目指すものによって最良な方法が異なる。しかし、補助金の採択要件がそれに合致しているとは限らない。その結果、最善を捨て、補助金の要件に合わせて効果の低い、あるいは無駄な作業をすることになる。

粗い作業――間伐時に残存木を傷つけたり、道がすぐ壊れたりなど、粗い仕事を見ることがある（それがはびこっているわけではないのは救いだが）。粗い仕事は、作業を監理する人（経営者を含む）と実施する人、両者の倫理観や技術力に問題がある。

③根っこにある共通の問題

林業の多様化を阻む要因を行政と現場に分けて挙げてみたが、双方は互いに関連し、そこには共通の問題が幾つか潜んでいる。それらは、林業の多様化にとどまらず、これからの日本の林業のために取り除かねばならない問題でもある。

理念（哲学）の欠如――行政にしても現場にしても、行動を支える規範が必要であり、その規範は職業倫理に則ったものであるべきだ。しかし残念なことに、林業界には明文化された職業倫理がなく、そこが個々人の資質に任されている。理念を醸成するための教育も十分でなく、理念を問うような資格試験なくして職に就けてしまう。

エビデンスの欠落──科学的知識の不足と合理的思考の欠如が、エビデンスの欠落を招いている。林業技術は、科学的根拠に則った合理的なものである（経験則に基づいた技術でも科学的に説明できるはずである）。このことは、第8章の正木の主張を読んで考えていただきたい。一方で、経済性を無視しては経営が成り立たない。経営・施業は、技術的合理性と経済的合理性を併せ持つ必要がある。

技術の軽視／無理解──林業の仕事の大部分は、自然が相手である。先述の通り、科学的根拠に基づいた技術が仕事を支えている。どんなに素晴らしいアイデアがあっても、自然に対応したものでなければ実現はできない。すなわち、合自然的な技術なくして林業は成り立たない。技術を尊重し、技術を磨くことが大切なことは自明であるが、現状ではそれが十分にできていない。

真の林業技術者を育てる教育が必要

これらの問題点を突き詰めていくと、問題の原点は「人」にあることに気づく。制度をつくるのも、林業振興に取り組むのも、組織で施業を計画・実施するのも、現場で作業するのも、全て人である。林業は、本能に基づく行動ではない。その行動には人の意志が働く。そこに生じる問題は、全て人が下した意思決定の結果である。結果に問題があるなら、それは意思決定の過程やその根拠に問題があるということだ。この現状を打開するには、「エビデンスに基づく合理的な判断」による意思決定が当たり前に行われる世界を実現する必要があると強く思う。これは、林業に関する全ての職種、全ての現場に共通する。

この当たり前を実現するには、林業技術者がエビデンスに基づく合理的な判断ができる能力と習慣を身に付けていなければならない。日本の林業界に欠けているのは、これではないだろうか。日本では、林業関係の職に就くための資格制度がなく、専門教育を受けなくても林業技術者としての職に就ける。林業技術を提供するプロフェッショナルが、これでいいわけがない。日本林業の最重要課題は、真の林業技術者を育てるための教育であると言ってもよい。

最も理想的なのは、技術者が持つべき資質・能力を職種ごとに明確にし、資質を高め能力を獲得するための教育制度と、職に就くために資質・能力の具備を確認する資格認定制度を構築することである。林業先進国と目されるドイツ・オーストリア・スイス・アメリカなどには、こうした人材育成と人材登用の制度がある。悲しいかな、日本でこのような制度を導入するには、国家のあり方を変えるくらいの覚悟が必要で、現実的ではない。

なら、今の日本で何ができるだろう。いろいろな機会を駆使して、林業技術者を育てる教育（研修を含む）を実施するのが現実的だと考える。その教育には、就業前教育と就業後教育がある。それぞれを展望してみたい。

大学――広い視野と高度な専門知識を持つ技術者の育成

林業や森林について学べる大学は、二〇一八年現在で二八校ある（林野庁、二〇一八）。林業人材の育成における大学の使命（研究者の育成は除く）は、幅広い分野の知識を持ち、自らの専門分野の高度な技術的知識を持つ専門家の育成である。しかし、日本の大学から「林学科」の名称が消え、林学科を設置していた大学では、林学に関する体系的なカリキュラムが消滅したり、関連科目数が減少したり、さらには関連分野の教員数が削減されたりして、林業の専門技術者を育成する体制が整っているとは言えない。この状態では、専門知識に長けた林業技術者の育成は十分に行えず、林業教育を行える人材も育てられない。大学をはじめとする林業教育崩壊の危機が叫ばれる（大石、二〇一八）ゆえんである。

大学が育てる林業技術者が活躍する職種は多岐にわたるが、その中で国や地方公共団体の林業技術職（行政職であっても技術者としての能力が必須）への人材輩出は大学の重要な役割である。単に公務員試験に合格すればよいというものでなく、格調高い政策を立案できるだけの技術力と洞察力・創造力、そして広い視野で物事を捉え・考えられる資質を備えた人材が公務員に登用されてほしい。大局観を持ちながら、現場での実現可能性を見据えた政策を立案し、実効性のある施策を企てられる公務員が必要なのだ。大学には、この要求に応える教育を施す責務がある。

関連する大学の全てに林業教育のカリキュラムの復活や充実を求めても、それは無理な相談であろう。一方で、林業は地域性の高い産業であるので、地方ごとに教育拠点は必要である。全国を幾つかの地方ブロックに分け、それぞれに最低一校は体系的な林業教育を実施する大学とする集約化を実現できないものだろうか。

林業大学校——エビデンスに基づく判断ができる技術者の育成

二〇一八年四月現在、全国に一六校（全国林業短期大学校連絡協議会に加盟している機関）の林業大学校がある。二〇一一年度に五校だったので、二〇一二年からの七年で一一校が増えたことになる。ここで言う林業大学校は総称で、各校の名称は、〇〇大学校・〇〇アカデミー・〇〇カレッジと様々である。全て、公立もしくはそれに準ずる形態で運営されている。認可のされ方で専修学校（専門学校）・各種学校・研修機関と分かれるが、その違いで教育の質が左右されることは、基本的にはないと考える。

林業大学校では、樹木・森林・木材に関する基礎知識から、林業技術、時には林業経営に及ぶことまで、主に林業の現場で必要となる知識・技術・技能を習得することを目標としている。修学年数は一〜二年で、実習に重きを置いたカリキュラムが組まれている。二年制と一年制とでは、学びの広さや深さに差が生じる可能性はある。学ぶ時間が倍も違うのだから、それは致し方ないだろう。

林業大学校が増える背景には、林業の現場における深刻な人材不足がある。しかし、林業大学校の意義を数の充足という視点で語ってはいけない。その一番の意義は、現場においてエビデンスに基づく合理的な判断で行動できる技術者の育成だと考える。日本では、例えば、間伐時の選木は伐採作業員が行うことが多い。したがって、伐採作業員は選木技術を有する必要がある。すなわち、林木の成長や森林の発達に関する基本的なことと、それを間伐によってどう制御できるかを理解している技術者でなければならない。林業大学校は、そのことをよく理解し、教育カリキュラムを構築しなくてはならない。

林業大学校には、自分と仕事の相性を就業前に見極められるという意義もある。加えて、就業前に林業界の諸々を知ることができ、覚悟を持って就業できる。これらのことで就業後の離職が減れば、本人と雇用主の双方にとってのメリットとなろう（全国林業改良普及協会、二〇一七）。林業大学校の多くは、インターンシップに力を入れている。それにより肌感覚で現場を知ることができる。授業での様々な現場見学も、自分に合った仕事を見つけることに一役買っている。

林野庁は、林業現場への新規参入者を増やすため、二〇〇三年度から「緑の雇用」事業を展開し、数の上では一定の成果を上げている。しかし、就業後三年間の研修制度が組み込まれているとはいえ、この事業は素人を林業現場に引き入れる施策である。一方で、林業大学校の卒業生が就職する場合でも、この事業に乗ることが多い。少なくとも、三年間の集合研修で身に付けさせようとしている知識・技能は、既に学校で学んでいるのにである。知識や技能を学んできた者は相応の扱いを受けて然るべきであるが、現実はそうなっていない。技術者（の技術レベル）を正当に評価する仕組みをつくる必要がある。もちろん、林業大学校はそれに応えるだけの知識・技能を身に付けられる教育を施さなければならず、また、卒業の認定も厳しくしなくてはならない。

林業界も、就業前教育の重要性に気づく必要がある。かつて多くの林業現場で、現場作業の仕方は親方から弟子に、先輩から後輩に、ＯＪＴによって伝えられていた。背中を見て習え、ということもあっただろう。このような経験知・暗黙知による就業後教育は、ベテラン技術者の減少により、成り立たなくなってきている。また、危険が多い現場仕事に対する労働安全衛生の観点からの改善、大型林業機械・高性能林業機械を使った作業システムの構築、施業の多様化など、これまで経験していないことに対応する必要もある。知識知・形式知による体系的な教育の重要性は増すばかりである。

社会人研修──目標に合わせたプログラムによる技術者のスキルアップ

残念ながら日本の林業界には、本当の意味での林業技術者と呼べる人材が不足している（横井、二〇一八）。数の問題もさることながら、深刻なのは質の問題である。森林総合監理士や森林施業プランナーなどの有資格者であっても、十分な技術力を有しているとは限らない。この問題を解決するには、社会人に対する再教育が有効であろう。既に技術者として働いているのだから、ある程度の知識と経験は持っている。加えて、山を良くしたいという意欲があり、また性格のいい人も多い（あくまで筆者がいろいろな方に接して持った感想であるが）。このままでは、如何にももったいない。

再教育は、十分に時間を取った体系的なものであるに越したことはないが、現状でそれを実現するのは難しいであろう。したがって、短期（一〜数日）もしくは中期（一〜数週間）の研修に期待せざるを得ない。林業技術に関する研修は、今でも数多く行われている。ただ、それらの研修が目的を果たしているかと問われれば、必ずしもそうではないと答えざるを得ない。研修のあり方を含めた議論が必要である。紙面を少し割いて、研修について考えてみたい。

就業前教育と違い、短期・中期の社会人研修なら、できることから始められるという利点がある。最終的には研修制度の構築を目指したいところであるが、まずは動けるところから動けばよい。心掛けるべきことは、研修の目的を明確にし、その研修における到達目標を設定し、それに合わせたプログラムをつくることである。もちろん、研修を担当する講師も、相応の自覚を持ちたい。

言わずもがなであるが、社会人研修の受講生は社会人、すなわちそれぞれが現場の仕事（行政サービスを含めた広い意味で）を持っている。したがって、受講生はその仕事に役立つことを期待して研修に参加する。あるいは、組織の経営者や上司が、それを期待して職員を研修に送り込む。ここで大事になるのが、研修を企画・運営する側と受ける側との、意識あるいは研修内容やそのレベルのマッチングである。

①研修にかかる費用・時間を投資と捉えることができるか

そのマッチングを考える時に押さえておきたいのは、「誰が、どんな意図を持って研修を企画するか」である。林業分野における社会人研修の多くは、林野庁あるいは都道府県が企画している。その場合、どうしても行政側の強い想い、例えば「こんな制度をつくったので理解してほしい」とか「自分たちが考える林業を実現するために、こんなスキルを身に付けてほしい」という想いで研修が企画されがちである。そのため、押し売り的な研修に陥るきらいがある。

行政が直接的あるいは間接的に提供する研修は、多くの場合、受講料はタダである。時には受講生に教材が無償で提供されたり、交通費が支給されたり、受講生の所属事業体に賃金補償がなされたりすることもある。確かに受講生本人や組織にとって金銭的負担は軽くなるが、これが正常な姿であろうか。研修は、受講生の自分自身への、あるいは組織の従業員への投資であるはずだが、これではその感覚は持ちにくい。これは、受講する側の姿勢に影響する。一方、研修を提供する側にもコストは発生する。企画・準備段階から運営と事後処理にかかる人件費、講師に支払う報酬（報酬が不要な講師の場合でも人件費はかかる）、会場費などである。研修費が無料の場合、こちら側のコスト感覚も甘くなる。やはり、研修に向かう姿勢に影響はあるだろう。お気づきだと思うが、多くの場合、これらの費用は税金で賄われている。

研修関係者は、もっと真摯に研修のあり方を考えなければならない。提供する側・受ける側の双方にとって、どんな研修が本当に必要なのか、どんな研修なら成果が上がるのか。今まさに、過去の研修を検証し、新しい研修の姿を模索する必要がある。手前味噌になり申し訳ないが、自分が関わった事例を通して少し考えてみたい。

②地方自治体からの要請によるオーダーメイドの研修

第6章で鈴木が紹介しているように、私が勤める岐阜県立森林文化アカデミー（以下、森林文化アカデミーとする）は豊田市からの要請を受けて、豊田森林組合の精鋭技術者を対象とした研修を実施している（二〇一八年現在）。研修の詳細は前章をご覧いただくこととして、ここでは研修の講師から見たこの研修の意義を考えたい。

この研修の最大の売りは、依頼者（豊田市）の要望に応じたオーダーメイドの研修だということである。研修の企画段階から講師が加わり、いろいろなアイデアを出しながら研修の形（各講師が担当するプログラムと、それらを組み合わせながら時間軸に並べたカリキュラム）をつくったのである。この過程において、研修の目的と趣旨が共有できていることと、双方が高い意欲（依頼者側は目的意識と真剣さ、講師側はやりがい）を持っていることが重要だと感じた。各プログラムにおける講義・実習の基本部分は、専修教育の授業や技術者研修を通じて各講師が既に持っているものの中から選択した。その意味では、パターンオーダーと言える。それを豊田市の目指す森林管理の考え方に沿って、また豊田市の森林・立地の状況に合わせてアレンジし、実際の現場をモデルにした実践を加えた。このあたりは、フルオーダーに近い。研修実施主体が企画する、ともすれば押し売り型になりがちな研修とはひと味違う研修と言えよう。

この研修の依頼者は豊田市という行政であるが、市の担当職員が常に研修に同行し（一緒に研修を受けているようなもの）、受講生とコミュニケーションを取っている。また、受講生は研修を終えてからの自らの役割を理解して研修に参加している。おそらく、受講生にはやらされ感がないと思う。こちらも講師をしていて、やりやすいし、やりがいがある。

ちなみに、この研修では依頼者に相応の費用負担をしていただいている。

③現場からの技術相談の延長線で実現した研修

もう一つ、押し売り型ではない研修の例を紹介する。私たちが実施した、広葉樹林施業の研修である。この研修は、市町村や現場から広葉樹や広葉樹林の取り扱いに関する技術相談が増えたことに対応するため、県庁が予算化したものである。ただ、県庁は予算化しただけで、あとは研修実施主体である森林文化アカデミーに丸投げである。これがよかった。研修の設計が、こちらでできたからである。

まず、受講生に想定する技術者（行政職員を含む）が広葉樹・広葉樹林を扱う上で足りないものは何かを考え（答えは既に持っていたが）、前半でそれを室内と現地での講義で提供した。この部分は、こちら側の意向が強い押し売りである。その上で、後半は受講生が持つ現場に場所を移しての演習とした。こちらは、受講生の要望を聞きながらつくっていった部分である。したがって、研修がスタートした時点で、後半部分の実施場所やどんな森林の何を見るかは決まっておらず、イージーオーダーに近いものになった。

目的意識を持った人が集まったこともあるが、受講生は皆、自分事として研修に取り組めたのではないかと思っている。当初、受講生には林業事業体の技術者を想定していたが、県職員が何人も応募してきた（中には研修参加の理由付けができない部署にいるために休暇を取って参加した人もいた）のは想定外であった。

④行政主体の研修を実効性のあるものにするには

繰り返しになるが、林業界の研修の多くが行政から提供されている実態を考えると、まずは、これに実効性を持たせることに取り組む必要がある。行政の悪い癖に、前例踏襲のルーティンに陥りやすく、その過程で思考停止になってしまうことがある。これは、研修の企画・運営にも当てはまる。まずは、これを改めよう。以前の研修で受講生の様子を見たり、アンケートを取っていたりしているはずなので、それをもとにカリキュラムや担当講師の見直しをすることは、最低限のすべきことである。

講師に研修の目的・趣旨をきちんと伝えることも不可欠である。できれば企画段階から、想定される講師と議論しながら研修の形をつくることができれば申し分ない。研修企画者には、ぜひ講師間の意思の疎通を図ることも考えてもらいたい。企画者が間に入ってもいいし、そのきっかけをつくるのでもいい。それにより、各講義に流れができ、講義内容の重複や欠落を防ぐことができる。先日に講師を引き受けた某研修所の研修で、三人の講師が互いの講義スライドを交換しながら、講義内容がダブらないようにしたり、前の講義を受けての話にしたり、次の講義に繋がる情報を入れたりしたことがある。そのお陰で、流れのある講義になり、各々が持ち時間を有効に使えたと思う。残念なのは、これが企画者主導で行われたのではなく、顔見知りの三人の講師が自主的に取り組んだということである。

⑤社会人研修をもっともっと良くするには

社会人研修の受講生は、その分野のプロである（はずだ）。そのプロに教えるのであるから、研修講師はより高いレベルの何かを持っていなければならない。多くの場合、このことはクリアされていると思う。ただ、講師は高い何かを持っているだけではダメで、教え方のスキルも持っていなくてはならない。講師には、伝えるべきこと／伝えたいことを受講生にきちんと伝え、わかってもらうということが要求される。企画者は、そのことを含めて講師の選定をする必要があるし、講師を務めるような人はそのスキルを高める必要がある。まずは、研修講師を務められる人材を育成しなければならない。

これは、講師だけの問題ではない。研修を企画・運営する人も研修のプロである必要がある。誰が、素人の企画した研修に自らの時間を割いて参加したいと思うだろうか。企画の立て方や運営方法にはノウハウがあるはずだ。担当者は、少なくともそれを知る必要がある。自分たちには荷が重ければ、その道のプロに委ねることを考えてもよい。

研修を実現するには、多くの時間と経費がかかる。関係者は、このことをきちんと認識しなければならない。良い研修にはコストがかかるのだから、受講者には、受講者側から見た費用対効果に見合う経費を負担してもらうのがよい。すなわち、研修の有料化である。それにより、研修の質と受講者の意識が高まるという相乗効果が発揮されるようになることを望む。

ここまでは主に行政が提供する研修を念頭に考えてきた。しかし、林業分野でも数は少ないが民間が実施する有料の研修も行われている。最近では、大学が社会人の研修コースを設けることもしている。様々な主体が、実効性のある研修を提供することは望ましいことである。研修も多様であっていい。これらに切磋琢磨が生じれば、研修はさらによいものになろう。

林業技術者が真のプロフェッショナルとなり、高いスキルを持つことが組織の収益や個人の地位・収入の向上に繋がるようになれば、スキルアップに繋がるような研修に対する考え方や期待も変わることだろう。その実現を目指して、行政と民間が協働して、あるいは役割分担をしながら、研修のあり方を考えていく必要がある。もちろん、研修を担う人たちは、今から研鑽を重ねていかなければならない。

人材に対する意識の変革で林業の成熟産業化を

就業前教育にしても社会人教育にしても、それが効果を上げるには、教育された人材を受け入れる組織、教育を受ける個人、教育を提供する機関の考え方と関わり方が重要である。これまで、組織は林業の専門教育を軽視する、そのため専門教育の必要性が軽んじられる、そのため就業前教育が充実しない、それらのため教育の必要性を感じない、といった悪循環に陥ってきた。これを好循環に転換するには、教育を受けた人材を重用する仕組みをつくるなどのきっかけが必要かもしれない。しかし、何よりも大切なのはこの業界の人材に対する意識を変えることである。ただし、これは目的ではない。

その先にあるのは、多様な森林経営・森林施業の実現であり、さらにその先には日本の林業の成熟が待っている。

引用文献
大石康彦　二〇一八　林業教育の来し方行く末　山林　一六一一：二〜一〇頁
林野庁　二〇一八　森林・林業に関する学科・科目設置校一覧表（大学）　http://www.rinya.maff.go.jp/j/ken_sidou/fukyuu/attach/pdf/ringyoukyouiku-12.pdf
横井秀一　二〇一八　森林管理の現場を担う人材とその育成　山林　一六〇六：二〜一一頁
全国林業改良普及協会編　二〇一七　「定着する人材」育成手法の研究――林業大学校の地域型教育モデル　全国林業改良普及協会

第8章 科学に裏付けられた森づくり

正木　隆

一年間に数千件

本章では、林業と科学のイノベーションの関わりについて、筆者の考えるところを述べてみたい。

森林分野の研究者は毎年、日本森林学会、日本木材学会、日本生態学会、日本応用動物昆虫学会、日本哺乳類学会、日本鳥学会などメジャーな学会に参加して研究成果を発表する。

これらの学会での年間の総発表件数は、おそらく数千件に及ぶだろう。この数字の意味を考えてみてほしい。これだけの数の研究成果が毎年次々と生まれているのは凄いことではないだろうか。興味のある読者は、いずれかの学会に一度聴きに来られてみてはいかがだろう？　一つの学会を訪れるだけでも、その研究成果の量に圧倒されることだろう（ただし、たいていの場合、参加費が有料であることに御注意を）。

ただし、質については、正直に申し上げて玉石混交である。おお！　と唸る発表もあれば、あれ？と思う発表もある。なので、聴きに来られた方が「お土産」をたくさん持ち帰るには、目的意識と目利き（耳利き？）の能力の二つが必要かもしれない。とはいえ、学会の大会に来られれば最新の科学的知見を入手することができ、各々の現場にいろいろと応用することができるだろう。

研究成果は届いているか？

さて、このように毎年膨大な研究成果が発表されているわけであるが、それが林業実務者・林業技術者のお手元に届いているかと言うと、はなはだ心もとない。まず、学会の大会に研究者以外の林業関係者が来ることが少ない。本書を分担執筆されている鈴木春彦氏や中村幹広氏は、研究者ではないが情報収集のため学会でお姿を見かけることがあるが、どちらかと言うとレアな方々である。

開催時期が悪い、という話は時々耳にする。ほとんどの学会は三月に開催される。しかし三月は年度末で行政関係者は多忙をきわめ、また異動を控えた時期でもあり、立場によってはなかなか出張しづらい。大会開催の運営を担う地方機関（大学や研究所）の事情もあって、他の時期に開催することができないのは辛いところである。筆者としても、林業の実務者や技術者には最新の科学的な成果に触れてもらいたいのだが、この点はどうも思うようにいかない。三月に日程を確保できない方は、申し訳ないが他の時期に開催される学会でとりあえず満足していただけないだろうか。

また、数千件の研究成果の中には、学術誌に論文として発表されるものもある。大学の紀要、研究機関の報告書などに発表されるものもある。そういった文献に目を通せば、学会に来られなくても最新の研究成果を知ることができる……はずだが、そううまくもいかない。一つには、学術誌は本屋で手軽に手に入るものではないからである。そして、やはり何といっても、ムズカシク書かれている。『森林技術』『山林』『現代林業』などの雑誌は、研究者ではない人々に森林や林業の一般的な情報を伝えるために編纂されている。一方、学術誌は、研究者を読者として想定している。そのため、学術用語を用いてできるだけ簡潔に、場合によっては数式を使って記述されている。研究者にはわかりやすいが、研究者でない方には、極めてとっつきにくいものである。また、特に最近の研究論文では検証可能性など、科学の世界特有の作法やルールがこれまで以上に重視されるようになり、読み慣れていない人には退屈な読み物と思えてしまうかもしれない。

余談めくが、海外の学術誌（もちろん英語で書かれている）にも日本の最新の研究論文が掲載されている。そういうものは普遍性の高い研究成果に限られるが、それでも「なぜ、わざわざ英語で書くのか」という批判（お叱りに近い）もある。しかし筆者としては、海外に研究成果を発信することはたいへん大事であると考えている。日本国内の研究成果が年間数千件と言っても、世界全体の毎年の研究成果の数に比べればたかがしれている。海外では（正確に数えることはできないがおそらく）その一〇〇倍以上の研究成果が毎年生まれている。この価値あるものを利用しない手はない。

そして、海外から情報をいただくからには、こちらからも差し上げなければならない。研究の世界ではexchange of information、つまり情報交換という文化があるが、要するに「ギブ・アンド・テイク」である。「テイク・アンド・ギブ」ではない。こちらからまずは情報を提供してこそ、先方もこちらに快く情報をくれる。英語で論文を発表するのは、世界中から情報をいただくことに対する礼節と言える。怠ることはできない。

研究成果を届けるためには？

以上述べてきたように、せっかくの森林に関する科学的成果も、現場の方々に思うように伝わらないのが実情である。では、どうすればよいだろうか？

正直なところ、忙しい方々に、研究の世界に歩み寄っていただくことはお願いしにくい。かつては、国有林の技術者の方々が学会に参加して、業務研究の成果を発表されていた。その当時においては高度な統計学も駆使されており、図版も極めて精緻。内容の素晴らしい報告が多かった。しかし、その後、現場と研究の役割分担が明確化された。時代の流れの中で森林科学もサイエンスとして純化され、仮説検証型のスタイルが導入された。コンピュータの発達に伴い、数理モデルや数値シミュレーションをもとにした研究も増えてきた。こうなってくると、現場作業のかたわらで行う研究の成果を発表いただくのはなかなか難しいこととなる。

筆者としては、様々な事例情報の積み重ねこそが大切と考えており、遠慮されずに報告していただきたいと思っているのだが、現実には難しい。となれば、研究の世界から現場の世界に歩み寄ることとなる。実は、一見どんなに難しそうな研究論文の内容であっても、「普段の口語体で言葉を尽くす」ことで、研究者ではない人にもわかりやすく表すことのできるものである。価値ある研究成果を人々に広く伝えるためには、研究者がわかりやすい言葉で、論文以外の媒体に研究の内容を紹介すればよい。少なくとも筆者はそう考えている。

そこで、本章の以降の部分でも同じ立ち位置で、科学的な知見と現場の関わりを具体例で考えてみたい。元ネタは他の冊子などでも紹介してきたものだが、改めて「言葉を尽くして」語ってみたい。その中から、本章のタイトルに示した「科学に裏付けられた森づくり」について、筆者の思うところを述べてみよう。

なお、平成三十年五月に上梓した拙著『森づくりの原理・原則――自然法則に学ぶ合理的な森づくり』（全国林業改良普及協会）も同じ考えに基づいて、科学的な知見の紹介を試みたものである。興味があれば御一読いただき、よろしければ感想をお聞かせいただければ幸いである。

主伐と略奪は紙一重である

現場で用いられる言葉と学術の世界で用いられる言葉には違いがある。例えば、「誘導伐」という用語は、事業や補助金のメニューで見かけるが、このような学術用語はない。ただし、やっている内容は主伐である。「受光伐」も本来は主伐の一種である漸伐の途中を構成する作業だが、現実には下層植生を繁茂させるための間伐となっているケースが多い。

ここで筆者は、何気なく「主伐」という言葉を使ったが、これにはちゃんと定義がある。それは「更新を伴う収穫」である。更新の方式には、上木を一気に全て収穫して一気に更新を行う方法＝皆伐、徐々に上木を収穫しつつ更新を徐々に進める方法＝漸伐、種子源となる木を残して上木を収穫し更新を天然下種で行う方法＝母樹保残法、などがある。例えば「皆伐」と言うと収穫方法を示す用語と思われるかもしれないが、実は更新方法を示す用語である。

更新を伴わない伐採は、林業の用語には定義されていないのである。遅かれ早かれ、木材収穫を行う森林は伐採されることとなる。しかし、それは更新を伴うものでなければならない。この哲学、すなわち保続の原則は、実は林業の用語に貫かれているのである。では、更新を伴わない（あるいは更新に失敗した）伐採は、何と呼べばよいのだろうか？　略奪、あるいは収奪である。

ともあれ、ここでは主伐という言葉に着目してみよう。最近よく耳にする、主伐を含むフレーズは、「戦後植栽した人工林が成熟して主伐期を迎えている」という内容のものである。ここで考えてみたい。

成熟とは何だろうか？　主伐期とは何だろうか？

以下、順を追って整理してみたい。

森林の成長のパターン

今から十年以上前のこと。ある研究所のある会議の場である幹部が「カラマツ人工林は三十年で伐採するのがベストだ」と発言した。筆者はそれを聞いて、正直、唖然としたものである。なぜ、筆者が今でも覚えているほど唖然としたのか。これを糸口にして述べてみたい。

それにはまず、人工林の材積（個々の木の幹材積の総計）の成長パターンのことから解説する必要があるだろう。人工林の材積は、植栽の直後から急速に増え始める（植栽木の成長を邪魔する草本や自然に混入した広葉樹等を取り除かないと植栽木の成長が邪魔される場合はあるが）。まもなく、成長した木が隣り合う木と空間を奪い合うせめぎ合いの段階に入り、成長の劣る木は枯れていく。この現象を自己間引きという。自己間引きのステージでは、枯れて減った分以上に生き残った木が成長をとげるので、森林全体の本数は減り続けるが材積は増え続ける。この間、木の高さは一定のペースで伸び続け、やがて、そのペースが緩やかになる時期がやってきて、成長は緩やかになる。ここまでは一応問題ない。

しかし、それ以降はどうなるのだろうか？　緩やかになった成長は、そのまま緩やかに続くのか、それとも止まるのか、それとも低下に転ずるのか。また、転ずる時期はいつなのか？　木の寿命は長い。特にヒノキやスギは千年以上、生きることができる。アカマツやカラマツも、三百年以上生きることが普通にある。しかし、五十〜六十年を超える長期的な成長のデータはなかなか見当たらない。そのため、この問いに答えるために二つのアプローチがとられた。一つは理論的な研究に基づく推定、もう一つは

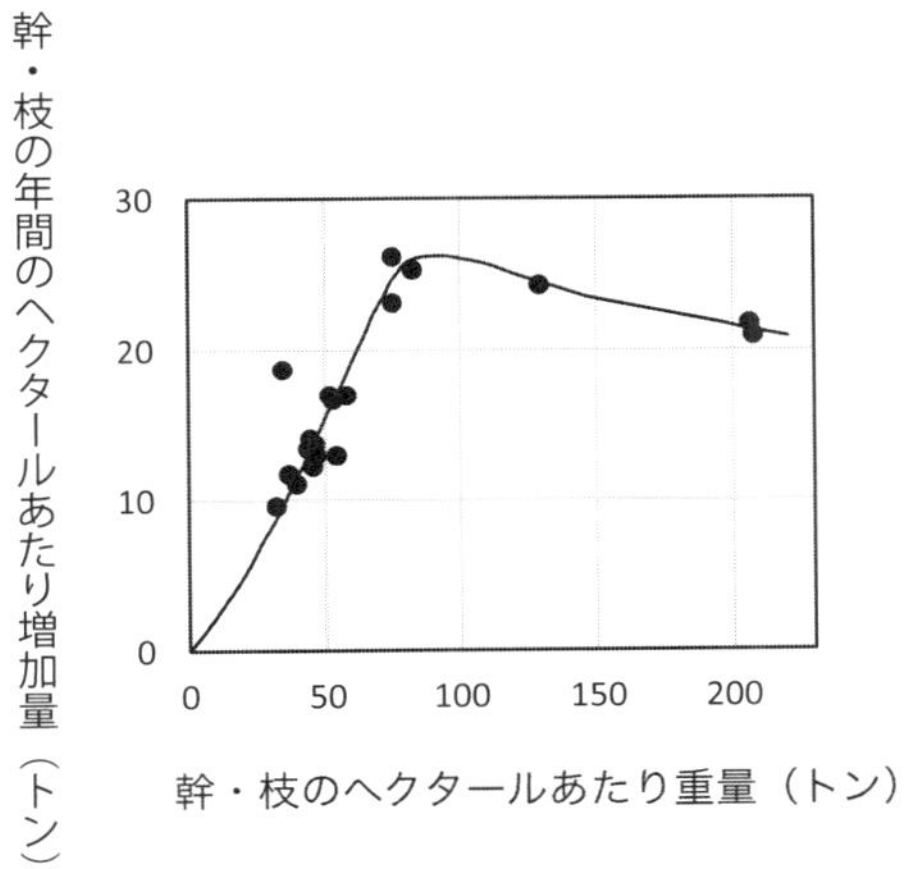

図1　森林の樹木の量と毎年の増加量の関係
吉良と四手井の1967年の論文に掲載された図16に基づいて作図。

齢の異なる森林を数多く調べたデータによる推定である。

理論で迫る

森林の成長に関する理論的研究のバイブルとも言える文献が、一九六七年に日本生態学会誌に掲載された。吉良竜夫と四手井綱英が寄せた総説である。内容は、その時点までに発表されていた森林の成長に関する論文一〇〇編を俯瞰し、森林の成長理論を二四枚の図表とともにとりまとめたものである。

二四枚の図表のうち、特に二葉の図のインパクトが大きかった。それを順に紹介しよう。まず、図1は、森林の成長に伴う毎年の成長量の変化を示したものである。横軸が齢ではなく地上部バイオマスというのが気になるが、両者は基本的に連動しているので、横軸は齢として捉えてもそれほど差し支えないだろう。簡単にこの図の語るところを説明すると、森林の毎年の成長量は齢とともに増加するが、ある時点を超えると減少に転ずる、という内容となる。

ここで、この図を批判的に眺めてみよう。第一に、この図の元となったデータはどの文献から引用したものか、である。文献番号は六四番となっている。論文の末尾の文献リストを見ると、佐藤氏という方が一九六三年に大阪市立大学に提出した「北海道のトドマツ林の物質生産」と題する修論で、非公開資料と記されている。今日的な価値観では、非公開資料というのがよろしくない。論文の内容を検証しようがないからである。検証のできないデータでつくられた図を論文で用いるのは、本当は御法度なのだが、当時は問題なかったのである。そう考えると、この図を書いた著者よりも、元となったデータを確認することなくこの図を引用し続けた後代の研究者に大きな責任がある。

第二に、樹種がトドマツということに問題がある。トドマツは寿命が二百年程度の、樹木としては短寿命の木である。しかし、日本の代表的な造林樹種であるスギやヒノキは、想像を絶する長寿命である。そのスギ・ヒノキにトドマツの傾向をそのまま当てはめることが可能かどうか、定かではない。

しかし、この図のインパクトは大きく、人工林はある齢を過ぎると毎年の成長量が減り始める、というコンセンサスが森林の研究者、ひいては林業技術者の間に出来上がってしまったように思われる。そして、それを元に森林の成長を一般化したのが有名な図2である。この図こそが、林業技術者の脳裏に強固な固定観念を植え付けてしまった、と筆者は考えている。

この図の語るところは次のようになる。森林が成立した初めの頃、森林の葉の量は毎年増え続けるの

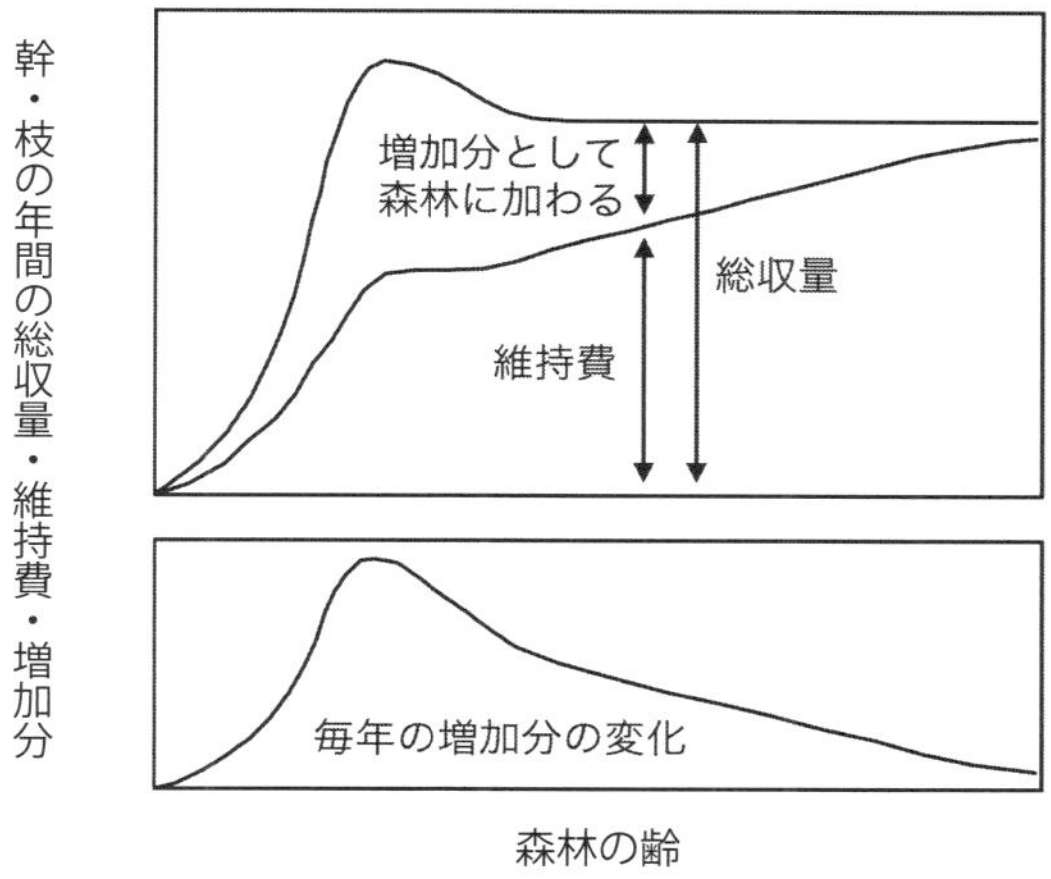

図2　森林の成長の概念図

吉良と四手井の 1967 年の論文に掲載された図 17 に基づいて作図。なお、専門用語を使うと総収量は「総生産」、維持費は「呼吸消費」、増加分は「純生産」である。

で森林全体の光合成量も増え続ける。しかし、森林が大きくなることでそれを維持するためのコストも増え続けることとなる。ある段階で森林に詰め込むことのできる葉の量が上限に達し、毎年の光合成量も上限に達する。しかし、森林は大きくなり続けるので、維持コストはあいかわらず増加し続ける。そのため、森林の毎年の成長量は下がり始める。そしていつの日か、毎年の維持コストが光合成量に追い付いてしまい、森林の成長が見かけ上、止まってしまう。つまり、毎年の森林全体の成長量はある齢を過ぎると減少に転じ、最終的にはゼロとなり、森林の材積は増えもせず、減りもせず、一定に保たれる状態に達する、ということである。生物学的には成長がピークに達した時が成熟と呼ばれ、それを過ぎれば過熟と呼ばれる。吉良と四手井の提示したこの考え方が森林の成長の「一般理論」のようなものになってしまった。

収穫に最も適した齢がある?

少々余談となるが、なぜ当時の研究者はこのような考え方を打ち立てたのだろうか? 筆者の想像では、当時の研究者は、自然界は「最終的に一定の状態に達する」という概念に、信仰に近いものを抱いていたのではなかろうか。その一例が植生遷移の理論である。どのような植物群落も遷移を経て極相という安定状態に達する、と信じられていた(今でも信じられているかもしれない)。生態学の二種共存モデル然り。他の学問分野でも、経済学のIS-LM分析、物理学のエントロピー理論など、長い時間の果てに安定状態あるいは平衡状態に達するという考え方は、かつての科学におけるセントラルドグマであったように思う。吉良や四手井の世代の植物生態学者らも、森林は長い成長の末に一定の材積に達する、と無意識のうちに想定していたのではないか。つまり、「神がつくった世界には秩序がある」とするキリスト教の世界での捉え方である。一方で仏教の世界では、お釈迦さまが「世は無常」すなわち、いかなるものも一定状態にとどまることはない、と説いている。真逆の自然観だが、仏教徒の筆者としては、後者の捉え方に馴染みを感じる。ようやく一九七〇年代に「自然生態系は非平衡の状態にある」とする科学上の発想が提示された。その代表的なものがカオス理論だろう。しかし、そのムーブメントが西洋から始まったのは皮肉なことと言えようか。もちろん昔ながらの考え方も、「生態系は代替安定状態（レジームシフト）にある」という捉え方のように、非平衡の理論と折衷される形で今なお残っている。

話を元に戻そう。吉良・四手井の理論を森林の成長に応用すると、図3の上側のようになる。この図は林齢に伴う森林の総量（各時点で存在する材の量＋途中の間伐収穫量）の変化を仮想的に示したものである。植栽からしばらくの間、値が増加し続け、ある時期から増加傾向が鈍り、やがて一定に保たれるという成長曲線で、前述の理論をなぞっている。

さて、図3の上側の図には、原点から曲線上の十年生（A）、三十三年生（B）、六十年生（C）の点まで直線が引かれている。十年生で伐採すれば約六〇㎥、三十三年生で伐採すれば約三四〇㎥、六十年生で伐採すれば約四九〇㎥の木材を収穫できることを読み取れる。ここで重要となるのは、それぞれの直線の傾きである（傾きの値は毎年の成長量を表し、これを総平均成長量という）。傾きの値、すなわち総平均成長量が大きいほど、「成長のよい森林を伐採した」ということになる。ということは、原点からこの成長曲線に接線を引き、曲線と接線がちょうど接している齢こそが、木材生産の量的な効率を最大にする時である。この図の場合、Bがそれにあたり、木材収穫効率が最もよいこととなる（図3の下の図）。林業では、Bにおいて森林が成熟し、Bよりも高齢の森林は過熟である、という場合が多い。生物学的な捉え方と微妙に異なるが、基本的な考えは同じである。そして、成熟した時、主伐期に達したと見なされている。「成熟」や「主伐期」という言葉を何となく使う、あるいは何となく聞き流している人も多いかもしれないが、科学的に解釈すれば、こういうことなのである。

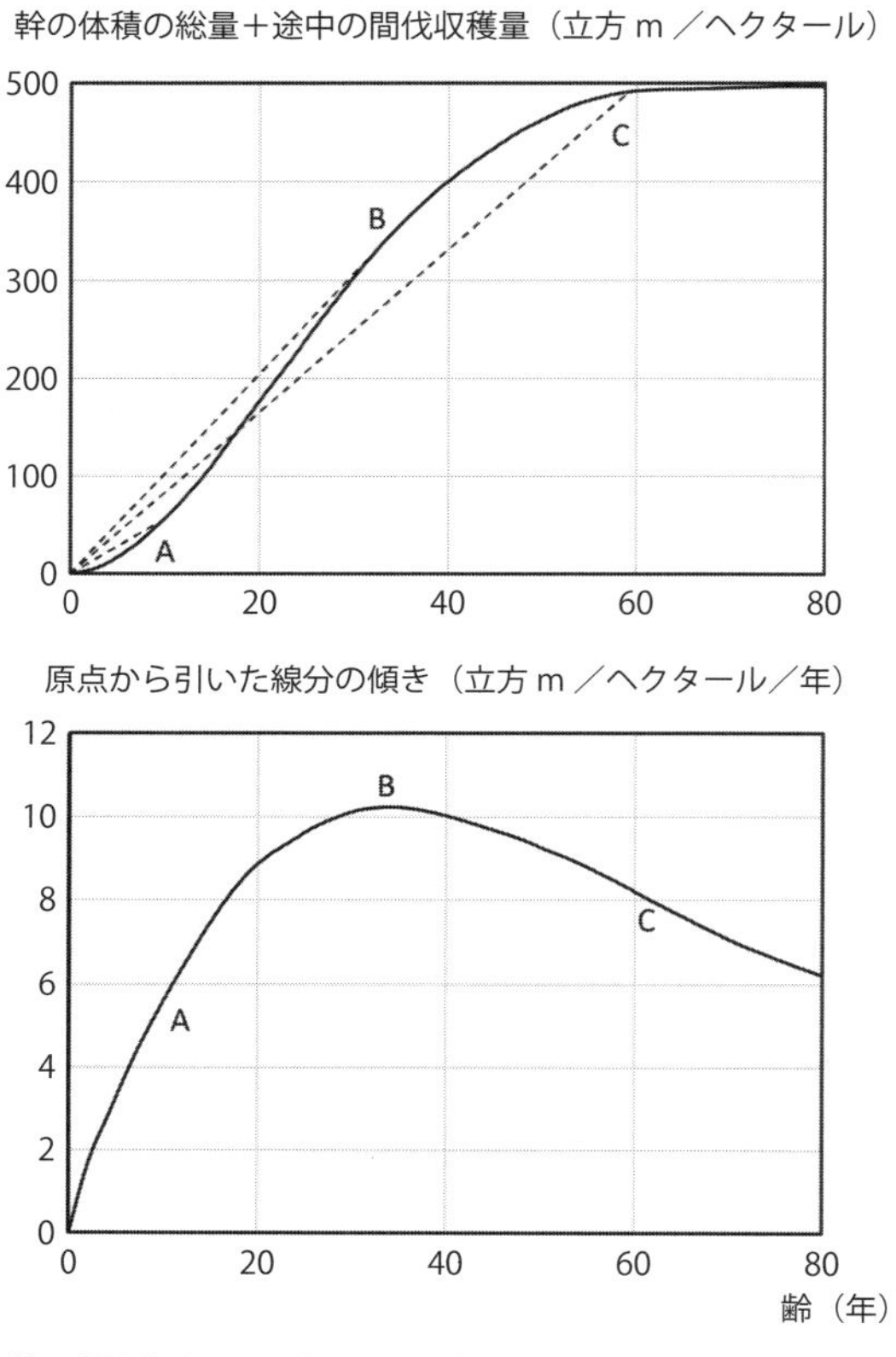

図３　森林の総平均成長量の概念および変化

森林の幹の体積の総量（専門用語では「材積」という）と各時点までに間伐された幹の体積の合計（専門用語では「総成長量」という）の齢に伴う増加のパターン（上）、および各時点での総成長量の年平均の増加量（専門用語では「総平均成長量」という）の齢に伴う変化パターン。

具体的なデータで迫る

理論の応用の次のステップとして、具体的なデータを集め、樹種ごと、地域ごとに総平均成長量が最大となる林齢を求める作業を行うこととなる。この目的のため、一九五〇～一九六〇年代にかけて日本の各地域で様々な林齢の人工林の調査が行われた。その結果をもとに、各地域で各樹種に対して収穫予想表が定められ、収穫効率が最大となる林齢が提示されたのである。それがいわゆる標準伐期として使われている。

一例を紹介しよう。図4の上の図は、昭和四十一年に発表された秋田・山形県（出羽地方）でのカラマツ林一四五カ所の調査結果を示したものである。点のばらつき具合から、土壌など環境の最もよい場所での成長（①）、中程度の場所での成長（②）、最も悪い場所での成長（③）がエイヤッと描かれている。この成長曲線をベースに途中の間伐収穫の推定値も考慮して総平均成長量の変化を示したのが、図4の下の図である。御覧の通り、最も成長のよい環境では、約三十年生の時に最も高い値となり、出羽地方のカラマツ林はその齢で伐採するのが最もよい、ということとなる。つまり三十年が標準伐期だ。ある研究所のある幹部が「カラマツ人工林は三十年で伐採するのがベストだ」と発言した根拠はここにある。

しかし、このデータ、そしてそれに基づく結論にも、やはり問題点がある。第一に、六十年生以上のカラマツ林が皆無である。当時はそういったカラマツ林がなかったためである。これではより高齢なカ

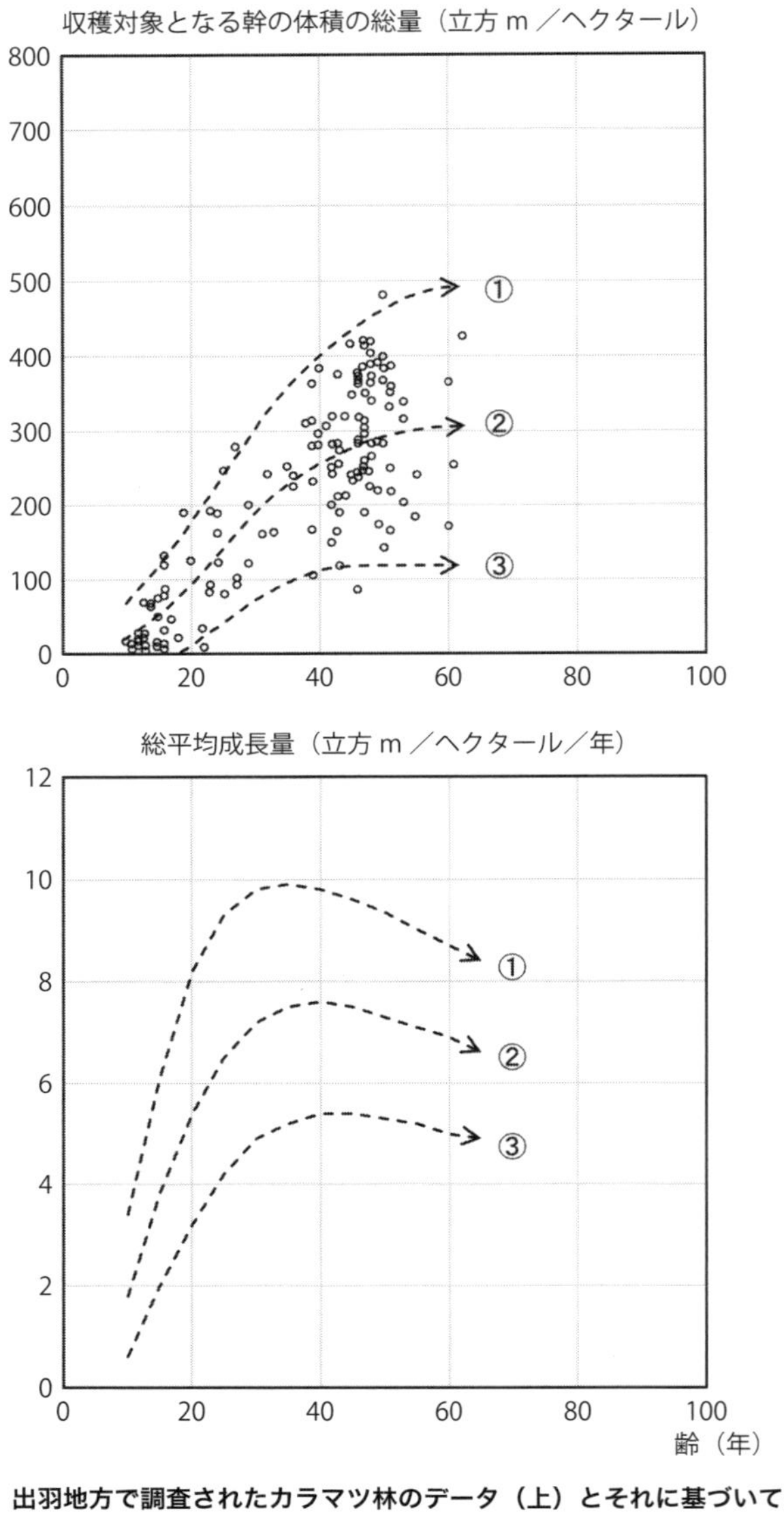

図4　出羽地方で調査されたカラマツ林のデータ（上）とそれに基づいて推定された総平均成長量

図中の「伐採対象となる幹」は専門用語では「主林木」という。数字①〜③は順に、樹木の成長にとっての環境のよさを表している（専門用語では「地位」という）。

ラマツ林の成長を明らかにすることはできない。第二に、各データはある時点の森林の量を表すものであり、時系列を表したものではないことである。故に、エイヤッと引いた成長曲線が正しいかどうか、確信できない。

……と非難めいたことばかり書いているが、当時の方々を弁護しておきたい。当時の報告書を読むと、とても丹念に解析が行われていることがわかる。コンピュータはおろか電卓もなかった時代に、おそらく計算尺を駆使したのだと思うが、対数計算や最小二乗法による回帰分析を行っていることに、まことに驚愕せざるを得ない。統計学の観点から見ても、齢とともに標準偏差が変化することを想定しているなど、実に精緻な解析を行っている。しかも、その計算を行ったのは研究者ではなく、営林局の計画課長および主査らなのである。現在、統計ソフトで気軽に解析を行っている研究者よりもはるかに丁寧な仕事ぶりである。筆者は平伏するしかない。

長期間のデータで迫る

それはともあれ、一九五〇〜一九六〇年代の調査の欠陥をおぎなうには、腰をすえて一カ所の森林を長期にわたって測り続けるしかない。その考えに立ってデータを得ているのが、研究機関や大学が設けている試験地と呼ばれる森林である。国有林の場合、試験地として登録されている森林は調査・研究のために管理される。調査・研究にも様々な目的があるが、長期的な成長を調べることを目指す試験地であれば、「主伐」される懸念もなく、成長のデータを継続的に得ることができる。

長期的な計測が行われるためには、その研究が世代間で引き継がれていくことが必須条件である。しかし、このバトンタッチがなかなかうまくいかない。研究者にとって、人の研究を引き継ぐよりは自分のオリジナルの研究を極めたい、と思うのが自然な感情だからである。しかし、中には長期的な計測の重要性を理解し、そういった調査をなるべく引き継ごうとする研究者もいる。どちらかと言うと研究者としては変わり者で天の邪鬼と言えるかもしれないが、実のところ筆者はその一人なのである。

出羽地方のカラマツ林については、秋田県大曲市に、約百年間調べられてきた試験地がある。このカラマツ林は明治三十二年(一八九九年)に植栽され、大正六年(一九一七年)、十八年生の時に〇・一ヘクタールの調査プロットが四つ設定された。それ以降、一九八八年まで数タイプの間伐が試みられ、成長への影響が調べられた。一九八八年以降は、長期的な成長をモニタリングするための試験地と位置づけ、今なお調査が継続されている。筆者は二〇〇九年に行った調査に関わった。林齢にして百十年生。調査期間にして九十二年という長さである。ここまで調査が継続したのは、森林総合研究所東北支所を一九九二年に定年退職された故・森麻須夫氏の御尽力が大きかった。

その森麻須夫氏は一九九一年に、一九八八年までの成長データを紹介する論文を発表された。その論文に掲載されているデータを先の図4の上の図に重ねたのが図5の上の図である。どうだろうか? まず、成長曲線の形が全く異なっていることがわかる。想定していた成長曲線は、初期に大きく立ち上がり四十~六十年頃に一定に達する、というものであった。しかし、実際には四十年頃から一層成長が早くなり、八十年を過ぎても高いペースを保っている。森林の成長は、やはり長い時間測り続けないとわからない、ということがよくわかる。

このデータから計算される総平均成長量を図5の下の図に重ねてみよう。すると、想定されていたものとは全く異なる曲線がそこに現れた。総平均成長量は七十年頃に最大に達し、その後、下がることなく高い値が維持されるのである。少なくとも収穫量の効率だけを考えると、ベストの林齢は三十年ではない。それは、七十年以降である。成熟も一瞬の出来事ではなく、七十年以降、ずっと成熟した状態にあるといえる。したがって、主伐期は七十年以降であれば、いつでもよいのである。成長が早く、早期に成熟し、早く主伐期が訪れると考えられていたカラマツでさえ、これである。カラマツよりは成長の遅いスギやヒノキの成熟が一体どの齢でやってくるのだろうか？　興味のある読者は論文や報告書を探ってみていただきたい。

結局、成果は届いていなかった

以上筆者が述べてきた内容は、全て公開された資料やデータに基づいている。したがって、やろうと思えば誰でも同じことを確認することができる。特に、森氏が一九九一年に既に、重要な知見を論文として発表していたのである。それも森林総合研究所の研究報告である。決して閲覧に苦労するマイナーな媒体ではない。林業に携わる人は、当然知っていてもおかしくなかった。

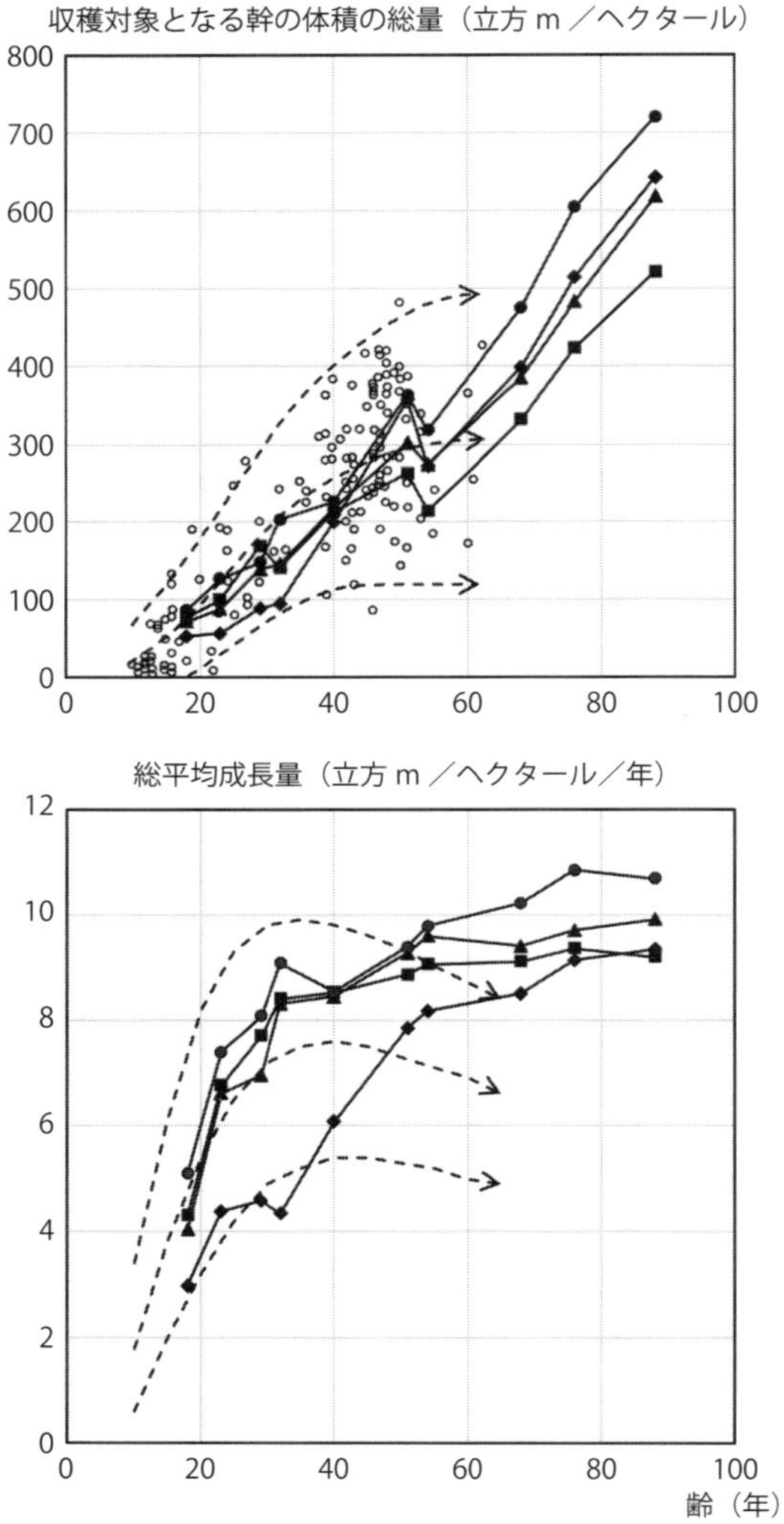

図５　約 100 年間調べたカラマツ林のデータ（４カ所）を図４に重ねたもの

故に、筆者は、ある研究所のある幹部の発言を耳にした時、啞然としたのである。一般の方ならいざしらず、研究所の幹部ともあろう御方が、これほど重要な研究成果を御存じなかったということに。

もう一点、付け加えておきたい。実は、現場で森林管理を行っていた技術者たちは、一九六〇年代に想定された成長曲線が実際の森林に当てはまらないことを、既に知っていたという。標準伐期を過ぎても総平均成長量が低下しないことは、現場の人の間では常識だったそうである（林野庁OBのS・N氏やK・O氏に聞いた話による）。むしろ、霞が関で立案を行う官僚、そしてデータの分析に長けているはずの研究者の方が吉良・四手井の幻影を払拭できず、新しい考え方へと脱皮できなかったように思えてならない。

また、研究の成果を届けられる前に、政策として進められてしまったものがある。一九八〇年代からのブナの天然更新施業はその一つだろう。種子の源となるブナを少しだけ残して伐採し、そのブナのつくった種子が落ちて芽生えて次世代として成長し、十分大きくなったら残しておいたブナも伐採する、というシステムである。それがうまくいかない、という根拠をようやく示すことができたのは、二〇一二年に筆者が日本森林学会誌に発表した論文である。ブナの天然更新施業が始まってから既に三十年以上が経過しており、時既に遅し、であった。

ガラパゴス複層林

もう一つ違った視点からの事例として複層林のことを述べよう。

複層林とは、スギやヒノキの一斉林を間伐し、その下層にスギやヒノキの苗を植えて育てるものである。そして、一定期間後に上木を全て伐採して収穫する。その際、既に植栽していた苗がそこに生育しているので、裸地化させることなく森林を維持できる。これが複層林のあらましである。日本では一九八〇年代に盛んに導入された。

実は、この複層林は問題だらけである。

まず、名称がおかしい。上木を徐々に伐採しながら更新を行う……これは漸伐に他ならない。定義では、漸伐による更新は天然更新でも人工更新でもどちらでも構わないのであるから。実は、複層林という言葉は英語には存在しない（正確に言うと、日本人の書いた英文にしか存在しない）。それも当然だろう。漸伐なのだから。つまり複層林はガラパゴス（日本独自の和製用語）なのである。

次に、生態学の原則に反している。漸伐は主伐である。収穫時期に達した上木を少しずつ伐採しながら更新を行うものである。主伐できる段階の森林であれば、個々の上木が枝を広げるスピードも遅いので、上木を少し伐採して明るくなった林床が明るいまま保たれ、稚樹も成長できるだろう。漸伐も十分、更新のオプションとなりうる。しかし、日本で行った複層林（という名の漸伐）は、上木がまだ育ちざかりの時期だった。上木を少し伐採したくらいでは、残された上木が速やかに成長し、林床がすぐに暗くなってしまう。植栽された苗は育たず、枯れていく。もちろん、作業システム上の難しさも問題であった。

このように、日本の複層林は、生態学と林業の原則に反したものであった。そのため、複層林はほぼ失敗に終わっている。構図としては、前述のブナの天然更新に実によく似ている。

そしてさらに問題なのは、その後である。何度も述べた通り、複層林は上木を最終的に全て収穫して更新を行う手法である。にもかかわらず収穫が先送りされ、いつの間にか複層林という林型をつくることが目的となってしまった。これには、育成複層林施業という名称が与えられている。もちろん、ガラパゴスである。

……と述べてきた筆者も、学生時代にこの複層林のことを林業白書で読んだ時、何と素晴らしい方法であろうかと感服したのであった。このことは正直に告白しておきたい。

PDCA↓PD↓D

ブナの天然更新は、科学的な根拠が薄いままに政策に取り入れられ、成績のはかばかしくない伐採地がたくさん現れた。当時、ブナの更新の研究を手伝っていた研究者は、これではうまくいかないことを直感的に感じていた。そして、実は現場の人間も知っていた。森林総研東北支所で先輩だった故・糸屋吉彦氏は、研究所に配属される前は現場におられた方だが、ブナの天然更新施業を行いながら、こんな会話をしていたという。

「おい、こんなやり方で本当にいいのか？」

「いやぁ、なんでも偉い先生がこれでうまくいくと言っているらしいぞ」

「そうかぁ。これでうまくいくとは思えないけどなぁ」

つまり、現場にいる技術者の方がブナ林の更新について、よほどよく知っていた。この構造もまた、森林の成長の件と全く同じであるように思える。

ブナの更新に関して言えば、成果がまだ出ていなかったのだから、慎重に進める方がよかったであろう。ＰＤＣＡサイクルでいえば、Checkの部分を徹底しブナの更新がうまくいっていないことがわかれば、Actionの部分で方針を転換する、というのがあるべき姿である。しかし、実際にはPlanとDoだけであった。

筆者は、森林の成長モデルやデータに基づく標準伐期についても、同じ構図があったと考えている。ここまでの筆者の記述ぶりから読者は、まず理論の提示があり、次にそれを裏付ける具体的なデータの収集があり、そして林業技術として実用化された、というように、あたかも順を追って一連の技術開発が行われたように思われたかもしれない。しかし、事実は、一九五〇～一九六〇年代に全てがほぼ同時進行で起こったのである。もちろん、研究と現場・行政が常に情報交換をしながら、知見を共有しつつ様々な政策が同時に行われていたのだろう。おそらく、政策サイドからの短期間での成果提出の要望が強く、そのため、研究サイドからは理論的な研究成果がまず提示され、具体的なデータが不十分なまま政策が進められた面があったものと想像する。

そして複層林については、まともな理論の提示すらなかったように思う。当時、複層林の研究に携わった一線級の研究者の方々は、このガラパゴスな日本の複層林のことを、本音のところで一体どう考えておられたのだろうか……？

余談だが、筆者がある時、知人のB・O氏に半ば冗談で「森林の施策はPDですね。CAがない」と話しかけたら、B・O氏が「いや、違う。Planがなく、いきなりDoだ。ちゃんとしたPlanを立てたことがない」と笑いながら冗談混じりに返されたことが強く印象に残っている。そもそも、日本の森林政策は、科学的な成果や裏付けを必要としているのだろうか、と筆者はふと不安に感じることはある。もちろん、かつての林業技術者が素晴らしい仕事をしていたことを知っている筆者としては、その遺伝子は現代の林業技術者に残っているだろうし、筆者の取り越し苦労だろうと思っている（思いたい）。

イノベーションはデータの海から生まれる

イノベーションというと、AIやロボットなどがすぐにイメージされることだろう。林業の分野でも、ロボット技術をベースに地上3Dレーザーで林分構造を短時間で測り、立体的に表示するツールが脚光をあびている。しかし、これは一つのイノベーションの一角でしかない。その背景には、有象無象の知識の集積がある。京都大学の山口栄一先生の著書によると、何の役に立つのかわからない雑多な科学的知識の海の中から新たな知が突如として生まれ出て、それを具現化する過程こそがイノベーションであるという。

筆者は、ノーベル物理学賞を受賞した小柴先生が、記者会見で「先生の発見は何の役に立つのですか?」と問われ、「何の役にも立たん!」と応えられていたのを覚えている。これは小柴先生の一流の皮肉であろう。「ある何か」の役に立つことを目的として得られた科学的成果は、実はその「ある何か」にしか役立たない。つまり、汎用性がない。もっとはっきり言えば、それは役に立たないのである。むしろ、何の役に立つのかわからない知識こそが、イノベーションの源となる。イノベーションは狙ってできるものではない。データという知識の海から偶然に現れる。

本章では、百年近くにわたって、ほそぼそと続けられてきたカラマツ林の成長計測が、それまでの常識をくつがえすデータを示したことをお伝えした。筆者はそれをいろいろな人に伝わるように、これまでにもいろいろな媒体で、このデータのことを語ったり書いたりしてきた。そのかいあってか、ようやくこの事実が林業関係者の間に周知されてきたように思うし、また、そこから新しい森林の育て方の発想も生まれてきているようにも感じている。

つまり、筆者の言いたいことは、ただ一つ。あらゆる技術の分野において、もちろん森林や林業の技術の分野においても、データや情報そのものが、イノベーションの源となるのである。

研究者はスーパーマーケットの店員である

本章の冒頭の話に戻ると、実は学会の大会は、まさにイノベーションの源となる有象無象の知識や情報の海なのである。と書くとムズカシク聞こえてしまうかもしれない。筆者もいつのまにか、わかりやすく伝えるという基本方針から少々はずれてしまっていたか？

では、こういう表現ではどうだろう。学会は基本的に「レストラン」も併設した「スーパーマーケット」なのである。学会では、一定のテーマを設けて、何人かの著名な研究者の最近の研究成果を集めて聴衆に提示するシンポジウムが開催される（つまりコース料理）。しかし、発表講演の圧倒的多数は、個々の研究者が最近の成果の一部を簡潔に（口頭発表の場合たいてい十二分以内、ポスター発表の場合A〇紙一枚以内）紹介するものである。参加者は自らの関心に沿った発表を選んで聴くことになる。これはすなわち、今夜の食事の素材を買い集めるスーパーマーケットのようなものである。あるいは、雑多な発表を目の当たりにして、想像力が刺激され、何かアイデアを思いつくかもしれない。あたかも、スーパーマーケットで並んでいる食材を実際に見ることで、その晩の献立を思いつくように。その「思いつく」ことこそがイノベーションの始まりなのである。

では、今夜の食事のメニューは誰が考えるのであろうか？　スーパーマーケットの店員が考えるわけではない。食事をつくる本人が考える。メニューを考え、味付けの工夫を考え、全体のバランスを考え、そして食材の調達を行う。

林業も同じであると思う。どのような森づくりを行うか？　どのような木を育てるか？　どのように更新を行うか？　それを決めるのは林業を営んでいる方、御自身である。そして、林業を営んでいる方御自身が自ら考えて、様々なアイデアや工夫を出す。足りない情報があれば、学会等に足を運ばれて、あるいは研究者を訪ねて調達する。研究者の存在意義はそこにある。

速水による序章を再度御覧いただきたい。そこで述べている内容は、速水氏が自らのアイデアで様々なことを工夫し、様々なことに挑戦された歴史そのものである。速水氏のように豊かなイマジネーションで取り組む方にこそ、データや情報の知識の海を訪れていただきたい。必ずや、イノベーションが生まれるはずである。

終章

新しい「木の時代」がやってくる

熊崎　実

国の政策がもたらした林業経営の苦境

序章で述べられているように、日本の林業経営はまことに深刻な状況に直面している。特に問題なのは、木材販売における森林所有者の取り分があまりにも少ないことだ。スギとヒノキの価格データを使って一九八〇年代以降の動きを追跡すると、次のような事実が確認される。まず製材品の価格と、その原料となる素材（丸太）価格との比較では、後者が一貫して押し下げられている。さらに素材価格と山元の立木価格の比較では、後者の下落率のほうがずっと高い。このようなことが起こる一因は、伐出作業や製材加工、木材流通面での非能率、非効率にある。これらのセクターでのコストが嵩むものだから、残余となる立木価格が自動的に圧縮されるのだ。端的に言えば、一番上流にいる森林所有者がそのしわ寄せを一手に引き受けている。

政府もこの窮状を放置するわけにはいかない。本来であれば、伐出コストや流通コスト、さらには製材コストを削減して森林所有者の取り分を確保するのが筋であろう。ところが出てきた政策は、間伐を実施したことに対する補助金であった。国産材への需要が低迷する中で、多額の補助金を投入して間伐を進めたらどうなるか。国産材の立木価格が低落するのは目に見えている。

戦後の異様な木材景気に触発されて、数ヘクタールの小規模私有林でも前代未聞の「植林」ブームに沸いた。ところが木材価格の下落が始まると、木材生産への関心は急速に冷めていく。植林への投資がそれほどでもなく、ダメージは比較的小さかったのであろう。林業離れが一挙に進んだ。他方、所有規模の比較的大きい層になると、林業から簡単には抜けられない。従業員を減らし、木材生産のレベルを落として林業経営を何とか続けているが、序章で指摘されている通り、きちんと収支を計算したら赤字になっているケースが圧倒的に多い。

このような状況が続けば、中小規模の私有林はもとより、規模の大きい私有林や国公有林でも国の補助金がないと木材生産が続行できない状況に追い込まれるだろう。国内には相当な木材需要があり、しかも豊かな森林資源を擁しているにもかかわらず、なぜこのような情けないことになってしまうのか。

日本の政府は補助金の出し方を間違えている。昔ながらの林業のやり方を守ってきたドイツやオーストリアでも、さすがに一九九〇年代になると機械化によるコストダウンがなければ生き残れないことがはっきりしてきた。そこで林道ネットワークの構築と先端的な林業技術を駆使できるオペレーターの育成に力を入れるのである。つまり、林道と教育への支援を通して、間伐補助金のようなものがなくても、きちんと自前でやっていける「林業経営」の確立を目指したのだ。日本は肝心の「林道」と「教育」をそっちのけにして、間伐補助金のような形で直接ばら撒いてしまった。これではかえって林業経営の体力を弱め、「補助金漬け」からの脱却を一層難しくしてしまう。

わが国では一九八〇年代以降、国産の素材（丸太）価格と立木価格の低落が続いている。林業経営の破綻を回避すべく、政府が様々な名目の林業補助金を準備してきたのは理解できる。しかし補助金というのは市場経済への政府の介入であることを忘れてはならない。市場メカニズムの健全な働きを阻害する可能性がすこぶる大きいのだ。わが国の間伐補助金などはまさにその典型だろう。

木材市場の国際化が進み、市場競争がますます激しくなる中で林業が生き残るには、新しい設備や製品を次々と開発し実用化していくイノベーションが欠かせない。然らば新しい設備や製品をつくるための知識はどこにあるのか。キヤノングローバル戦略研究所の杉山大志氏の言を引用すると「集中したり統合されたりした形では存在していない。多数の個人がばらばらに持つ、不完全でしばしば相矛盾する知識という、分散した断片としてのみ存在する」。そして「このような知識を組み合わせて優れた製品を生み出す」のが、まさに自由な市場経済なのだ(1)。

わが国でも一九八〇年代から一九九〇年代にかけて、比較的所有規模の大きい林業経営者の間で、間伐補助金は市場メカニズムの機能不全に加担しているのではないか、そのために山元での素材価格や立木価格が必要以上に押し下げられている、という指摘がしばしばなされていた。併せて問題になっていたのは、補助金の支給にあたって様々な条件が付されていたことだ。「断片的な知識を組み合わせる」

仕事を市場に委ねないで、役所がそれをやろうとした、とも解される。戦後の林政に一貫して流れているのは、市場メカニズムを軽視し、民間企業よりも森林組合を重視する「官主導」の姿勢である。

いささか遅きに失するかもしれないが、日本林業の長期的な発展を願うのであれば、「市場メカニズム」をより効果的に機能させるという観点から、補助金政策のあり方を早急に見直すべきであろう。これまではどちらかと言うと、目先の苦痛を和らげてくれるなら、どんな補助金でも構わない、という安易な雰囲気が林業界を支配していたように思う。しかし現在の間伐補助金が林業経営を少しは楽にしているのか、胸に手を当てて考えてもらいたい。森林所有者の取り分がますます小さくなっているのは明らかだ。ここに問題の全てが圧縮されている。

研究者の役割と責任

私自身は研究者だが、傍観者のような顔をして政府の政策は間違っていた、などと言える立場ではない。付き合いの長い専業的な林業経営者の皆さん方は、早くから官主導林政の問題点を明確に認識しておられた。この正当な主張を経済学の論理に従って側面から支持することくらいは、できたはずである。今さらながら悔やまれてならない。

私の場合は、経済理論で武装して「官主導林政」と向き合うことはしなかったが、林業政策の国際比較は早くから手掛けていた。その必要性をとりわけ重要視するようになったのは、この四半世紀のことである。多くの先進工業国で、進展する木材市場のグローバル化に対応して、新しい森林・林業政策を次々と打ち出すようになった。だが私の見るところ、日本の林業界は世界の大きな流れに官民とも鈍感であったように思う。ばら撒き型の補助金で何でも解決できるという在来型の通念からなかなか抜けられず、林業・林産業の近代化ですっかり後れを取ってしまった。先行する諸国から一周も二周も引き離されて、今では最後尾を走っていると言っていい。

先行する諸国と比較することで、日本がどのような面で立ち遅れているかを明らかにすることができるだろう。また殿《しんがり》を走るというのはあまり褒められたことではないが、先行者の成功や失敗の経験に学びながら国内林業の近代化を図れる絶好のポジションでもある。試行錯誤の無駄が省けるのが非常に大きい。

残念なことに、最初の頃は私の「国際比較」は全く受け入れてもらえなかった。林業が活況を呈していた頃よく耳にした「世界に冠たる日本林業」の意識が根強く残っていたのである。わが国には林業の長い伝統がある、外国から学ぶことなど何もない、と一蹴されることが多かった。

しかし二十一世紀に入って国内林業の凋落がようやく鮮明になってくると、「欧米に倣え」の風潮が一気に強まったように思う。海外への林業視察が一種の流行になり、同時に木材の伐出に関わる高性能の機器や木質バイオマスのエネルギー変換のための先端的な機器がどんどん入ってくるようになった。それに伴って海外の専門家や技術者を日本に招聘するケースも増えている。欧米の機器や方式を好意的に紹介してきた私などからすれば、昨今の状況に満足している面もあるけれど、十分に調査しないまま海外の機器ややり方に飛びつく最近の傾向に、むしろ強い危機感を覚え始めている。

幸いなことに、近年ではインターネットを経由して膨大な情報を海外から入手できるようになった。政府機関や関連団体、大学・研究所、民間企業などを訪問する前に、これらの組織のサイトで検索すれば、相当に詳しい情報が事前に得られるだろう。その上で質問すべき事項を絞って、お目当ての組織を訪ねればよい。インターネットのお陰で、海外調査の効率が信じられないほど上昇した。

私などが特にありがたいと思っているのは、欧米諸国での情報公開が徹底してきて、政策形成のプロセスまで追跡できるようになったことである。それぞれの政策の負の部分（課題や問題点）が以前よりもずっとよく見えるようになった。経済政策の分野では完全無欠のプログラムなどあり得ない。成功とされた施策でも、相当数の反対者が必ずいるものだが、反対者と政府とのやり取りがかなり詳細に公開されている。それをインターネットで丹念に追跡すれば問題点がある程度鮮明に浮かび上がってくるのだ。またプログラムが失敗に終わった場合にも、政府の判断の、どこが間違っていたかを検証できる。

われわれが簡単に入手できる公式の情報は、ともすると都合の良い面が強調され、不都合な面はしばしば隠されている。これだけは本当によく調べてみないとわからない。詳しく調査して偏りのない情報を提供する役割がわれわれ研究者に課せられていると思う。

インターネット情報の活用に関して、私の経験を一つだけ紹介しておこう。日本政府は二〇一二年に、ドイツに倣って再エネ電力の「固定価格買取制度（ＦＩＴ）」の導入に踏み切った。設定された買取価格のレベルは、風力、太陽光、バイオマスのいずれもドイツに比べて二倍くらいになっていたが、バイオマス発電については、洋上風力発電と同じくらいの高いレベルに決められていた。ところがこの頃ドイツでは、発電コストの低下が著しい風力と太陽光発電はFITから外して入札に切り替え、発電コストの引き下げがあまり期待できないバイオマスは、買取価格を大幅に引き下げてFITに残すという提案が当局から提示され、これを巡ってインターネット上で活発な論議が交わされていた。

日本の関係官庁はこうしたドイツの状況を知ってか知らずか、バイオマスFITの買取価格を高くしたまま、外国産の燃料を使う大型のバイオマス発電所も、プラントの出力規模に関係なく（青天井で）、国産の一般木材と同様のFIT優遇措置を適用することにしてしまった。こんなにも鷹揚なバイオマスFITは聞いたことがない。輸入燃料頼みの大型プラントからの認定申請が殺到するのは至極当然だろう。バイオマス発電の認定量が二〇一七年九月末までに一二七五万キロワットという、信じられない規模に膨れ上がってしまった。その後、さすがにこれは無理だと観念したのか、申請者からの認定の取り消しが続いている。

海外でのFITの動向を事前にしっかりと調査していたら、もう少し欠陥の少ない価格設定ができたかもしれない。また問題点が明らかになった段階で直ちに修正すべきであった。それを怠ったために、問題を大きくしてしまったのである(2)。

バイオマスの話が出てきたついでに、海外からの熱供給や熱電併給のボイラーの導入に関して言及しておきたい。最近、海外のボイラーメーカーが日本市場目当てに積極的な売込みをかけている。海外で定評のあるメーカーの製品なら性能は概ね保証されているると見てよい。しかし日本と欧州では樹種、気候条件、法制度などに違いがあるため、それを調整する「カスタマイズ」に相当な時間がかかる。したがってカスタマイズにあまり手間のかからない機種を慎重に選ばなければならない。どのメーカーの、どの機種を選ぶか頭を痛めている事業者は非常に多い。

ところが日本ではこの種の相談に応じられる有能なコンサルタントが、決定的に不足している。経済のグローバル化が進んだ今日の世界では、技術進歩のスピードが恐ろしく速い。それはバイオマスボイラーに限らず、林業・林産業の全ての分野に共通する。本書の第3、4章で紹介されているように、欧米では林業教育を修めたフォレスターの、コンサルタントとしての機能が、健全な林業経営を展開していく上で、ますます重要になってきた。森林所有者のレベルでは技術進歩への対応が難しくなり、フォレスターの助けが必要になったのである。

フォレスターは林業の専門教育を通して育てられる。したがって大学などでの林業教育においても技術進歩に合わせてカリキュラムを変えていかなければならない。ただ、これを日本でやろうとすると厄介な問題が出てくる。教科内容を変えて新しいタイプのフォレスターを育成しても、就職先が見つからなければ無駄骨に終わる。結局、卵が先か鶏が先かの循環論になってしまうだろう。

私は一九八九年の春に森林総合研究所（以下、森林総研）を離れて筑波大学に移るのだが、当時使われていた森林・林業政策の教科書に強い不満を持っていた。林野庁の施策の解説にあらかた終始し、それを批判的に評価する視点が欠けていたからである。しかし考えてみれば卒業生の主要な就職先が国家公務員か地方公務員であるとすれば、施策の解説だけで十分だろう。政策批判の能力など全く余計なことで、かえって煙たがられる。林業教育の問題は林業そのものの構造改革と一体にして論議すべき問題なのである。

私個人の願望としては、せめて林学会（現在の森林学会）あたりで、国際的な視野で日本林業のあるべき姿と林学教育のビジョンを一体にしてしっかりと論議してほしかった。他の分野はともかく、林政学や林業経済学の分野では、国内林業の危機的状況にまともに向き合わないで、枝葉末節の論議に明け暮れているように、私には思えた。

森林総研を辞してから既に三十年、日本森林学会と疎遠になってから二十年に近い歳月が流れている。私の古巣の森林総研でも二〇一〇年頃から森林経営の国際比較が研究プロジェクトのテーマとして取り上げられるようになり、その成果が学会報告や書物の形で順次公表されてきた。「林業政策の国際比較」は私のテーマであったから、比較的丹念に読ませてもらったが、非常に参考になる論文が幾つかあった。共同研究に参加した人たちの報告を相互に比較すると、調査の視点はそれぞれに違っているし、落としどころもまちまちである。

しかし先進林業国の調査というのは、いずれ「日本の林業はこれでよいのか」という問いに行き着くはずだ。各国の調査結果を持ち寄って、皆で論議すれば「国際的な視野で日本林業のあるべき姿」を描くこともできるのではないか。以前から親交のあった速水亨氏に話を持ちかけ、共同で林業イノベーション研究会を立ち上げることにしたのである。

われわれ二人は早くから国の政策に異を唱えてきた。しかし若い人たちに、これに同調しろと言うのではない。二人の意見を参考にしながら、日本林業の厳しい現実と海外の状況をしっかりと踏まえて、今後どうすべきか積極的に提言してもらいたいのである。そのためには若い人たちが安心して自由に発言できる研究会でなければならない。われわれ二人はその防波堤になることを覚悟している。

もう一つ大切だと思うのは、若い人たちの注目すべき業績をできるだけ多くの人に知ってもらうことだ。学会誌や専門書の一般の読者は驚くほど限られている。近年、論文の数だけはどんどん増えているが、率直に言って粗悪品があまりにも多い。これから求められるのは、玉石混交の中から優れたものを選び出し、一般の人たちに伝えていく努力だろう。われわれの研究会がその一翼を担えればと密かに願っている。

海外から国内林業を見る

今から六十年ほど前の一九五八年に林野庁に採用された私が、早くから当局に批判的なスタンスを取るようになったのは多分に偶然の仕業である。一九六〇年前後の日本と言えば、今とは全く違って、異様な木材景気に沸いていた。戦後復興が本格化する中で、外国や旧植民地からの木材の輸入・移入はほぼ途絶し、木材なら何でも飛ぶように売れていたのである。

東京の目黒にあった林業試験場（現・森林総合研究所）に就職して、まずやらされたのは、外国語の習得も兼ねてドイツ語の専門書を訳すことであった。与えられたのは林業会計のテキストで、読んでいてもさっぱり興味がわかない。それよりもドイツから定期的に入ってくる林業雑誌に目を通すことのほうが、ずっと楽しかった。何よりも驚いたのは当時のドイツ林業が危機的な状況に陥っていたことである。典型的な一文を引くと「わがドイツ林業は木材価格の下落と賃金の急激な上昇に挟撃されて今や存亡の危機に瀕している」といった調子である。こんな記事が何年かにわたって誌上に溢れていた。

ドイツは日本と同様、第二次世界大戦の敗戦国だ。一九五〇年頃の経済の復興期には、この国の林業界も木材需要の増加と外材輸入の途絶で大きな利益を得ていた。ところが一九六〇年頃になると外国産の木材がどんどん押し寄せるようになる。一方で国民経済の好調な回復を背景にして、農村から都市へ、農林業から非農林業への労働力の移動が激化し、それまで低いレベルに抑えられていた林業賃金が急上昇することになった。

こうしたドイツの深刻な状況が私の脳裏にしっかりと焼き付けられた。それはまた、日本もいずれドイツと同じような悲惨な状況に追い込まれるのではないかという恐怖心でもあった。ただ、今でも不思議なのは、ドイツであれほど騒がれていた悲観的な林業展望が日本にあまり紹介されなかったことと、私がドイツの大変な状況を話しても、なかなか素直には受け入れてもらえなかったことだ。決まって返ってくるのは「ドイツはドイツ、日本は日本だ」といった一種の反発だけであった。

その後私は、林業試験場に新設された海外林業調査科に移籍して、欧州、北米、さらには熱帯地域に関わる資料の収集や現地調査に携わることになるのだが、そんなことをしているうちに、いつの間にか海外からの視点で国内林業を見る習性がすっかり身に付いてしまった。日本だけを見ていたのでは、他の国よりも進んでいるのか、後れているのか何もわからない。幾つかの国と比較してこそ、内在する問題点がはっきりする、という立場である。

海外との比較で、最初から今日まで一貫して続けているのはドイツとの対比だ。かの国の状況を横目で見ながら、日本林業の状況変化と政策の対応を跡付けてきた。この作業はもう六十年も続いている。六十年の間に日独の明暗は完全に逆転し、興隆するドイツ林業、凋落一方の日本林業という様相が一層明白になってきた。なぜこのような落差が生じてしまったのか。両国の資料をもとに、あれこれ考えた結果をその時どきの雑誌や単行本に書き記してきたのだが、それを一書にまとめることを思い立った。

ＦＡＯ（国連食糧農業機関）の林業統計によると、過去の六十年間に日本の丸太生産量は三分の一に縮小し、ドイツのそれは三倍になっている。日独の落差はまことに鮮明で、追い付くのはもはや不可能のようにも思える。わが国で特に目立つのは、林業経営があらかた崩壊していることだ。持続的に木材を生産している経営体は希にしかなく、大部分は木材生産への関心を失っている。まわりを見渡しても、管理放棄の森林ばかりが目立つ。規模の大小を問わず私有林でも国公有林でも補助金がなければ木材生産が続けられない有様だ。ドイツと決定的に違うのはこの点である。再建の道のりが険しいのは誰の目にも明らかだ。

残念ながら日本だけを見ていたら明るい展望は一つも開けない。しかしドイツの林業は本書の第２章で詳しく述べられているように力強く発展している。どうしてこのような発展が可能であったのか。そのプロセスをきちんと分析すれば、同じようなタイプの展開が日本でもあり得るかどうかを検討するこ

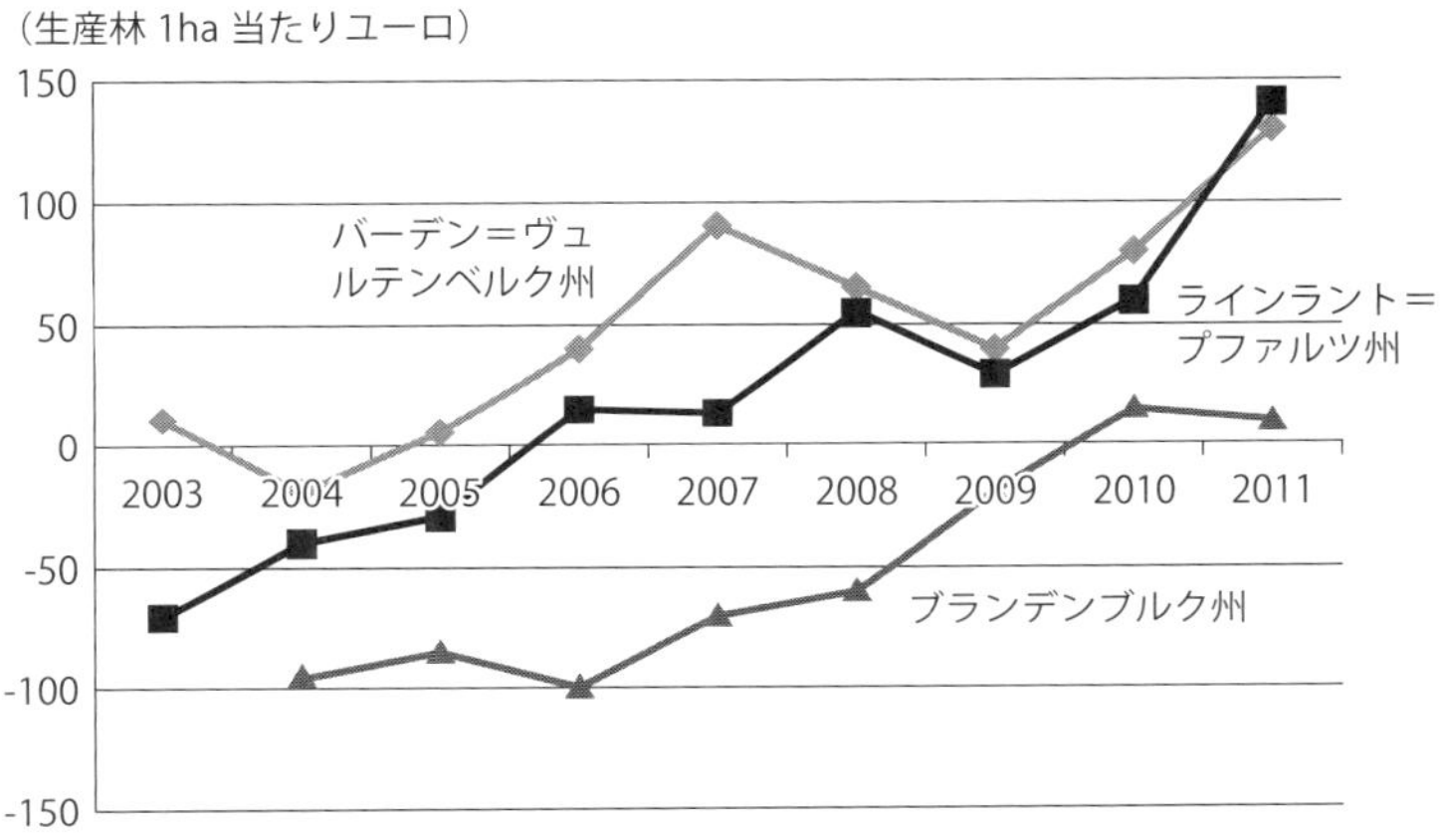

図1　ドイツの州有林における営業所得

出典：S.Hein: Sustainable Forestry. 日独バイオマスデー、東京　2013. 11. 05

とができるだろう。

実のところ、ドイツ林業の活況が林業経営収支の改善となって顕在化するのは、二〇〇〇年代の半ばあたりからである。これは明らかに林業経営主体が受け取る木材価格（立木売りと素材売りの両方を含む）の上昇によるものであった。二〇一三年の十一月に東京で開かれたシンポジウムで、ロッテンブルク林業大学のS・ハイン氏は、ドイツの州有林における経営収支の改善状況を報告しているが、その時に使われていたのが図1のグラフである。一九九〇年代に赤字に苦しんでいた州有林が黒字に転じていく様はまことに印象的だ。活況が相当な長期にわたって続いており、景気循環の中の一時的な現象とはとても思えない。構造的な変化を予感させるものであった。

ドイツの著名な環境史家ヨアヒム・ラートカウの『木材――自然原材料はどのように歴史を綴るか』[3]（初版二〇〇七年、増補版二〇一二年刊、以下『木材史』

と略称）のことを知ったのは翌二〇一四年のことである。私が最初に読んだのは、山縣光晶が原著の増補版をもとに訳した『木材と文明』（築地書館、二〇一三年刊）だが、ここで高らかに謳われていた「木のルネサンス」論に深い感銘を受けた。

この頃になると、チューネン研究所（連邦食料農業省の付属機関）が作成する「林業経営の統括勘定」暦年版が公表されていて、林業の好況が州有林のみならず私有林や市町村有林にも及んでいることを明らかにしていた。ドイツに「新しい木の時代」という構造的な変化が到来していることを、私は確信したのである。

それはまた、日独林業の六十年の歩みを対比させて、わが国林業の問題点を抉り出そうとしていた私に、統一した分析の視点と希望を与えてくれた。そのお陰で何とか世に出たのが拙著『木のルネサンス――林業復権の兆し』（エネルギーフォーラム刊）である。この本は二〇一八年七月五日に東京のイイノホールで開かれた「地方創生バイオマスサミット」に合わせて刊行された。この終章の記述も一部この拙著に拠っているが、舌足らずのところはこちらを参照していただきたい。

歴史家ラートカウが予見する「木のルネサンス」

まず、ラートカウの言う「木のルネサンス」について簡単に説明しておこう。

太古の昔から、ほんの二百年前くらいまで、木はほとんど唯一の燃料であり、様々な用具の製造や構造物の建設に使われる、これまたほとんど唯一の資材であった。人類の生存はまさに木材で支えられていたと言っていい。ドイツ歴史学派のヴェルナー・ゾンバルトは、ほぼ産業革命までのこの時期を「木の時代」と名づけた。

しかし産業革命の到来とともに、木質燃料は化石燃料によって急速に駆逐され、木材の独壇場であった用具製造や建築の分野でも金属やプラスチック、コンクリートなどに広く代替されていく。木材は経済的にも政治的にも社会の片すみに追いやられてしまった。ただ、この変化があまりにも急激であったために、歴史家たちに一種の錯覚をもたらしたように思う。

早い話、「木の時代」の命名者であるゾンバルト自身が、木材のような有機的原料の時代は過ぎ去り、次は石炭や鉄のような無機的材料の時代になると見ていた。木の時代は一回限りで終わるのである。また環境本の古典とされるジョージ・P・マーシュの『人間と自然』(一八六四年刊)にしても、アメリカ東海岸での急激な森林消失は、いずれ地中海沿岸に見る禿山となって終わると見立てて警鐘を鳴らした。気候、特に降水条件の顕著な差を考えれば、これはいささか短絡的な結論であると言わざるを得ない。

ラートカウが主張したのは、再生可能な資源である木材の歴史は一回限りで終わるのではなく繰り返されるということであり、これに関連して出てきたのが「木のルネサンス」論である。つまり、高度工業化の時代になって「環境と経済の両面で幾つかの発展の筋書きが結び合い、森と木材は政治の重要なテーマとして浮上してきた」と主張する。もう少し具体的に言うと、石炭や鉄の出現ですっかり競争力を失ったと見られていた伝統的な林業・林産業が、二十世紀の半ば過ぎあたりから、工業化の大波に洗われて面目を一新して自らの市場競争力を強めたのである。

森の伐採現場でも木材加工場でも、能率的な機械の導入と情報技術の活用で、製品単位当たりの労働投下量は著しく減少し、労働災害も減っている。木材加工技術の進歩が木材をベースにした新しい製品を次々と生み出し、木材の用途を大幅に広げると同時に、木材質の徹底利用（廃棄物ゼロ）を可能にした。

新しい木の時代の到来は、近年ますます鮮明になり、今では当然のこととして受け入れられつつあるのだが、ラートカウがどのようにしてこの着想を得たのか、少しこの点について見ておくことにしたい。

二〇一二年に『木材史』の英語版(4)が出版された。原典増補版の英訳とされているが、各所に相当な書き加えがあり、むしろ新たな増補改訂版になっている。この『英語版』の冒頭に相当長文の「緒言」が新たに加えられていて、その中で本書を執筆するに至った経緯が次のように述べられている。

「私はこの何十年もの間、旅を重ね、木と森に関する全ての文献を集めることに情熱を注いできた」……「(しかし) 全ての問題に関して私の好奇心の半分だけでも満たせる本がわずかしかないこともわかった。私が待ち望んでいた本はやはり自分で書くしかない。そしてまた世界の歴史において木材は最も重要な問題の一つであることを、それを信じようとしない同僚の歴史家たちに示してやりたかった」（『英語版』一～二頁）

何十年もかけて「木と森に関する全ての文献」を集めるというのは、想像を絶する大仕事だ。この作業を通して彼が明らかにしたのは、木材の歴史は決して一回で終わるものではないということである。おそらく、数世紀前から持続的な木材生産を営んできたドイツや日本の林業経営体からすれば、森林の更新を繰り返すのは当たり前のことであり、何を今さらと疑問に思われるかもしれない。

一九八七年に刊行された『木材――技術史における天然素材』（I・シェーファーとの共著）でラートカウはプロイセン流のドイツ林業の教義を激しく攻撃している。林業関係者が好んで口にする「木材不足の危機」は権力がつくり上げた虚構だというのだ。木材流通圏の拡大とともに供給は順調に増えたし、また木材の取引市場が整備されると、木材不足の兆候こそ供給を増やす重要なインセンティブとして機能し始める。かくて木材不足は回避されていく。ラートカウが膨大な文献調査を通して明らかにしたのはこのことである。

最初の頃は、ドイツの林業・林学界はラートカウを敵視する傾向にあった。しかし「木のルネサンス」論は、一面で持続的な林業経営の再評価に繋がり、険しい対立関係は急速に薄らいでいるようだ。

いずれにしても、ラートカウの森林史、木材史へのアプローチはまことにユニークである。われわれの常識からすれば、研究者にはそれぞれの専門分野があって、自然科学系、社会科学系、芸術系などの大枠から外れることは滅多にない。ラートカウが探索する文献の領域はこの全てに及ぶのである。またわれわれの文献探しは、ともすると自分の主張を補強してくれる材料探しになってしまい、自分に不利になるような材料は軽視ないしは無視してしまう。

ラートカウが偉いと思うのは、特定のイデオロギーや先入観にとらわれることなく、文字通り「全て」の文献を公平に取り上げていることだ。この膨大な収集作業を通して導き出される結論には抗い難い重みがある。わが身を省みて言えば、自分だけの狭い世界に閉じこもって、他の世界のことなど何も知らないままに、手前勝手な論議を続けてきたことに恥じ入るばかりである。

ただし、全ての文献に目を通してしまうと、あまり歯切れの良い明快な結論は出せなくなるらしい。例えば、森林史において古くから繰り返し論議されてきたテーマの一つに、「森林を誰の手に委ねるのが最善か」という問題がある。国家、地域団体、地元住民、私企業など、様々なものが挙げられるが、ラートカウは「どれが正しいかは時代と場所によって変わってくる」と言う(5)。おそらくこれが真っ当な答えであろう。冷静に考えればその通りだが、視野の狭いわれわれ凡人は、一つの立場に固執して空疎な論争に嵌まり込むことが多い。

森林・林業の文献を調べていて、とかく目に付くのは意見の分裂と対立である。木材か環境か、といったタイプの論争は以前からあった。今日の森林・林業に対する社会的要請は、「再生可能な資材である木材の生産をできるだけ増やす」ことと「森林の持つ生態的・環境保全的な機能を十分に発揮させる」ことの二つだが、両者はともするとと激しい対立を生む。悪いことに、論争を決着させる「決め手」がない。

ラートカウはその理由を次のように説明する。木材生産が環境に与える長期・短期の影響を実験によって検証するのが絶望的な上に、この種の環境インパクトはそれぞれの場所の立地条件によって、著しく違ってくる。その一方で木材の生産は長期に及ぶ。何十年も先の木材需要がどうなっているのか、木材が幾らで売れるのか、見当もつかない。つまり、林業者が拠って立つ足場は、恐ろしく不確実で不安定なのだ。間違いを犯す可能性が常に付きまとう。このような場合に重要なのは歴史に学ぶことである。成功と失敗を織り交ぜた過去の経験を詳しく調べることで貴重な教訓が得られるであろう。

そして「木材だけを見ていては木材の歴史はわからない」、また「森林だけ見ていたのでは森の歴史はわからない」というのがラートカウの一貫した立場である。木と森を関連させ、かつまた社会的背景とも関連させながら調べなければならない。既存の木材史、森林史の研究ではこれが欠けていたと繰り返し批判している。

「木のルネサンス」の予見はラートカウのこうした歴史観から生まれてきた。単なる思い付きではむろんないし、政治的なプロパガンダの打ち上げ花火でもない。こうした思惑の全てを拒絶するような、抗い難い重みがあるように私には思える。

もとより歴史家が語るのは、時代の大きな流れであり、この先十年、二十年、あるいは三十年先の展望である。目先の問題解決を意図した対応策ではない。われわれがなすべきことは、予測される将来に向けて、今から怠りなく準備を進めることだ。

林業・林産業の技術革新と人工林材時代の到来

さて、ドイツが「木のルネサンス」を招き入れることができたのは、どのような理由によるものであろうか。ラートカウが何よりも重視するのは技術革新であった。これは高度工業化の時代を生き延びる必須の条件と言っていい。

しかし林業・林産業における工業化の進展は決して一様なものではなかった。先進工業国に限っても、早くから進展した国と遅々として進まなかった国もある。森林作業の機械化で言えば、北米・北欧が先進国であり、中部ヨーロッパがそれに続き、日本は最も後れた国の一つである。最初に開発された伐出機械は、作業員一人当たりの出材量を大幅に高めたものの、大量の残廃材を生み出していたため、森林資源に恵まれないドイツや日本では敬遠されることが多かった。

機械の小型化と高能率化が進み、残廃材を有効に利用できる道が開かれたことで、ようやく受け入れられるようになる。その場合でも機械が大型になると、ある程度の作業面積を確保しなければならず、小規模分散的な森林所有構造のもとでどれほどの作業ロットが確保できるかが問題になってくる。こうした難しさがあるため、一様な展開にはならないのだ。

木材加工の分野においても中欧では製材工場の大型化がどんどん進展した。本書の第1章と第2章にその全貌がビビッドに描かれている。ところが、日本では家族経営的な小規模工場がつい最近まで相当数残っていた。大手の住宅メーカーが要求する規格品を大量にまとめて提供することができず、結局のところ、この有望な市場を外材に明け渡すことになった。

木材供給面でのネックが製材工場の大型化を阻んでいる。主要な路網のネットワーク化が遅れ、オペレーターの育成を怠ったことが、素材生産コストを上昇させただけではなく、大量集荷を難しくしてい

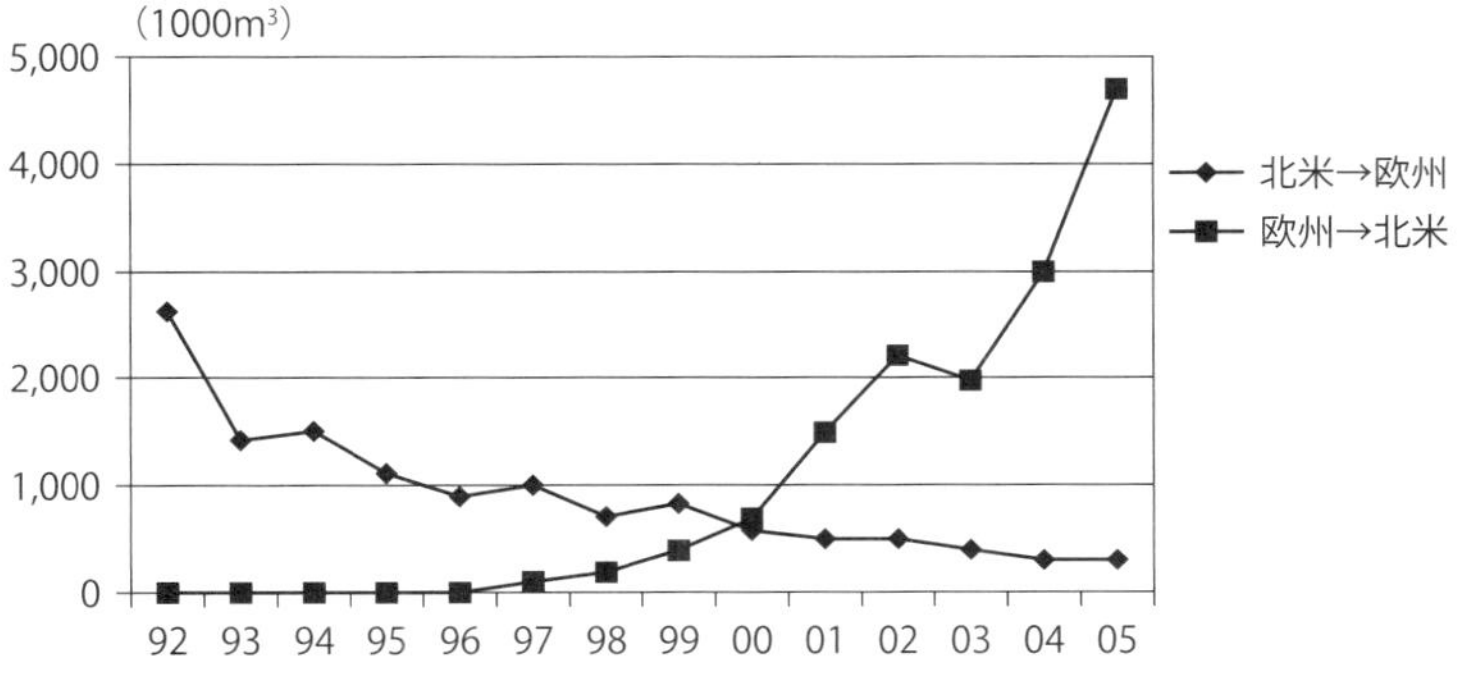

図2　欧州と北米間の針葉樹製材品の輸出量

出典：WOOD MARKETS Monthly Review, 2008

る。

ところで、林業・林産業の技術革新が木のルネサンスの唯一の条件であるとするなら、ドイツに先んじて北欧や北米で起こるのが当然ではないか。私見では、もう一つの要因として天然林材の時代から人工林材の時代へという大きな流れがあるように思う。

とりあえず図2を見ていただきたい。これは針葉樹製材品の輸出動向を示したもので、一九九〇年代の初頭以降、北米から欧州への輸出が次第に減っていく一方で、欧州から北米への輸出が世紀の変わり目あたりから急増する様が描かれている。北米の製材工場が圧倒的な市場競争力を保持し得たのは、針葉樹の豊かな天然林資源が利用できたからである。その天然林が次々と伐採されて資源の枯渇が目立つようになった。おまけに環境保護運動の高まりで天然林の伐採に強いブレーキがかけられる。

そこで北米の天然林材に代わるものとして台頭したのが、欧州で育てられた高齢の人工林材であった。たまたま当時のアメリカの林業は、木材需要の落ち込みと、木材価格の低迷に苦しんでいた。民間の林業経営では投資が控えられるようになり、連邦有林や州有林では手入れ不足のために、森林の過密化が目立ち始めた時期である。いろいろな事情が絡んでいるのは確かだが、図2には天然林材の時代から人工林材の時代への歴史的な移行が象徴的に示されているように思う。十年前の報告書で見つけたこのグラフがなかなか忘れられない。

ラートカウは、森林がわずかしかない中部ヨーロッパから森林大国のアメリカにかなりの製材品が輸出され始めたことに、驚きの念を表明している。天然林材から人工林材への時代の流れを軽視していたのかもしれない。

さて、日本の人工林（大部分が針葉樹）はドイツと比べればずっと若い。ドイツの針葉樹林（人工的に育成されたものが大部分）では八十一年生以上の林分が三四％もあるのに、日本の人工林には三・五％しかない。しかし日本の人工林でも六十一～八十年生の林分は八％あり、四十一～六十年生に至っては五四％もある。あと十年か二十年もしたら八十一年生以上の林分が次々と出てくるであろう。

現在、九州から中国に輸出されているスギ材は低質材扱いで梱包などに回されているらしい。若いスギ材だから致し方ないが、もう少し齢級が高まれば、欧州材と肩を並べる高級材として扱われるかもしれない。これからはそれを狙うべきだろう。

改めて強調しておきたいのは、日本の森林が持つ木材生産の巨大なポテンシャルである。林野庁のサンプリング調査から推定すると、林木蓄積量（幹材）は優に六〇億㎥を超え、毎年の林木成長量も二億

㎥を下らない。その一方で毎年の伐採量は〇・四億㎥程度で、その利用率は二〇％止まりである。欧州第一の森林国とされるドイツでも、林木蓄積量三七億㎥、年成長量一・二億㎥程度であり、おまけに毎年の木材伐採量が成長量の八割にも達している。その限りで近い将来に木材生産を増やす余地は日本のほうがずっと大きい。

合衆国南部における育林技術の驚嘆すべき発展

アメリカ合衆国では、高齢の天然林からの木材供給が減少する一方で、人工林の造成が進んでいた。特に注目すべきは、南部マツのプランテーションが大きく拡大したことである。一九五二年の時点では、南部諸州の造林地は七〇万haくらいしかなかった。それが一九九九年になると一三〇〇万haに達している。驚異的なのは、この間にプランテーションの平均年成長量が約二倍になり、輪伐期が約半分に短縮されたことだ。

育林における技術革新は今でも続いている。アメリカの林業専門誌が最近特集した、育林の過去三十年を振り返るレヴュー記事によると、一九六〇年代、一九七〇年代に始まった研究開発の成果が一九九〇年代以降になって実を結んでいると言う(6)。図3はこの論文から引用したものだが、一九四〇年から二〇一〇年までの間に、南部マツのプランテーションにおける輪伐期と、伐期での単位面積当たり木材収穫量がどのように推移したかが示されている。文字通り驚嘆すべき変化と言っていいだろう。

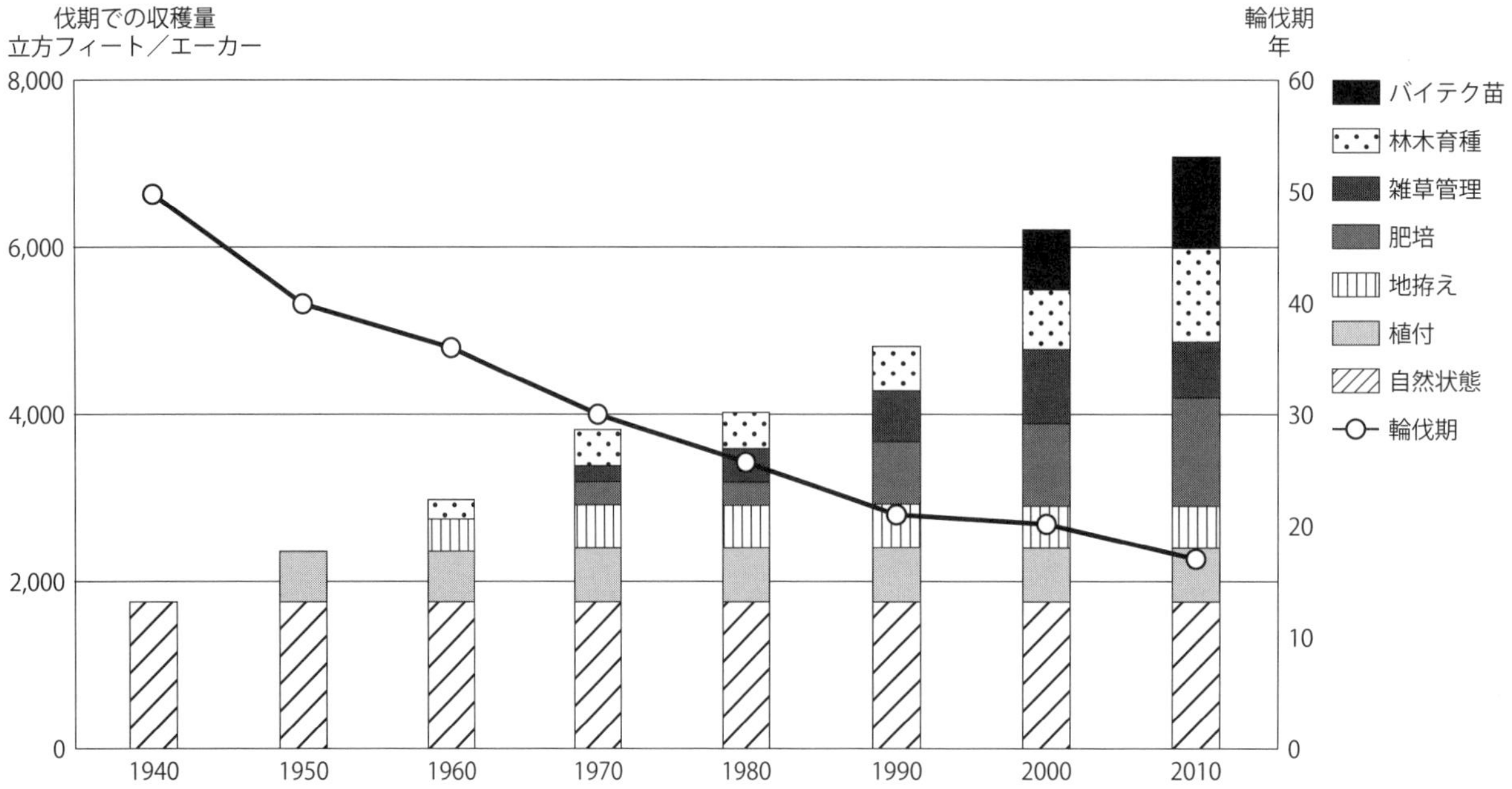

注）1,000ftm^2/ac≒70m^3/ha　出典：Anthony W. et al,（2018）（注 6）

図３　米国南部マツ人工林の生産性の改善と輪伐期

この収穫量の表示で特徴的なのは、植栽、地拵え、植生密度管理、施肥、林木育種などの個別技術の寄与分を積み上げていることだ。南部マツは皆伐して放置しておいても自然に更新して林になる。図によれば自然状態で放置する場合、四十年か五十年もすれば一三〇㎥／haほどの木材収穫が期待できるとしている。一九六〇年頃から通常のやり方（地拵え、植付、下刈り）で植林されるようになった。伐期四十年くらいで二一〇㎥／haほどの収穫量になっている。

ところが五十年後の二〇一〇年になると、伐期は二十年を割り込み、伐期での収穫量は五〇〇㎥／haに届く勢いである。これほど生産量が増えたのは、主として肥培（施肥）、林木育種、バイテク苗によるものだ。

ここで注意しておきたいのは、この図に示されている数値はいわば平均値であって、実際の南部マツ人工林には、その場所の立地条件と経営目的に応じて、伐期や施業方式を異にする多様なものが含まれていることだ。南部マツ人工林の炭素収支と経済的パフォーマンスを包括的・定量的に明らかにしようとしたJonkerら[7]は、典型的なタイプとして次の二つを措定している。

○通常型：製材用材の生産を目的とする一般的な方式。主伐期は二十五年、疎植（一五〇〇本／ha）、間伐は植栽十五年目の一回のみ。除草剤の施用は一回、施肥は二回。平均的な木材収穫量は林地残材の利用を含めて九・七絶乾t／ha／年。

○短伐期型：パルプ用材の生産が中心。伐期は十六年、密植（三〇〇〇本／ha）で無間伐。除草剤の施用と施肥は二回だが量が多い。平均的な木材収穫量は一四・一絶乾t／ha／年。

見られる通り、収穫量で比較すると密植・無間伐の短伐期が通常型より四五％くらい勝っている。だが製材用材とパルプ用材とでは丸太の単価が大きく違うため、短伐期型の収支をベースにしてヘクタール当たりの純現在価値を計算すると、通常型の三五％にしかならない。ちなみに純現在価値が最も大きくなるのは、密植して間伐回数を増やす方式である。

さて、日本でも戦後、新しい技術を本気で導入しようとした時期があった。一九五八年にスタートする国有林の生産力増強計画がそれである。国有林では戦中・戦後の過剰伐採で森林蓄積の大幅な落ち込みが生じていたため、短い伐期で回転する人工林の造成が大々的に進められることになった。その時に密植、施肥、育種の導入もあわせて検討され、これによって人工林で二〇％の増産が可能であるとされたのである。

密植は単位面積当たりの植え付け本数を増やすだけだからそれほど問題はない。難関は未経験の施肥と育種である。急遽、国や都道府県の林業試験研究機関を動員して実用化のための実地試験が始められた。しかし残念なことに、十分な成果がないまま中途半端で終わってしまったように思う。林地肥培を例に取ると、膨大な数の試験結果のデータが集積されたのだが、結論として残ったのは、施肥が林木の成長を大きく促進するケースがある一方で、あまり効かないケースもあるということだけであった。

ところがアメリカ南部では、紙パルプ会社などの民間企業を中心に、連邦と各州の山林局、それに幾つかの大学がしっかりと連携して、極めてシステマティックな実地試験を二十年、三十年にわたって進めていった。その結果、林地の特性と施肥の効果との関係が明確になり、今ではそれぞれの林地の条件に応じて最適の施肥方式をピンポイントで選択できるようになっている。

それと同時に、南部では一九五〇年代以降、遺伝的に改良された苗木の開発と普及が進んだ。第一世代の採穂園から得られた苗木の伐期での収穫量は野生の苗木の約一〇％増とされていたが、それが第二世代になると付加的な増加が二〇％に達したと言われる。図3にあるように、近年の収穫量の伸びは主として林木育種とバイテク苗の導入で支えられている。

もう一つ指摘しておきたいのは、南部マツのプランテーションで使われている伐出技術だ。前記の通常型と短伐期型では当然のことながら選択される機械類も違ってくる。短伐期型が卓越するのは傾斜が比較的緩いゾーンであり、かつ収穫木の直径が比較的小さいことから、高性能のフェラーバンチャとCLTプロセッサを選択できる。作業能率が飛びぬけて高い上に、オペレーターの安全性も確保されている。また伐採した木を引きずり出す在来的なスキッダ方式に比べると、表層土壌へのインパクトは格段に小さい。

有力な民間企業が主導し、大学や山林局がこれに協力して進められたアメリカの技術開発は本当に凄いと思う。これが近年、産業林の解体（林地投資会社の台頭）、研究投資の減少、地球温暖化などによる森林災害の激増に直面して、容易ならざる局面に追い込まれている。

存立基盤を失った日本の在来的な人工林経営

それはともかく、これまでに達成された南部マツ・プランテーションの技術と経営こそ、木のルネサンスの、森林施業面での象徴のように思える。今から三十年か四十年前には全く想像のできなかった林業の姿がここにある。

これに対して日本の針葉樹造林はどうであったか。正確なデータがないから断定的なことは言えないが、日本の針葉樹造林の物的な生産性は一九六〇年あたりから今日まで、あまり変わっていないように思う。少なくとも、肥培や林木育種などの導入により、生産性が目立って引き上げられたという印象はない。植林のやり方、伐期、平均成長量などは一昔前とほぼ同じだし、伐出作業の機械化にしても、自伐林家レベルのスイングヤーダや自走搬器(ラジキャリ)にとどまっている。

このような森林施業が何とか経済的に成り立っていたのは一九八〇年頃までであった。高い木材価格と低い林業賃金が維持されていたからである。今では、かつての有利な条件はあらかた消え失せ、南部マツのプランテーションのような異次元とも言える林業経営と同じ市場で競争しなければならなくなった。市場競争力の差は歴然としているのだが、国内の状況を見ると、伐期四十~五十年程度の皆伐一斉林がわが国で採択し得る唯一の育林方式だと思い込んでいる向きが意外に多い。

もちろんこの方式もあり得るのだが、そのためには南部マツで試みられたような技術革新が不可欠だろう。とはいえ、六十年前の林力増強計画で、林地での施肥試験と林木育種事業を辛抱強く続けていたら、合衆国南部と同じような華々しい成果が得られるであろうか。ある程度の改善は期待できるとしても、満足な結果は得られなかったと思う。

アメリカ本国でも東北部や五大湖の周辺で、早生樹短伐期林業の導入が検討されたが、冷涼な気候と低い地力のため南部ほどの成長が期待できないことが判明し、断念されたと言う。また合衆国南部で品種改良と施肥が進んだのはロブロリーパインやスラッシュパインのような、これらの技術によく反応する樹種があったからである。スギやヒノキでこれほどの効果が得られるとはとても思えない。

今から六十年前、林業が大変な苦境に喘いでいたドイツでも、伐期の短縮が盛んに論議されていたが、結局のところ長伐期の伝統を守ることに落ち着いた。そのお陰で「木のルネサンス」がやってきたとすれば、この判断は正しかったと言えるだろう。わが国も当面は伐期の延伸を中心にして対応するしかあるまい。特に傾斜のきつい山地において短いインターバルで皆伐を繰り返すのは水土保全上問題があるし、また植林作業での技術革新と大幅なコストダウンが望めない現状では、長伐期施業か非皆伐施業に転換して更新経費の削減を図るしかない。

伐期が長くなっても、堅牢な構造用材が生産できるなら、早生樹のプランテーションと十分対抗できる。そもそも南部マツの短伐期プランテーションはパルプ材生産を主眼としており、最近では燃料用木質チップの生産にも回されている。平均成長量を犠牲にして伐期を長くすれば、年輪の詰んだ材が生産できるのだが、林産会社の林地を新たに取得した投資会社の「計画の視野」はかなり短く（第３章にある林地投資経営組織ＴＩＭＯの場合、七～十五年とされている）[6]、輪伐期を長くして構造材の生産に転換する可能性は小さいだろう。

持続可能な社会に向けて動き出す国際社会

『木材史・英語版』（二九〇頁）には次のような記述がある。

「現在の状況を見ると、気候変動の警鐘とエネルギー価格の上昇が、過去の二百年間に全く見られなかったようなチャンスを木材に与えている。シェル石油会社は今や世界一の森林所有者になり、同社の専門家たちは将来のバレル相当の木材価格をどのようにして算出するか論議していると言う。このことを知った林業関係者が大いに興奮するのは無理からぬことだ。また投資のアドバイザーたちは森林への投資を薦めている。何もかもが不確かな時代に、森林への投資こそ長期的に見て安全な領域だというわけだ」

こうした傾向は、二〇一五年に採択された二つの国際的な合意によって、さらに強化されることになった。

一つは国連が採択した「持続可能な開発目標（ＳＤＧｓ）アジェンダ２０３０」である。地球上の人口が今よりも二五億人増えて、二〇五〇年には一〇〇億人になると予想される中で、この人口を支えるのに必要な資源は既にその再生能力を超えるスピードで使われている。持続可能な社会を実現するのは、枯渇性の資源への依存をできるだけ低め、再生可能な資源とエネルギーをベースにした社会に変えていかなければならない。ＳＤＧｓはそのための行動目標を細かく定めたもので、一七の目標と一六九のターゲットが示された。そのターゲット中に「二〇三〇年までに世界のエネルギーミックスにおける再生可能エネルギーの割合を大幅に拡大する」がある。

私が注目するのは、「再生エネ一〇〇％」を旗印にしてＳＤＧｓに合流する企業が、国内と国外の両方でどんどん増えていることだ。その背景には、地球温暖化への危惧が高まっていることと並んで、単純な比率で表示される指標のわかりやすさがあると思う。

国際的合意の二つ目は、気候変動枠組条約に加盟する全参加国が賛同した「パリ協定」である。この協定は、二一〇〇年までの地球の平均気温の上昇を二℃以内に抑えることを目標にしているが、各国は温室効果ガス排出の削減目標を自主的に定め、それを実現するための対策を取ることが義務付けられている。ドイツの連邦政府も二〇一六年に「気候行動計画２０５０」を公表し、二〇五〇年までに温室効果ガスの排出量を八〇〜九五％削減するとした。

この「行動計画」で注目したいのは、「持続的な林業と効率的で賢明な木材の利用が、地球温暖化の防止にとって、極めて重要な役割を果たす」という認識が示されたことである。連邦食料農業省はこれを受けて翌二〇一七年に「木材憲章２・０」を策定しているが、中心となるテーマは、森林資源の制約が顕在化しつつある状況のもとで、地球温暖化の緩和に寄与すると同時に、さらなる増加が予想される木材需要にどう対応するかである。

新しい「木材憲章」を一読して感じるのは、温暖化防止が前面に出てきたために、木材生産と環境保全の厳しい対立関係は影を潜め、持続可能な森林経営のもとで木材生産が行われている限り、環境も保全されるという見方が強まっていることだ。木材憲章の文言を引用すると、「連邦と州の森林法は、森林が持続可能な形で保持され、経営されることを保証している。これによって社会は資源としての木材の連続的な供給にあずかることができ、同時にドイツの森林の保護的機能やレクリエーション機能も維持されている」と。

ここにはドイツの伝統的な森林・林業政策理念、つまり「利用を通して環境を保護する（Schutz durch Nutzen)」という功利主義の立場が貫かれている。一九八〇年代に主張されていた「より生産的な生態系からより環境保全的な生態系へ」という理念の転換はすっかり影を潜め、今回はむしろ「生物多様性と森林保全の分野では概ね改善の方向に動いている、長期的に見て状況が悪化しているのは資産、労働、所得の側面だ」という立場を鮮明にしている。

最近のドイツでしばしば耳にするのは「森林資源の制約」である。数年前に実施された第三次森林資源調査（ＢＷＩ）で明らかになったのは、これまで木材生産の増加を支えてきた針葉樹（特にトウヒ類）の林木ストックの大幅な落ち込みである。毎年の木材生産を現在のレベル以上に引き上げるのは難しいとする判断が一挙に広がった。

他方、この二十年、三十年の間、極度の不振に苦しんできた日本林業は、いわばその代償として国内の森林に大量の林木ストックを貯め込むことになった。ネックとされてきた林道網の不備も政府が林業助成の軸足を、ばら撒きから基盤整備に移すことで簡単に解決できるだろう。木材生産の長期動向を左右するのは、やはり森林資源である。これからは「ドイツ林業の停滞、日本林業の再興」という時代になるかもしれない。

エコロジーの時代に不安定化した世界の林業経営

ラートカウによると「エコロジーの時代」がスタートするのは一九七〇年である。その後二〇〇〇年代の初頭に至るまで環境保護運動の嵐が吹き荒れたが、当初、森林・林業はこの運動の対象にはなっていなかった。いつの間にか経済と環境の対立を際立たせる絶好の材料にされてしまうのだが、たまたまこの時期は木材の社会的、経済的評価が地に落ちていた時期であった。

私自身が強烈なショックを受けたのは、一九九四年に合衆国西北部の九九〇万haの連邦有地で策定された森林経営計画において、ニシアメリカフクロウ（northern spotted owl）を保護すべく木材伐採の大幅削減が明記されたことだ。この決定を聞いて、われわれ外国人はもとより、多くのアメリカの人たちも戸惑いを覚えたと思う。地域固有種のフクロウを守ることがそれほど大切か、と。生物多様性を求める運動が全米でこれほど大きく盛り上がっていたのである。

ところが皮肉なことに、現地からの最近の報告によると、連邦有地での木材収穫ができなくなって、若齢の森が減ってしまい、これがフクロウの生息地の減少に繋がった、つまり絶滅危惧種の存続がかえって危うくなっているというのだ(8)。

また最近の合衆国西部で大問題になっているのが、森林火災の頻発である。乾燥の激しいこの地域では定期的に自然の野火が入って下層植生が燃やされていた。こうして林内の可燃物が除去されていたのである。これに倣って計画的な火入れが森林管理の一環として実施されていたのだが、近年、近隣の住民や散策者から浮遊する煙に苦情が出たり、延焼の危険が指摘されたりして、結局、実行できなくなってしまった。そのために、巨大火災の危険が著しく高まっている。

山林局は一九八〇年代後半以降、全部の山火事を完全に消し止めることは断念し、人命などへの影響がなければ、燃えるに任せる方針を取るようになった。しかしそれでも山火事対策に山林局予算の半分以上が投ぜられている。当面予算の増える見込みはなく、このままいくと連邦有林の管理、民有林への支援、研究開発などへの支出を減らさざるを得ない状況のようだ(9)。

地球温暖化などの影響で山火事の頻度が高まっているのは事実だが、自然のままの森林には自分の力で立木密度を調節するメカニズムが備わっている。季節が巡ってくると自然発生する野火もその一つであった。しかし人間の消火活動でその野火が抑えられたり、あるいは人間が林内の樹木を伐り出したりすると、下層植生の密度が異常に高くなって、森林の中に大量の可燃物が貯め込まれる可能性が出てくる。人間の手が入り始めたら人間の手で密度管理するしかない。天然生林でも適切な抜き伐りによって林分をすっきりさせ、そこから発生する低質材をエネルギーとして利用することが本筋だろう。

新しい木の時代の到来により、持続的な木材生産の重要性が再認識されて、状況を大きく変えるかもしれない。再び「保全」と「保存」が協力して両立の道を探るべき時代が来るのではないかと、私は秘かに期待している。

地域林業の復活と木材クラスターの形成

『木材史』の第四章「高度工業化時代の木材」の最後は「エコ時代の森林と木材」の節で結ばれているが、ここには将来展望に関わる重要な見解がちりばめられている。以下にそれを二、三紹介しておこう(『英語版』二九〇頁)。

「ドイツの林産業界は、何十年ものあいだ原材料である木材は国内の森林に頼らずとも輸入材などで賄えるとしてきた。しかし世界的な木材不足があらわになって地域の林業が意味のあるパートナーになりつつある。〝木材クラスター〟が新しいマジック・ワードとなった。この言葉は林業と林産業の間の地域的な協力関係を示すもので、長期的に見ても、技術的に見ても最適な関係であることが期待されている」

クラスターが成功するための第一の鍵は流通コストの削減である。二〇〇五年にフィンランドからやってきた林産業界の一人は、これまでのドイツでは森林から工場までの丸太の流れが「障害物競走」になっていた、これを丸太がもっとスムーズに流れる「リレー競走」にしなければならない、と言ったそうである。この指摘は流通コストが飛びぬけて高い日本にもそのまま当てはまるだろう。

そして二番目の鍵は木材を取引する関係者が信頼関係に基づいて協力することである。生物起源の木材は非木質系の資材に比べると不均質で、様々な欠陥を抱えている。特に丸太の場合は、外から見ただけでは内部にどのような瑕瑾があるかわからない。売り手と買い手の双方に信頼関係が醸成されていないと、取引に齟齬が生じる。

北米や北欧の場合は、豊富な天然林資源を背景に木材加工工場の近代化・大型化が比較的早くから進んだ。しかし木材の大量集荷が困難であった中部ヨーロッパや日本では比較的小さな地域の範囲内で、それ相応の木材クラスターが形成され、同時に複雑な流通経路が出来上がってしまった。林産業の近代化・大規模化を図る段になって、この古い体制が障害になってきたのである。

しかし、木材・木製品が重量物であることに変わりはない。ある森林地帯の一角に理想的な木材クラスターがつくられていれば、域内で伐採された丸太の多くはここに流れてくるだろう。輸送費が一番節約できるからである。ここで引き取れない丸太だけが地域の外に流れていく。だからこそ、世界的な木材不足とともに地域林業が再び脚光を浴びることになるのだ。

木材クラスターを構成する業種としては、林業、木材加工業、建設業、家具製造業、エネルギー関連業などだが、これらの業種が協力し合うことで、参加企業のそれぞれが利益を得るだけでなく、地域経済への貢献も大いに期待できる。

例えば、生産された丸太が域内の製材工場で加工されて、柱や板になり、地元の工務店がその製材品で住宅の新築や改築を手がけるとすれば、地域に相当な雇用が生まれ、付加価値額も増えるだろう。また山での森林伐採から木材加工、建築までの全プロセスで多種多様な木屑類が発生しているが、それらは全て地域の冷暖房や熱電併給に使うことができる。丸太のまま外に出したのでは、素材生産でのわずかな雇用効果と丸太の販売収入くらいしか期待できない。

ただし木材クラスターは一つの自治体だけで完結するものではない。例えばクラスターに組み込まれる製材工場は地域の山から出てくる多様な木材を処理することから比較的規模の小さい工場になるであろうが、それでもコスト効率を考えると、あまり小さくはできない。ペレット工場にも同じ問題があるし、移動式大型チッパーの共同利用なども複数の自治体に跨るのが普通である。つまり自治体間の連携が不可欠になってくる。

最後にもう一つ、地域での森林管理をどうするかという問題に触れておきたい。ラートカウが繰り返し強調するのは、地球規模の森林政策などというのはナンセンスであり、この問題はあくまで地域で解決すべき事項だと言うのである。

「グローバルな気候変動政策は主として管理（controls）と規制（restrictions）をベースにしており、それを支える拘束力（sanctions）がない。これでは失敗に終わる可能性が大きい。長期的に見ると、こうした戦略が成功するのは、この戦略に直接影響される人たちが参加することに関心を抱く場合に限られる。歴史の示すところによれば、これこそ持続可能な林業が成立する唯一のルートだ。世界経済における木材のより大きな役割は、持続可能な林業を確立しつつ管理や規制なしに長期にわたってCO_2バランスを均一にするセクターを形成することである」（『英語版』二九二頁）

中山間地におけるエネルギー自立

さて、近年のドイツやオーストリアでは、「エネルギー自立」が地域振興の重要なキーワードになってきた。わが国でも平成二十九年版の『環境白書』は再エネの活用による中山間地のエネルギー自立に言及している。

再エネの導入ポテンシャルが大きいとはいえ、わが国の地理的条件を考えると、中山間地で生み出せる再エネの量はそれほど大きくない。一部の地域で再エネの他地域への移出があるにしても、多くは自分のところで消費するエネルギーを賄うのが精一杯だろう。大都市にエネルギーを売ってお金が稼げるといった状況は今のところちょっと想像しにくい。優先すべきは「エネルギー自立」だろう。

一九六〇年頃まで日本の農山村は、薪炭を生産してそれを都市に供給する役割を果たしていた。化石燃料の輸入が本格化して薪炭の需要が激減し、農村部の多くの人たちが雇用の場と大切な収入源を失った。おまけに自らもエネルギーの自前調達ができなくなって、何もかも外部から購入せざるを得なくなったのである。これが林業全体の衰退と相まって激しい人口流出を招来することになった。再度、木材を基軸にして地域経済の立て直しが図れないものか。これが私の一貫した研究テーマである。

国内の森林には膨大な木材資源が眠っている。エネルギー用であれば、どのような種類の低質バイオマスでも全部使えるから、利用可能量は大変な量になるだろう。ただ木質エネルギーで厄介なのは、燃料に向けられるバイオマスの多くが、森林伐採や木材加工の副産物ないしは残廃材であることだ。つまり燃料用のバイオマスとしてどのような種類のものが、どれほどの量出てくるかは、先行するマテリアル利用のあり方によって決められてしまう。両者は常に一体のものとして扱われなければならない。

まず森林から出てくるバイオマスについて見てみよう。人工林や天然林から製材用の丸太を伐り出した跡地へ行ってみると、様々な「林地残材」が散乱して残っている。具体的には木の梢端部、枝条、根株、端材などで、全て燃料になるのだが、これを集めて運び出すのは大変な仕事である。ドイツやオーストリアで一般化しているのは、林木を伐倒したら枝葉のついたまま林道際まで引きずり出すか架線で運び、待機する大型機械で枝落としや玉切りなどを行うことである。林地残材は一カ所に集められているから、その場でチップにして運び出すこともできる。林道を開設して何種類かの大型の機械を入れるのは相当な投資だから、価格の安い木質燃料だけではとても負担しきれない。高く売れる構造用材と一緒に出してくるしかないのである。

木質燃料のもう一つの給源は製材工場、合板工場、紙パルプ工場などから出てくる「工場残材」や廃液である。これらは工場にとっては厄介な廃棄物であるが、エネルギー利用の観点からすると最も安価な燃料でもある。マテリアル利用とエネルギー利用が協力することで双方が利益を受ける可能性が大きい。

森林バイオマスと工場残廃材のエネルギー利用に共通して言えることだが、木屑の発生する場所とその木屑を熱や電気に変換する場所との距離をできるだけ短くしたい。木屑の輸送コストが節約できるからである。前節で述べた「木材のクラスター」の中にエネルギー転換のセクターを組み込むのが有力な解決策になるだろう。

これまで木質バイオマスの推進策と言えば、ペレットストーブやチップボイラー、発電プラントなどの設置台数を増やすことに力点がおかれていた。しかし今後は木質燃料のサプライチェーンがしっかりと確立され、生産されたエネルギー、特に熱の安定した出口が保証されていない限り、大きな飛躍は望めない。「エネルギー自立」の理念は、地域のエネルギーシステム全体、ひいては経済システムそのものの変革を視野に入れている。

もう一つ付け加えると、エネルギー自立は再生可能なエネルギーの導入だけでは済まない。導入と同時に、省エネルギーの徹底、燃焼機器の効率改善、熱電併給の促進、地域熱供給の拡大などエネルギー効率を高める努力が要求される。また太陽光、風力、小水力、地熱などからの再エネが増えてくると、木質エネルギーだけを視野におさめた最適化は許されなくなり、他の再エネとの協調が重要になってくるだろう。

「緑の大連合」構想とチャック・リーヴェルのこと

ラートカウの何冊かの著作を読み終えた後で最後に残った疑問は、彼が『木材史』で最終的に目指していたのは何か、である。今回新しく付加された『英語版』緒言の冒頭で、基本的な課題として提示されたのは、「人間社会の限られた資源の管理に関して歴史が人々の関心を結束させることができるかどうか」である。森林が有限であることは中世において既に知られていた。森林の歴史全体を通覧して読み取れるのは、「森林には限りがないとする理念と、森林消失や木材不足が起こるのではないかという恐怖との間の絶え間ない動揺」である。

残念なことに、森林と木材（木製品）は不可分であるのに、その両者の歴史は全く別の世界の出来事であるかのように扱われてきた。そのうえ環境史も木材産業とは切り離されて展開されることが多い。林業、林産業、環境保護の三者がそれぞれに自己主張を繰り返していたのでは、「絶え間ない動揺」はいつまでたっても収束しない。どこかで折り合いをつけるには利害関係者が、（例えば）木を軸にした「緑の大連合（Broad Green Alliance）」（『英語版』七頁）のもとに参集して、妥協点を探ることだ。『木材史』はその可能性を模索した書と言えるかもしれない。

ただ、ラートカウの場合は「緑の大連合」の提案に終わっている。これを実現するために何をなすべきか、それには何も触れていない。たまたま「英語版」を読んでいて、チャック・リーヴェルの『フォーエバー・グリーン――アメリカの森林の歴史と希望』のことを知り、早速、取り寄せて一読したところ、素晴らしい書物であることがわかった。本の全体構成も、人々に伝えようとするメッセージも、ラートカウの『木材史』のそれと驚くほど類似している。と言っても、学者の堅苦しい専門書とは全く違う。何とか世の中を変えようという意欲に満ち溢れていて、一般の人たちへの熱のこもった呼びかけになっている。分量も新書くらいで気軽に読める。

気づかれた読者も多いと思うが、チャック・リーヴェルはイギリスのロックバンド、ローリングストーンズのキーボード奏者である（当時）。お恥ずかしいことに、私は何も知らず、インターネットで少し調べたら、いろいろなことがわかってきた。

チャックと妻のローズ・レインはジョージア州で約一〇〇〇haの植林地を経営する家族経営の林家（tree farmer）である。林地そのものは奥さんが祖母から引き継いだものらしい。一九八〇年代の初頭に二人で森林計画を立案し経営の実務に携わることになるが、ミュージシャンのチャックにとっては全く経験したことのない畑違いの領域である。直ちに木と森と森林経営についての猛勉強が始まった。図書館に行って書物をあさり、地域の関係団体が主催するセミナーに参加し、役所を訪ねて資料を集め、さらに森林所有者協会とジョージア州の普及事業局が提供する通信教育のコースに入学することにもなった。

森林経営に没頭するチャックを見て、ある友人は「心はツリー・ファーマーで、魂はミュージシャン」と評したそうである。植林地の経営においても見事な実績を挙げていたのであろう。一九九九年、全米でその年に最も優れていたツリー・ファームに選ばれ、ジョージア州からも二度にわたって同様の栄誉が与えられている。

林業界から賞賛される一方で、木材産業とは犬猿の仲の、筋金入りの環境保護主義者からも尊敬される稀有な人物であることもわかった。ひと際すぐれたバランス感覚が備わっているらしい。二〇一一年に出版された『成長する善きアメリカ』はこれまでに出た環境本の中で「コモンセンスに最も秀でた著書」の一つとされている。

しかし私の見るところ、誰もがチャックに一目置くのは、大地にしっかりと足を下ろして、自分でトラクターを乗り回し、森林経営の現場で奮闘しているからだと思う。リーヴェル夫妻が経営するチャーレイン・プランテーションは先に紹介した、世界一生産性の高い南部マツ植林地の一つである（なおチャーレインという名称は夫妻の名、チャックとローズ・レインの合成である）。人工林の一部では遺伝子操作のバイテク苗木も使われ、伐期は二十年前後。収益もそれなりに上がっていると思うが、昨今では厄介な問題に直面しているらしい。その苦労が率直に語られていて好感が持てた。

まず、私的所有権が最大限に保護されてきたアメリカでも、森林に対しては州や連邦政府からの規制が幾重にも課されるようになった。こうした規制は功罪半ばで、煩わしさだけを所有者に残すものも少なくない。二つ目の問題は税金である。地方政府の主な財源が固定資産税であるために、ツリー・ファーマーにもどんどん重い税を課してくる。加えて相続税の負担も相当なもので、リーヴェル夫妻の過酷な経験が赤裸々に語られている。さらに自然災害で森林に被害が出た場合も、農作物のような災害補償の仕組みができていない。こうした負担に耐えられなくなった家族経営の林家は、木材生産を断念して林地を丸ごと都市開発のデベロッパーに売却するケースも目立つようになった。そのために都市の近郊ではスプロール化が急速に進んでいる。

チャック・リーヴェルは環境問題の解決に政府などが細かく介入することを嫌う。重視するのは土地の私的所有と企業家精神の結合であり、市場原理を上手に活用して環境問題を解決することである。つまり環境を保全することが森林所有者の利益になるような仕組みをつくることだ。[10] これにはラートカウも賛成するだろう。私も異存はない。

チャック・リーヴェルの提案——信頼に足る認証システムの確立

チャック・リーヴェルは約二十年にわたる自らの学習と体験を次のように総括する。

「これまで学んだことの中で私が最も重要だと思うのは、私たちの世界はデリケートなバランスであり、私たちはそのバランスをよく理解し、バランスがきちんと保たれるように努めなければならない、ということだ。私の任務は、妻と私の経営林においてこのバランスを実際に維持し改善することだと心得ている。そして、私たちの国、私たちの世界でこのバランスを維持するにはどうしたらよいか、さらには私たちの最も大切なこの天然資源をもっとうまく利用するにはどうしたらよいか。私ができるだけたくさんの方々にぜひ知ってもらいたいと願っているのは、このことである[11]」

バランスの取れた森林利用を実現するには全ての人々の協力が要る。「ツリー・ファーマー、伐出業者、林産会社、小売店、政治家、環境運動家、それに何よりも重要な消費者」がそれだ。この人たちが、日常生活における森林の大切さをしっかりと認識した上で、共通の土俵に上がって、話し合いを始めなければならない。共通の土俵とは何か。

チャック・リーヴェルが着目するのは、アメリカの人たちがこの国の森林に何を求めているかである。彼は次の三点に絞った。

①木材を持続的に供給すること
②農村部のコミュニティで雇用を確保すること
③清浄な水やレクリエーションのような健全な森林と生態系がもたらす価値に留意すること

彼は言う。「私たちはこの三つを何としても提供しなければならない。そして忘れてはならないのは、このうちのどれか一つの重要さは、他の一つのそれと全く同じであるということだ」[12]

私はこの提言が気に入っている。過去を振り返ると、政治家やジャーナリスト、環境活動家や研究者の間で派手な環境論議が繰り返されてきたけれど、人里離れた農村部で森林管理の仕事に地道に取り組んでいる人たちのことが、いつの間にか忘れ去られていることが多かった。この人たちが安心して仕事に取り組める経済的な条件が整わない限り、健康でバランスの取れた森林を造成し、末永く維持していくことなどできるはずもない。ツリー・ファーマーでもあるチャック・リーヴェルはこのことがよくわかっていた。

さて、森林の利用を巡るデリケートなバランスを維持し、改善していく上で決定的に重要なのは、信頼に足る認証のシステムを確立することである。二〇〇一年に出版された『フォーエバー・グリーン』の中で、チャック・リーヴェルは当時のFSC認証に対して強い不満を表明していた。

FSCのスポンサーになっているのは、メキシコに認証事務局を置く自然保護団体のWWFだ。彼らは一つの基準を世界各地の森林に画一的に適用しようとしている（one size fits all）。各地の森林が、自然条件はもとより、歴史的、社会的な背景を異にしている以上、それぞれの地域で独自の基準があって当然である。その上、認証を得るための料金があまりにも高い。家族経営のツリー・ファーマーでも、安心して参加できるような認証システムでなければならない、と言うのである。(13)

実のところ、二〇〇〇年頃にはチャック・リーヴェルの主導の下、既に画期的な認証制度をスタートさせる準備が着々と進んでいた。この準備があったお陰で、早くも二〇〇二年からアメリカ・ツリー・ファーム協会（ATFS）の新しい認証システムが実施に移されている。これは持続可能な林業経営の北米ガイドラインをベースとし、PEFC（Programme for the Endorsement of Forest Certification Schemes）の森林認証にも裏打ちされた、国際的に通用するシステムである。

ATFSの認証基準は、現在ではアメリカ森林財団（AFF）のプログラムの一つになっており、五年ごとに見直されている。現時点で有効なのは二〇一五〜二〇二〇年に適用される「森林認証のための持続性の基準」だが、その内容をかいつまんで説明しておこう。

所有規模が四〜八〇〇〇haの森林所有者なら、自分で、あるいはコンサルタント・フォレスターなどの助力を得て所有林の経営計画を作成し、その認証をAFFに求めることができる。図4の中央に描かれているのは、認証された家族経営林が受け取る証書のロゴだ。経営林の産物として木材、水、野生生物、レクリエーションの四者が列挙されていることに注意して欲しい。つまり林業というのは、市場で販売される通常の林産物を生産するだけでなく、環境サービスの提供にも責任を負うことになっている。

しかし森林が生み出す環境サービスの殆どは、無償で社会に提供され、森林所有者の収入にはならない。新しい認証システムで強く意識されているのは、環境保全のインセンティブを強めるべく、林産物

図４　家族経営林の認証ロゴ

出典：アメリカ・ツリー・ファーム協会が、森林所有者に対して森林認証を取るよう勧誘する広報用のパンフレットから。

の全サプライチェーンを通してトレーサビリティ（追跡可能性）の徹底を図ることであった。

建築用の木材を例にとると、森林で育てられた木材は、木材会社によって伐倒・輸送されて製材工場に届けられる。その製材品を仕入れた住宅メーカーは家を造って売り出すだろう。大事なことは、ここに登場する森林経営、木材会社、製材工場、住宅メーカーのいずれもが包括的な統一基準で認証されていることだ（Chain of Custodyの原則）。最終消費者と向き合う最後の住宅販売会社は、木造住宅を売り込むに当たって、「この家はサプライチェーンのあらゆる段階で環境に最大限配慮しているため、他の業者の家に比べて多少割高になっているが、あなたがこの住宅を購入することで、合衆国の森林と環境は良好な状態で維持され、改善される」として説得に努めるだろう。これは有機栽培の農産物が割高の価格で売られているのと同じ理屈である。

ＡＴＦＳの基準では小規模な所有者のためのグループ

認証も認められている。典型的には投資ファンドなどが相当数の森林所有者を束ね、一括して認証を得るシステムがそれだ。もちろん認証の申請は所有者の自由意志に委ねられており、強制される性質のものではない。

もう一つ私が注目しているのは、森林所有者の意向を最大限に尊重する姿勢が貫かれていることである。林産物の生産を重視する経営がある一方で、自然との触れあいに喜びを感ずる所有者が確実に増えている。所有者のこうした選好に配慮して、認証の持続性基準には、絶対に遵守すべき基準と所有者の経営目標に合わせて一定の範囲内で変更し得る基準の二本立てになっている。

以上から知られるように、認証基準は決定的な意味を持っているのだが、これを誰が最終的に決めているかと言えば、アメリカ森林財団（ＡＦＦ）の理事会である。ここには前述の「ツリー・ファーマー」、伐出業者、林産会社、小売店、政治家、環境運動家、それに何よりも重要な消費者」の面々が顔を揃え、真剣な論議を交わしながら物事を決めている。連邦政府や州政府はＡＴＦＳやＡＦＦの認証事業を間接的に支援しているけれど、経営計画の作成やその承認プロセスに直接嘴を入れるような局面はどんどん減ってきているように思う。

チャック・リーヴェルの卓越したリーダーシップによって、森林・木材認証の新しい時代が確実に到来しつつある。同様の動きはヨーロッパでも見られ始めた。いずれ両者は統合されて、ゆくゆくは世界基準に発展するだろうと言われている。ここで詳しく述べる余裕はないが、ツリー・ファーム協会のホームページ（https://www.treefarmsystem.org）で、認証と基準の項を検索して、ぜひ一読して頂きたい。

ラートカウが願っていた「緑の大連合」が、ようやくこのアメリカで具体化し始めたように思う。しかし考えてみれば、木材か環境かという不毛な論議を先鋭化させたのもアメリカであった。経済的便益を重視する一派と、原生のままの自然を守ろうとする一派が、それぞれ農務省の山林局と内務省の自然公園局を拠点にして激しい非難合戦を繰り返してきた。そこへ突如ミュージシャンのチャック・リーヴェルが現われて、そのような馬鹿な争いはいい加減にしなさいと両者を諌め、手を握らせたのだ。新しい木の時代にふさわしい画期的な出来事と言ってよい。

合衆国では彼を前面に押し立てて、America's Forests with Chuck Leavellと称する団体が生まれ、政府機関、林業団体、自然保護団体、関連大企業、マスメディアなどを巻き込みながら活発な活動を展開している。時代の流れという強い追い風があったことも否定できない。二〇一三年の山林局の調査によると、この国の家族経営林の面積は一億一七〇〇万ha（全森林の二六%）、所有者数は一〇七〇万人にも達しているが、これまでは比較的影の薄い存在であった。それが二十一世紀に入って木材生産の着実な伸びが注目されるようになり、今では合衆国の林政において中核を担う政策対象に変わってきている。

本書の序章で速水は、「森林は美しい、林業は楽しい、だが現実の森林経営は決して楽ではない」という意味のことを書いているが、これを読んですぐに頭に浮かんだのがチャック・リーヴェルの『フォーエバー・グリーン』である。全体のトーンが驚くほど似ているのだ。ともに一〇〇〇ha程度の森林を所有する家族経営で、その日夜の苦労が行間に滲み出ている。

日本の課題

本書の三九～四九頁には森林認証や木材ラベリングについての速水の考え方が明確に述べられている。速水林業がわが国で最初のＦＳＣ森林認証を取得したのは二〇〇〇年のことであった。これが日本ではなかなか広がらない。環境に配慮するという意識がきわめて希薄なのである。「林業が扱う森林はそれ自体が巨大な環境要素」であり、それを様々な形で変化させている林業は何よりも環境配慮を優先すべきだという速水の主張は、同じ二〇〇一年に刊行された『フォーエバー・グリーン』でのチャック・リーヴェルの構想とぴったり符合している。ただここでの問題は、速水も指摘しているように、日本では新しい認証制度を支える人材が殆ど育っていないことだ。

ＡＴＦＳの認証制度では、「資格のある自然資源管理の専門家（qualified natural resource professional）」が極めて重要な役割を担うことになっている。このプロ集団は「訓練と経験によって森林経営に助言できる人たち」のことで、具体的にはフォレスター、土壌科学、水文学、森林エンジニアリング、森林生態学、漁業・野生生物関係の生物学者、ないしはこうした分野での技術的訓練を受けた専門家などが列挙されている。森林経営の現場で的確な指示を出すには、狭い分野の専門知識だけではどうにもならない。広い視野と実地での経験が欠かせないであろう。

さらに森林認証を取得した経営については、三年おきくらいの頻度で現場に赴いて基準が遵守されているかどうかをチェックすることになっているが、これは可能な限りボランティアにやってもらうべきだとする論議がある。おそらく人材確保の最大のソースは、長年林業経営に携わってきた比較的高齢の人たちだろう。森林認証の精神がしっかりと理解できていれば即戦力となる。また投資ファンドなどで働いていたフォレスターが第一線を退いた後、この役目を担うこともできるはずだ。完全なボランティアでなく、実費支給でも大幅な経費節約になると思う。

アメリカで始まった家族経営林の森林認証制度が国際的な広がりを持つようになると、日本でも現場の森林経営に的確な助言のできるコンサルタント・フォレスターの育成が喫緊の課題として浮上してくるだろう。この専門家集団はドイツの伝統的な林業・林学界が育成しようとしたフォレスター像とは全く異質のものと言っていい。どこが異質かと言うと、林業は百年を要する大事業であり、民間には任せられない、究極的な責任は国家が負うべきだ、という強い信念に支えられていたからである。

しかし第二次世界大戦後、民間企業によるイノベーションを軸にした経済発展が本格化すると、プロイセン流の国家主義的な林政の指導理念は急速に力を失っていった。恐らく官主導の危うさを、森林経営の瓦解という劇的な形で世界に知らしめたのが戦後の日本林政ではなかったかと思う。森林が荒廃していた敗戦直後に、極めて中央集権的な森林計画制度が発足した。個々の山林所有者の計画期間中の伐採箇所や植林箇所まで官庁フォレスターが指定していたのである。封建領主の時代ならいざ知らず、民主主義の時代にこんな上意下達の計画が成功するはずもない。

外材輸入の増加や国産材価格の下落で、詳細を極めた森林計画も、その本来の任務である木材収穫の保続には何の役にも立たず、文字通り「画餅」に終わってしまった。ところが不思議なことに、その後何十年にもわたってこの「お飾り」にも等しい森林計画が五年毎につくり続けられるのである。作成を担当した地方自治体の職員たちも、実現の見込みのない計画量を計上することに空しさを覚えたことだろう。

しかし「地方からの反乱」は起こらなかった。中央政府に森林管理のための予算を握られているから反抗できないのである。このような体制の起源は遠く明治の初期にまで遡るかもしれない。私の見るところ、地方自治体の林業職員から森林組合の実務担当者に至るまで、長期にわたる中央集権体制の下ですっかり染み付いた行動様式からなかなか抜けきれないでいる。できることなら、中央官庁の顔色を伺う前に、それぞれの地域が当面する森林・林業の問題を正面から見据えてもらいたい。わが国のフォレスターが、新しい時代のフォレスターに変身できるかどうかは、まさにこの点にかかっている。

近年では小規模森林所有林の施業集団化のための森林計画にかかわる業務が市町村に委ねられるようになった。これは意地の悪い見方をすれば中央政府の「責任放棄」とも言えるが、その一方で、森林環境税・森林環境譲与税の創設と相まって真の地方分権を確立する絶好のチャンスでもある。自治体フォレスターの活躍する場は確実に広がっていくだろう。

ただし、日本では大きな問題がもう一つ残っている。繰り返し述べてきたように、木材販売における森林所有者の分け前が異常なまでに圧縮されているのだ。これでは新しいタイプのフォレスターが誕生したとしても、林業経営の側でそのコンサル料が払えない。アメリカの家族経営林では、その収益性が改善されたお陰で、彼ら自身が主体的に参画できる森林認証のシステムを確立した。わが国において真っ先になすべきは、やはり木材販売における森林所有者の取り分をもっと増やすことだろう。これからは、林業に使われる公的な資金を間伐補助金のような形でばら撒くのではなく、このような補助金がなくても森林経営が自立できる状況を生み出すことに全力を尽くすべきである。

低迷が続いた日本の林業にもようやく燭光が見え始めた。各地の森林に所在する林木が年々大きくなって利用可能な蓄積量が急速に増えてきている。良好な自然環境を維持しながら、この資源を上手に利用して木材の生産量を持続的に増加させ、地域の雇用と所得を増やすにはどうすればよいか。チャック・リーヴェル流の理想を言えば、何よりもそれぞれの地域でこのテーマを中心に、皆で論議できる共通の場をつくりたい。ここに参加を求められるのは林業・林産業の関係者から木材の消費者や一般の市民にまで及ぶが、共通の場の形成には相当な政治力と知恵が不可欠だ。

おそらくその先導役を務めるのが、新しいタイプのフォレスターだろう。彼らの任務は、地域の森林資源状況や市場条件などを的確に押さえて、木材生産や雇用確保の面でどれほどのポテンシャルがあるかを明らかにすることである。このポテンシャルが、十分な説得力を持つ形で提示されれば、関係者の関心を呼び起こし、地域の森林を見直す重要な契機になるはずだ。やがて自治体の長や議員たちがこの戦列に加わってきて、「緑の連合」の地域版が出来上がるかも知れない。私はそれを願っている。

注

（1）杉山大志「イノベーションは経済成長との好循環においてこそ生まれる」『環境管理』二〇一八年九月号

（2）熊崎　実『木のルネサンス——林業復権の兆し』エネルギーフォーラム、二〇一八年刊、一六〇〜一六二頁

（3）Joachim Radkau：*Holz -Wie ein Naturstoff Geschichte schreibt*. Oecom verlag

（4）Radkau, J.（Translated Camiller, P.）：*Wood ~A History~*, Polity Press, 2012

（5）Radkau, J.（Translated Camiller, P.）：*The Age of Ecology ~A Global History~*, Polity Press, 2014, p.388

（6）Anthony W. *et al*：Silviculture in the U. S.：An Amazing Period of Change over the Past 30 Years. *Journal of Forestry*, 116-1（2018）, pp.55-67

（7）Jonker, J. G. G. *et al*：Carbon balance and economic performance of pine plantations for bioenergy production in the Southeastern United States. *Biomass & Bioenergy*, 117（2018）pp.44-55

（8）Franklin, J. F. and Johnston, K. N.：Lessons in policy implement from experience with the Northwest Forest Plan, USA. *Biodivers. Conserv.* 23：3607-3613（2014）

（9）カサンドラ・モズリー「大規模山火事の増加：その原因と対策は」Newsweek（日本版）、二〇一八年九月十八日付

（10）ここに記されている経済論的な話は『フォーエバー・グリーン』の本文の中には出てこない。ただ、本文末尾の付録で、モンタナ州に本拠を置くPolitical Economy Research Center（PERC）が「市場原理を導入して環境問題を解決しようとした」素晴らしい組織として紹介され、簡単な解説が加えられている。引用はこの解説からである。考え方としては、「合理的環境主義者」を自認する前出の杉山大志に近い。

（11）Leavell, C.：*Forever Green - The History and Hope of the American Forest*, Mercer University Press, 2nd edition 2003, p.9

（12）同右、p.166

（13）同右、p.133

あとがき

林業は世代を繋ぐ生業である。今ある森林には過去の人々と森との関わりが映し出されており、現在の私たちが森とどう関わっていくかが未来の森を形づくっていく。

本書の編者は三名いるが、それぞれ大凡二十年ずつ年齢が離れている。熊崎が林業経営の研究を始めた一九五〇年代後半の日本は、異常なほどの木材景気に沸いていたという。「世界に冠たる日本林業」とも言われ、自信と誇りに満ちた時代だったようだ。そんな林業の賑わいを間近で見て育った速水が家業の林業を継いだのは一九七〇年代半ば。地元三重県尾鷲の林業の輝きが頂点に達する頃だったというが、その後、日本の林業は下り坂に転じてしまう。筆者（石崎）が林業について学び始めた一九九〇年代半ばは日本林業の苦境も定着して久しく、かつて左団扇の森林所有者がいたことなど伝説としてしか知らない。これが四十年間という、森から見るとほんのひとときの間に起こった変貌である。

熊崎は、一九八九年に著書『林業経営読本』（日本林業調査会）で「嘆き節はもうやめよう」と記している。古き良き時代の思い出に引きずられ、現状を嘆くばかりで新しい展開の可能性を真剣に追求しようとしない林業関係者に対するエールであった。大学でこの本をテキストに熊崎から林業経営学を学んだ筆者は、「新しい展開の可能性の追求」の一端を担うことを夢見て研究の世界に飛び込んだ。あれから四半世紀が経とうとする現在、かつては名を馳せた林業家が一人また一人と山を手放している。もはや「嘆き節」さえ届かない。代わりに、「悪いのはアレだ」といった犯人探しや罵り、ダメだダメだという不満ばかりを聞き続けた四半世紀だったように思う。正直、もうたくさんだ。そろそろ未来に目を向けたい。確かにダメなところもある等身大の私たちがこの先どんな未来をつくっていけるのか、子供たちやそのまた子供たちへ何を引き継いでいけるのかを議論したい。『森林未来会議』というタイトルに込めたのはそんな想いである。

本書は三年前に熊崎と速水の呼びかけで始められた研究会「持続可能な社会構築のための林業イノベーション研究会（ＦＩＲＧ）」での議論をベースに企画・編集したものである。この研究会が始まったきっかけは、森林総合研究所の研究者数名が大学の研究者等と共に執筆した一冊の書籍であった（岡裕泰・石崎涼子編著『森林経営をめぐる組織イノベーション：諸外国の動きと日本』広報ブレイス、二〇一五年）。日本の外に目を向けると、森林経営やそれを支える仕組みのあり方が市場や政策、環境保全など様々な側面から変革を求められドラスティックに変容している国々がある。そうした諸外国の経験から日本が学べることを探る共同研究の成果をとりまとめた書籍であった。だが熊崎から見ると、かつての職場である森林総合研究所の後輩たちによる研究やその成果の発信の仕方の拙さが歯がゆかったのだろう。こんな研究者向けの本では現場の人たちに届かない。こうした研究者の知見と実際の現場での実践から得られた知見とをぶつけ合って、国際的な視野をもって日本の林業の問題を議論し、その成果を森林や林業に関心を持つ幅広い人々へ向けて読みやすい形で発信するべきだ。速水と一緒にそのための研究会をやろうじゃないか、と声掛けをいただいたのが二〇一五年の暮れのこと。早速、年明け早々に始められた研究会は、当初一年間を予定していたが、参加者はどんどん増え議論が盛り上がり、あっという間に三年の月日が流れてしまった。

この研究会には、研究者だけでなく、行政に携わる人々や教育に関わる人々、学ぶ人、森林経営に関わる人など様々な立場の者が参加し、立場を超え世代を超えた議論が交わされてきた。研究会の事務局を担当した筆者が最も苦労したのは、議論を止めるタイミングであった。毎回議論は盛り上がり、当初示した定刻が迫っても一向に収まる気配はない。毎回心苦しさを感じながらも、熱気溢れる議論に区切りをつけなくてはいけなかった。

多岐にわたる議論の中でも特に印象深かったのは、研究会が立ち上がって間もない頃、当時大学院生だった女性が投げかけた問いであった。

「今、林業に携わる若い人たちが林業の魅力や面白さを感じることができないのはなぜでしょうか？」

昨今、林業や山村での暮らしに魅力を感じて林業の世界に飛び込む若者が増えている。そんな若者が実際に携わった時に「大変だけど、やりがいがある」と実感できる仕事にしていくためにはどうしたら良いのだろうか。

速水は序章において、自らの様々な経験を紹介しながら、視野を広げ工夫を凝らせば見えてくる道もあることを示し、森林がつくる未来を共に考えようと呼びかけている。後に続く八つの章は、速水の発信を受けて、それぞれの著者が自らの調査結果や経験を踏まえて考えたことを論じたものとなっている。久保山（第1章）、堀（第2章）、平野ら（第3章）の章では、二〇一五年に執筆した論文の議論をブラッシュアップして、諸外国の森林経営をめぐる動きが日本に与える示唆を論じている。そこから明らかになることの一つは、フォレスターと呼ばれる人材の重要性である。続く石崎（第4章）、中村（第5章）、鈴木（第6章）の章では、ドイツ等の森林官と日本の地方自治体のフォレスターの実情について検討している。そして横井（第7章）と正木（第8章）の章では、科学的な知見やそれに基づく技術を現場で実践する人々へどのように届けていくかを教育者と研究者それぞれの視点から探っている。最後の熊崎による終章では、再び全体を俯瞰しながら、さらに自身が集めたデータや文献に基づく知見を論じた上で、アメリカのミュージシャンであり林業家でもあるチャック・リーヴェルの提言を引用して本書を締めくくっている。

各章の議論には、執筆者により見解が異なる点もある。違う意見、異なる視点の存在も認め、尊重するという方針は、この研究会の特色の一つでもある。だが、林業に携わることに夢と誇りを持てる世にしていきたい。その想いは、執筆者全員が共有してきた。

全国各地から有志の仲間が集って議論を重ね、その成果を書籍という形で刊行することができたのは、ＮＰＯ法人22世紀やま・もり再生ネットの御支援によるところが大きい。心より感謝申し上げたい。また、毎回白熱する議論を丁寧に文章におこし議事録を作成いただいた小坂香織さん、岡田（浅井）美香さんの協力も研究会での議論を有意義なものとするのに欠かせなかった。研究会の趣旨に賛同いただき、遠路も厭わず御参加いただいた研究会参加者の皆さんとの熱い議論がなければ、本書をまとめることができなかったのは言うまでもない。本書に記すことができたのは、研究会で交わされた議論の極一部である。可能であれば全ての意見や論点を本書に盛り込みたかったが、残念ながらそれは叶わなかった。

本書の議論には、不十分な点や至らない点も多々あるだろう。御批判もあるかもしれない。それでもなお、どんな形であれ本書が森林の未来を考える議論が広がるきっかけになればと願っている。

私たちが未来へ何を繋いでいけるのか。

森林未来会議、共に始めてみませんか。

石崎涼子

二〇一九年二月

【や行】

【ら行】

【た行】

【な行】

【は行】

【ま行】

【さ行】

【か行】

索　引

著者略歴

速水　亨（はやみ　とおる）序章、編者
一九五三年生まれ。速水林業代表、（株）森林再生システム代表取締役。
慶應義塾大学法学部卒業後、東京大学農学部林学科研究生を経て、家業の林業に従事。二〇〇〇年に日本で初のＦＳＣ認証を取得し、環境保全型林業経営で知られる日本林業のトップランナー。妻（速水紫乃）と夫婦連名で第五七回農林水産祭天皇杯受賞（二〇一八年度）。

久保山裕史（くぼやま　ひろふみ）第1章
一九六六年生まれ。国立研究開発法人森林研究・整備機構　森林総合研究所　林業経営・政策研究領域長。博士（農学）。
東京大学大学院農学系研究科修了後、農林水産省森林総合研究所に勤務。気象災害が林業経営に及ぼすリスク評価や国内外の木材流通、木質バイオマスエネルギー利用に関する研究を行っている。

堀　靖人（ほり　やすと）第2章
一九六〇年生まれ。国立研究開発法人森林研究・整備機構 森林総合研究所 研究コーディネーター。博士（農学）。
九州大学農学部林学科卒業後、農林水産省林業試験場（現・森林総合研究所）に勤務。林業をとおして森林を守ってきた人々に寄り添えればという気持ちで、林業の担い手の実態調査をもとに担い手対策・制度に関する研究を行っている。

平野悠一郎（ひらの　ゆういちろう）第3章
一九七七年生まれ。国立研究開発法人森林研究・整備機構　森林総合研究所　林業経営・政策研究領域林業動向解析研究室主任研究員。博士（学術）。
東京大学大学院総合文化研究科博士課程修了後、森林総合研究所に勤務。中国、アメリカ、日本等の森林政策、およ

び森林の多面的価値の最大化と調整を促す制度的基盤について研究している。

小野泰宏（おの　やすひろ）第3章
東京大学大学院工学系研究科博士課程（技術経営）。ハーバード大学大学院修士課程修了（公共政策）。三菱商事株式会社を経て、株式会社ゆうちょ銀行へ移籍。現在世界最大規模のグローバル・インフラ投資プログラムの投資責任者を務める。

大塚生美（おおつか　いくみ）第3章
国立研究開発法人森林研究・整備機構 森林総合研究所 東北支所主任研究員。博士（農学）。財団法人林業経済研究所を経て現職。日本大学生物資源科学部、富士大学経済学部、宇都宮大学農学部非常勤講師。私有林経営、森林投資・信託、林業構造の解明がテーマ。

石崎涼子（いしざき　りょうこ）第4章、編者
一九七四年生まれ。国立研究開発法人森林研究・整備機構 森林総合研究所 企画部研究企画科企画室長。博士（学術）。
筑波大学生物資源学類卒業後、農林水産省森林総合研究所に勤務。日本とドイツ等との比較を軸に、森林の管理に関わる人や制度、仕組みについて研究している。

中村幹広（なかむら　みきひろ）第5章
一九七〇年生まれ。岐阜県 林政部 森林整備課 技術課長補佐兼係長。
三重大学生物資源学部生物資源学科卒業後、岐阜県庁に奉職。現地機関、本庁林政部および企画部、岐阜県森林研究所、岐阜県立森林文化アカデミー、飛騨市役所（出向）を経て現職。木材生産体制の強化や中欧諸国との海外連携、産学官連携コンソーシアムなど様々なスタートアッププロジェクトに携わる。岐阜県フォレスター協会事務局長。

鈴木春彦（すずき　はるひこ）第6章
一九七四年生まれ。愛知県豊田市 産業部農林振興室森林課 担当長。修士（農学）。
北海道大学農学研究院修士課程（森林政策学）を修了後、北海道標津町林政担当を経て、二〇一二年から愛知県豊田市森林課に勤務。森林専門職として市町村林政に携わり、仕事のモットーは「地域特性に応じた森林政策」「実務と

科学の融合」「歴史性の探求」。技術士（森林部門）。地域森林総合監理士。

横井秀一（よこい　しゅういち）第7章
一九六〇年生まれ。岐阜県立森林文化アカデミー教授。博士（農学）。
千葉大学大学院園芸学研究科修了後、岐阜県に勤務。岐阜県寒冷地林業試験場、岐阜県森林研究所を経て現職。森林施業（特に広葉樹林の育成や高齢化する針葉樹人工林の取り扱い）に関する研究に取り組み、現在はこの分野での教育・研修に力を入れている。

正木　隆（まさき　たかし）第8章
一九六四年生まれ。国立研究開発法人森林研究・整備機構 森林総合研究所 企画部研究企画科長。博士（農学）。
東京大学大学院農学系研究科で博士号を取得後、一九九三年に森林総合研究所東北支所に採用。二〇〇三〜〇四年の霞が関勤務を経て、二〇〇五年からつくば勤務。専門は森林生態学。准フォレスター研修、森林施業プランナー研修、株式会社森林再生システム主催林業塾などで講師を務める。

熊崎　実（くまざき　みのる）終章、編者
一九三五年生まれ。一般社団法人日本木質バイオマスエネルギー協会および日本木質ペレット協会顧問、筑波大学名誉教授。農学博士。
三重大学農学部卒業後、農林水産省林業試験場（現・森林総合研究所）に勤務。林業試験場林業経営部長、筑波大学農林学系教授、岐阜県立森林文化アカデミー学長を歴任。専門分野は、国際森林資源論、木質バイオマスのエネルギー利用。日本林学会「林学賞」受賞（一九八一年）、第二七回「みどりの文化賞」受賞（二〇一七年）。

森林未来会議
森を活かす仕組みをつくる

2019年6月18日　初版発行
2024年7月31日　4刷発行

編著者　熊崎 実・速水 亨・石崎涼子
発行者　土井二郎
発行所　築地書館株式会社
東京都中央区築地7-4-4-201　〒104-0045
TEL 03-3542-3731　FAX 03-3541-5799
https://www.tsukiji-shokan.co.jp/
振替 00110-5-19057
印刷・製本　シナノ印刷株式会社

ISBN 978-4-8067-1583-2

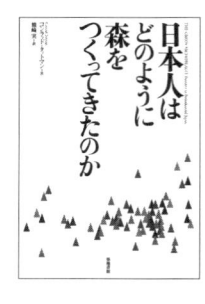

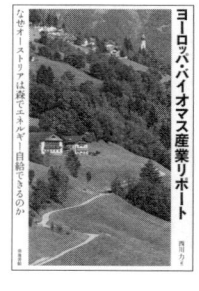

● 築地書館の本 ●

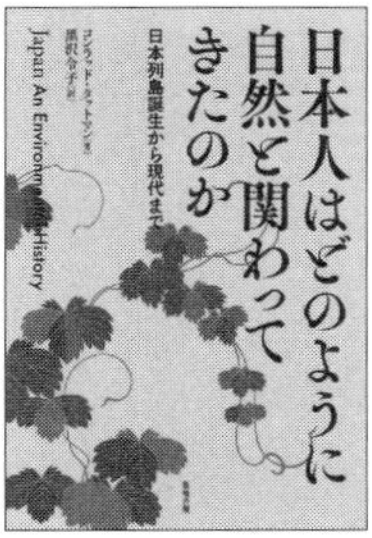

日本人はどのように自然と関わってきたのか

日本列島誕生から現代まで

コンラッド・タットマン【著】
黒沢令子【訳】
3,600 円＋税

日本人は、生物学、気候、地理、地質学などのさまざまな要因の中で、どのように自然を利用してきたのか。欧米で日本研究を長年リードしてきた著者が描き出す。

解説：熊崎 実

保持林業

木を伐りながら生き物を守る

柿澤宏昭＋山浦悠一＋栗山浩一【編】
2,700 円＋税

成熟期を迎える日本の人工林管理の新指標。北海道道有林で行なっている大規模実験、世界での先進事例、施業と森林生態の考え方、必要な技術などを科学的知見にもとづき解説。生産林でありながら、美しく、生き物のにぎわいのある森林管理の方向性を示す。